gaodeng yuanxiao tongshi | 高等院校**通识教育**
"十三五"规划教材 | jiaoyu shisanwu guihua jiaocai

线性代数
同步精讲及练习

◎ 赵志新 吴春青 徐明华 主编

Linear Algebra

U0233781

人 民 邮 电 出 版 社
北 京

图书在版编目（CIP）数据

线性代数同步精讲及练习 / 赵志新，吴春青，徐明华主编. -- 北京 : 人民邮电出版社，2016.2
高等院校通识教育“十三五”规划教材
ISBN 978-7-115-41081-8

Ⅰ. ①线… Ⅱ. ①赵… ②吴… ③徐… Ⅲ. ①线性代数－高等学校－教学参考资料 Ⅳ. ①O151.2

中国版本图书馆CIP数据核字(2016)第001457号

内容提要

本书是根据编者的教材《线性代数》（高等教育出版社，2012 年）的章节顺序编写，所用术语、符号也与之一致．每章第一部分是本章知识结构图——让读者对本章的知识一目了然，第二部分是学习要求——既有对知识点的要求，也有对能力的要求，第三部分是内容提要，归纳本章的主要内容，便于读者复习，第四部分是释疑解难，针对本章的重点和难点以及学生在学习本章时遇到的一些共同性问题，编选出若干问题予以分析、解答，以帮助读者释疑解难并加深理解．第五和第六部分为典型例题解析和应用与提高，让读者从中体会到解题的精妙．例题涵盖线性代数教学的典型例子，近年来精彩的考研题．第七部分为本章综合测试，主要让读者通过测试检测一下本章的学习情况．

本书在编写过程中力求叙述清晰，说理详尽，通俗易懂，深入浅出，对重点内容列举了大量有代表性的例题，以实例解释这些概念及内容，目的是使读者易于理解和掌握这些概念及难点．

本书可作为高等学校工科、理科（非数学专业）与经济管理类学科的线性代数教材（32～40 学时）配套用书，也可供相关专业的成人教育学生和工程技术人员使用．

◆ 主　　编　赵志新　吴春青　徐明华
责任编辑　王亚娜
责任印制　焦志炜
◆ 人民邮电出版社出版发行　　北京市丰台区成寿寺路 11 号
邮编　100164　　电子邮件　315@ptpress.com.cn
网址　http://www.ptpress.com.cn
北京天宇星印刷厂印刷
◆ 开本：787×1092　1/16
印张：12.5　　2016 年 2 月第 1 版
字数：300 千字　　2025 年 3 月北京第 15 次印刷

定价：32.00 元

读者服务热线：(010)81055256　印装质量热线：(010)81055316

前言

本书是编者所编教材《线性代数》(高等教育出版社，2012 年)的配套用书.

线性代数是大学数学教育中的一门主要的基础课程. 它是大学工科、经济类、管理类等各专业学生必修的基础课，也是硕士研究生入学考试的必考内容，更是现代化建设中的重要工具.

线性代数的基本概念、理论和方法具有较强的逻辑性、抽象性和广泛的实用性. 不少读者学习后觉得内容似乎懂了，但到分析、解决问题时，概念容易混淆，能力明显不足. 为了解决这个矛盾，更好地让读者和学生理解概念，增强解题的能力，特编写了本书.

本书在编写过程中力求叙述清晰，说理详尽，通俗易懂，深入浅出，对重点内容列举了大量有代表性的例题，以实例解释这些概念及内容，目的是使读者易于理解和掌握这些概念及难点. 全书在致力于内容的科学性与系统性的同时，注重开发出例题的内涵，在例题讲解中适时穿插一些评注，阐明解题的思路和方法，有助于读者掌握举一反三的学习方法.

本书由徐明华、王峰、赵志新、吴春青共同策划，赵志新、吴春青和徐明华主编. 本书在编写过程中，得到了常州大学各级领导及同事们的大力支持，特别得到了学校教材委员会的大力支持，特在此深表谢意.

本书可作为高等学校工科、理科(非数学专业)与经济管理类学科的线性代数教材(32～40 学时)配套用书，也可供相关专业的成人教育学生和工程技术人员使用.

由于编者水平有限，书中不妥甚至谬误之处在所难免，恳请读者批评指正.

编者

2015 年 11 月于江苏常州

目录

第一章

行列式

一、 本章知识结构图

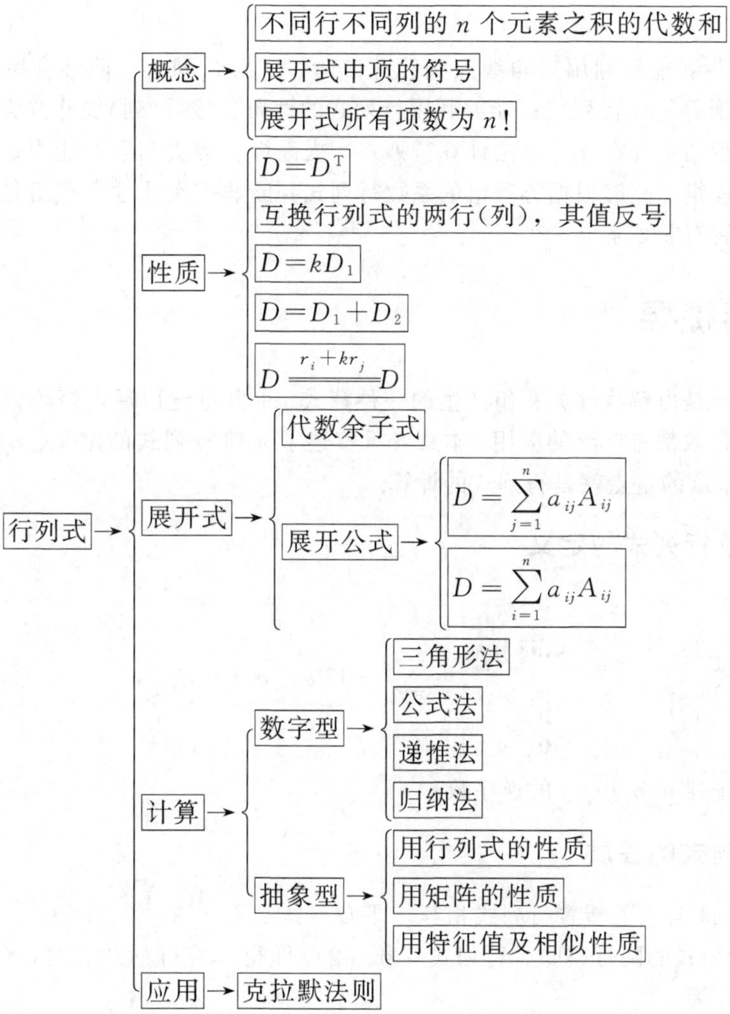

二、 学习要求

1. 内容：二、三阶行列式及计算；n 阶行列式的定义；行列式的性质；行列式的按行(列)展开；克拉默(Cramer)法则.

2. 要求：掌握二、三阶行列式及对角线法则；知道行列式的定义；掌握行列式的性质；了解余子式、代数余子式；掌握行列式按行(列)的展开法则；能够综合利用行列式的性质及按行(列)展开法则计算简单的 n 阶行列式；了解解线性方程组的克拉默法则；知道克拉默法则在线性方程组解的存在性判别中的作用.

3. 重点：二、三阶行列式的计算；行列式的性质；利用性质将行列式化为上三角行列式或利用按行(列)展开方法，计算四阶及简单的 n 阶行列式；克拉默法则及其在线性方程组解的存在性判定中的作用.

4. 难点：行列式的定义；n 阶行列式的计算.

5. 知识目标：了解排列逆序数的概念；知道 n 阶行列式的定义；掌握行列式的性质；知道余子式、代数余子式的概念；掌握展开定理；知道行列式与线性方程组解之间的关系.

6. 能力目标：能够利用对角线法则计算二阶、三阶行列式；能够利用行列式的定义计算 n 阶三角形等特殊行列式；能够利用行列式的性质、按行(列)展开方法计算简单行列式；能够综合行列式各类计算办法计算行列式，提高综合解决问题的能力；会用克拉默法则求解线性方程组，能够根据方程组的系数行列式判断非齐次线性方程组是否有解和齐次线性方程组是否有非零解.

三、 内容提要

行列式最早是由解线性方程组产生的一种算式. 十九世纪以后，矩阵概念的引入使得行列式在许多领域都有广泛的应用. 本章着重叙述了 n 阶行列式的定义、n 阶行列式的计算及其应用. 本章的重点就是行列式的计算.

(一) n 阶行列式的定义

$$n\text{ 阶行列式}\begin{vmatrix} a_{11} & a_{12} & \cdots & a_{1n} \\ a_{21} & a_{22} & \cdots & a_{2n} \\ \vdots & \vdots & \vdots & \vdots \\ a_{n1} & a_{n2} & \cdots & a_{nn} \end{vmatrix} = \sum (-1)^t a_{1p_1} a_{2p_2} \cdots a_{np_n},$$

其中 t 为这个排列 $p_1 p_2 \cdots p_n$ 的逆序数.

(二) 行列式的性质

1. 行列式 D 与它的转置行列式相等，即 $D=D^{\mathrm{T}}$.

2. 互换行列式的两行(列)，行列式变号. 由此即得：若行列式有两行(列)完全相同，则此行列式等于零.

3. 如果行列式的某一行(列)中所有的元素都乘以同一数 k，等于用数 k 乘此行列式.

4. $$\begin{vmatrix} a_{11} & a_{12} & \cdots & a_{1n} \\ \vdots & \vdots & \vdots & \vdots \\ a_{i1}+b_{i1} & a_{i2}+b_{i2} & \cdots & a_{in}+b_{in} \\ \vdots & \vdots & \vdots & \vdots \\ a_{n1} & a_{n2} & \cdots & a_{nn} \end{vmatrix} = \begin{vmatrix} a_{11} & a_{12} & \cdots & a_{1n} \\ \vdots & \vdots & \vdots & \vdots \\ a_{i1} & a_{i2} & \cdots & a_{in} \\ \vdots & \vdots & \vdots & \vdots \\ a_{n1} & a_{n2} & \cdots & a_{nn} \end{vmatrix} + \begin{vmatrix} a_{11} & a_{12} & \cdots & a_{1n} \\ \vdots & \vdots & \vdots & \vdots \\ b_{i1} & b_{i2} & \cdots & b_{in} \\ \vdots & \vdots & \vdots & \vdots \\ a_{n1} & a_{n2} & \cdots & a_{nn} \end{vmatrix}$$

5. 把行列式的某一行(列)的各元素乘以同一数然后加到另一行(列)对应的元素上去，行列式不变.

(三) 行列式的计算

1. 定义法.
2. 化成三角形行列式法.
3. 降阶法. 这是行列式计算中最基本的方法.
4. 分解之和法.
5. 数学归纳法.
6. 应用范德蒙行列式进行计算等.

(四) 行列式的应用

如果 n 元线性方程组

$$\begin{cases} a_{11}x_1+a_{12}x_2+\cdots+a_{1n}x_{1n}=b_1, \\ a_{21}x_1+a_{22}x_2+\cdots+a_{2n}x_n=b_2, \\ \cdots\cdots \\ a_{n1}x_1+a_{n2}x_2+\cdots+a_{nn}x_n=b_n, \end{cases}$$

的系数行列式不等于零，即 $D\neq 0$，则上述线性方程组有唯一解，且其解为

$$x_1=\frac{D_1}{D},\ x_2=\frac{D_2}{D},\ \cdots x_n=\frac{D_n}{D}$$

其中 $D_j=\begin{vmatrix} a_{11} & \cdots & a_{1j-1} & b_1 & a_{1j+1} & \cdots & a_{1n} \\ a_{21} & \cdots & a_{2j-1} & b_2 & a_{2j+1} & \cdots & a_{2n} \\ \cdots & \cdots & \cdots & \cdots & \cdots & \cdots & \cdots \\ a_{n1} & \cdots & a_{nj-1} & b_n & a_{nj+1} & \cdots & a_{nn} \end{vmatrix}$　$j=1,2,\cdots,n$.

四、 释疑解难

问题 1　行列式定义的实质是什么?

答：由 n 阶行列式 D 的定义可以知道：D 就是行列式中所有取自不同行、不同列的 n 个元素之积的代数和，记为 $\sum(-1)^t a_{1p_1}a_{2p_2}\cdots a_{np_n}$， 而每项所带的符号是唯一确定的，撇开每个项随带的符号，就是：凡是取自 D 中不同行、不同列的 n 个元素之积，一定是 $\sum(-1)^t a_{1p_1}a_{2p_2}\cdots a_{np_n}$ 中的一项；反过来，$\sum(-1)^t a_{1p_1}a_{2p_2}\cdots a_{np_n}$ 中任一项也一定是 D

中不同行、不同列的 n 个元素之积. 利用这个原则以及每一项的"定号"规则，对行列式的一些问题的解决可起到事半功倍的作用.

例如，考虑以 λ 为参数的 4 阶行列式(该行列式在第四章中有重要的应用)：

$$D(\lambda)=\begin{vmatrix} a_{11}-\lambda & a_{12} & a_{13} & a_{14} \\ a_{21} & a_{22}-\lambda & a_{23} & a_{24} \\ a_{31} & a_{32} & a_{33}-\lambda & a_{34} \\ a_{41} & a_{42} & a_{43} & a_{44}-\lambda \end{vmatrix},$$

不进行具体计算，由行列式定义即得出以下结论.

(1) $D(\lambda)$是一个关于 λ 的 4 次多项式，这是因为 $D(\lambda)$中有正项$(a_{11}-\lambda)(a_{22}-\lambda)(a_{33}-\lambda)(a_{44}-\lambda)$，而其他各项的 λ 的幂次均低于 4，而且该多项式中 λ^4 的系数等于 1.

(2) 多项式 $D(\lambda)$中 λ^3 的系数是$-(a_{11}+a_{22}+a_{33}+a_{44})$，即为主对角线元素之和的相反数，这是因为 $D(\lambda)$中的任一项，若它不含某主对角线元素作为其因子，则它至少不含两个主对角线元素作为其因子. 于是，除了$(a_{33}-\lambda)(a_{44}-\lambda)(a_{11}-\lambda)(a_{22}-\lambda)$项外，其余各项的 λ 的幂次至多是 2；也即 $D(\lambda)$中 λ^3 的系数就是$(a_{33}-\lambda)(a_{44}-\lambda)(a_{11}-\lambda)(a_{22}-\lambda)$中 λ^3 的系数，而后者显然是$-(a_{11}+a_{22}+a_{33}+a_{44})$.

问题 2 为什么 $n(n\geqslant 4)$阶行列式不能按对角线展开？

答：二阶、三阶行列式可以按对角线展开，而四阶及四阶以上的行列式不能按对角线展开，因为它不符合 $n(n\geqslant 4)$阶行列式的定义. 例如，对于四阶行列式，如果按对角线法则，则只能写出 8 项，这显然是错误的，因为按照行列式的定义可知，四阶行列式一共有 4！项，即四阶行列式是 24 项的代数和. 另外，按对角线做出的项的符号也不一定正确，比如，乘积项 $a_{14}a_{21}a_{32}a_{43}$其列排列 4123 的逆序数为 3，应取负号而不是正号. 所以，在计算 $n(n\geqslant 4)$阶行列式时，对角线法则失效.

问题 3 计算行列式的常用方法有那些？

答：计算行列式的方法通常有

(1) 用对角线法则计算行列式，它只适合二、三阶行列式；

(2) 用 n 阶行列式的定义计算行列式；

显然有

上三角形行列式 $$\begin{vmatrix} a_{11} & a_{12} & \cdots & a_{1n} \\ 0 & a_{22} & \cdots & a_{2n} \\ \vdots & \vdots & \vdots & \vdots \\ 0 & 0 & \cdots & a_{nn} \end{vmatrix}=a_{11}a_{22}\cdots a_{nn},$$

下三角形行列式 $$\begin{vmatrix} a_{11} & 0 & \cdots & 0 \\ a_{21} & a_{22} & \cdots & 0 \\ \vdots & \vdots & \vdots & \vdots \\ a_{n1} & a_{n2} & \cdots & a_{nn} \end{vmatrix}=a_{11}a_{22}\cdots a_{nn},$$

对角形行列式 $\begin{vmatrix} a_{11} & 0 & \cdots & 0 \\ 0 & a_{22} & \cdots & 0 \\ \vdots & \vdots & \vdots & \vdots \\ 0 & 0 & \cdots & a_{nn} \end{vmatrix} = a_{11}a_{22}\cdots a_{nn}$，

另外 $\begin{vmatrix} a_{11} & a_{12} & \cdots & a_{1(n-1)} & a_{1n} \\ a_{21} & a_{22} & \cdots & a_{2(n-1)} & 0 \\ \vdots & \vdots & \vdots & \vdots & \vdots \\ a_{n1} & 0 & \cdots & \cdots & 0 \end{vmatrix} = (-1)^{\frac{n(n-1)}{2}} a_{1n}a_{2(n-1)}\cdots a_{n1}$.

(3) 利用行列式的性质计算行列式；

(4) 利用行列式按某一行(列)展开定理计算 n 阶行列式；

(5) 利用数学归纳法计算 n 阶行列式；

(6) 利用递推公式计算 n 阶行列式；

(7) 利用范德蒙行列式的结论计算特殊的 n 阶行列式；

(8) 利用升阶(加边)法计算 n 阶行列式；

(9) 化三角形法计算 n 阶行列式；

(10) 综合运用上述各法计算 n 阶行列式.

在实际计算中，又常常根据行列式的具体特点，采用相应的方法(有时需要几种方法结合使用). 请注意学习、总结例题中的计算方法，由此及彼，举一反三，逐步提高计算能力.

问题 4　(1) 余子式与代数余子式有什么特点？(2) 它们之间有什么联系？

答：(1) 对于给定的 n 阶行列式，那么元素 a_{ij} 的余子式 M_{ij} 和代数余子式 A_{ij} 仅与位置(i, j)有关，而与 D 中第 i 行、第 j 列元素的大小和正负无关.

(2) 它们之间的联系是 $A_{ij}=(-1)^{i+j}M_{ij}$，因而当 $i+j$ 为偶数时，二者相同，即 $A_{ij}=M_{ij}$；当 $i+j$ 为奇数时，二者相反，$A_{ij}=-M_{ij}$.

问题 5　什么是行列式按行(列)展开定理？它有何应用？

答：行列式按行(列)展开定理是指下述两个定理.

定理 1　n 阶行列式 D 等于它的任意一行(列)所有元素与它们对应的代数余子式的乘积之和，即

$$\begin{aligned} D &= a_{i1}A_{i1}+a_{i2}A_{i2}+\cdots+a_{in}A_{in} \qquad (i=1, 2, \cdots, n) \\ &= a_{1j}A_{1j}+a_{2j}A_{2j}+\cdots+a_{nj}A_{nj} \qquad (j=1, 2, \cdots, n) \end{aligned}$$

定理 2　行列式的某一行(列)所有元素与另一行(一列)对应元素的代数余子式的乘积之和等于零，即

$$\begin{aligned} a_{i1}A_{j1}+a_{i2}A_{j2}+\cdots+a_{in}A_{jn}=0 \qquad (i\neq j), \\ a_{1i}A_{1j}+a_{2i}A_{2j}+\cdots+a_{ni}A_{nj}=0 \qquad (i\neq j). \end{aligned}$$

应用一　计算行列式的值.

行列式按某一行(列)展开能将高阶行列式的计算转化为若干个低价行列式的计算，是计算数字行列式的常用方法. 值得注意的是，展开前往往先利用行列式的性质，将某行(列)的元素尽可能多消成零，然后利用定理或者推论：

推论：一个 n 阶行列式，如果其中第 i 行所有元素除 a_{ij} 外都是为零，那么这行列式等于 a_{ij} 与它的代数余子式的乘积，即

$$\begin{vmatrix} a_{11} & a_{12} & \cdots & \cdots & \cdots & a_{1n} \\ \cdots & \cdots & \cdots & \cdots & \cdots & \cdots \\ 0 & 0 & \cdots & a_{ij} & \cdots & 0 \\ \cdots & \cdots & \cdots & \cdots & \cdots & \cdots \\ a_{n1} & a_{n2} & \cdots & \cdots & \cdots & a_{nn} \end{vmatrix} = a_{ij}A_{ij}$$

例 1 计算行列式 $D=\begin{vmatrix} 2 & -5 & 1 & 2 \\ -3 & 7 & -1 & 4 \\ 5 & -9 & 2 & 7 \\ 4 & -6 & 1 & 2 \end{vmatrix}$ 的值

解 观察，注意到第 3 列元素相对简单有规律一点，所以选择第 3 列，利用行列式的性质，保留一个非零元素，其余的都化为零.

$$D=\begin{vmatrix} 2 & -5 & 1 & 2 \\ -3 & 7 & -1 & 4 \\ 5 & -9 & 2 & 7 \\ 4 & -6 & 1 & 2 \end{vmatrix} \overset{\substack{r_2+r_1 \\ r_3-2r_1 \\ r_4-r_1}}{=} \begin{vmatrix} 2 & -5 & 1 & 2 \\ -1 & 2 & 0 & 6 \\ 1 & 1 & 0 & 3 \\ 2 & -1 & 0 & 0 \end{vmatrix} = \begin{vmatrix} -1 & 2 & 6 \\ 1 & 1 & 3 \\ 2 & -1 & 0 \end{vmatrix}$$

$$\overset{c_1+2c_2}{=} \begin{vmatrix} 3 & 2 & 6 \\ 3 & 1 & 3 \\ 0 & -1 & 0 \end{vmatrix} = \begin{vmatrix} 3 & 6 \\ 3 & 3 \end{vmatrix} = -9.$$

应用二 求某行(列)元素的代数余子式的(代数)和

已知行列式 D 及其元素 a_{ij} 的代数余子式 A_{ij} 和任意 n 个数 k_1，k_2，…，k_n，求和式 $\sum_{j=1}^{n} k_j A_{ij}$ 或 $\sum_{i=1}^{n} k_i A_{ij}$.

首先应注意，上面的和式均表示某个行列式 $\widetilde{D}$，其第 i 行或第 j 列元素为 k_1，k_2，…，k_n，因此将 D 的第 i 行或第 j 列元素改为 k_1，k_2，…，k_n，即为 $\widetilde{D}$. 写出 $\widetilde{D}$ 后，再算出 $\widetilde{D}$，即为所求的和式.

如果 k_1，k_2，…，k_n 恰为 D 中某行但不是第 i 行，或为某列但不是第 j 列，则上述和式的值为 0.

例 2 已知 $D=\begin{vmatrix} 1 & 2 & -1 & 3 \\ 0 & 1 & 2 & 4 \\ 2 & -4 & 6 & -8 \\ 1 & 3 & 5 & 7 \end{vmatrix}$，求 $A_{11}-2A_{12}+3A_{13}-4A_{14}$.

解 注意到 $a_{31}=2$，$a_{32}=-4$，$a_{33}=6$，$a_{34}=-8$，

那么由行列式的性质，$a_{31}A_{11}+a_{32}A_{12}+a_{33}A_{13}+a_{34}A_{14}=0$

即 $\qquad 2A_{11}-4A_{12}+6A_{13}-8A_{14}=2(A_{11}-2A_{12}+3A_{13}-4A_{14})=0.$

注：不要直接去计算代数余子式，那样很麻烦.

例 3　设行列式 $D=\begin{vmatrix} 3 & 0 & 4 & 0 \\ 2 & 2 & 2 & 2 \\ 0 & -7 & 0 & 0 \\ 5 & 3 & -2 & 2 \end{vmatrix}$，求第 4 行元素余子式之和.

解　【分析：注意本题是要求第 4 行元素的余子式的和，而不是代数余子式的和，这是有差别的. 一种办法是直接计算，分别求出四个余子式；另一种是将余子式转化为代数余子式，再根据行列式的展开定理归结为一个 4 阶行列式的计算.】

用 $A_{4j}(j=1,2,3,4)$表示第 4 行各元素的代数余子式，由于 $A_{4j}=(-1)^{4+j}M_{4j}$ 于是有

$$M_{41}+M_{42}+M_{43}+M_{44}=-A_{41}+A_{42}-A_{43}+A_{44}$$

$$=\begin{vmatrix} 3 & 0 & 4 & 0 \\ 2 & 2 & 2 & 2 \\ 0 & -7 & 0 & 0 \\ -1 & 1 & -1 & 1 \end{vmatrix}=-28.$$

五、 典型例题解析

例 4　一个 n 阶行列式中等于零的元素的个数比 n^2-n 多，则此行列式等于________.

解　应填 0，因为 n 阶行列式共有 n^2 个元素，如果 D 是 n 阶行列式，而且其中等于零的元素的个数比 n^2-n 多，则不等于零的元素的个数比 $n^2-(n^2-n)=n$ 少. 这样，D 的展开式中每项至少有一个因子 0，从而 $D=0$.

例 5　设 $f(x)=\begin{vmatrix} x & 2 & 3 & 4 \\ x & 2x & 3 & 4 \\ 1 & 2 & 3x & 4 \\ 1 & 2 & 3 & 4x \end{vmatrix}$，求 $f(x)$中 x^4 的系数和 x^3 的系数.

解　由行列式的定义，含 x^4 的项为 4 个取自不同行不同列的 x 的一次多项式的乘积，这样的项只有一项，即主对角线上元素的乘积为 $4!\ x^4$. 含有 x^3 的项为 3 个取自不同行不同列的 x 的一次多项式的乘积，再乘上一个常数(由于要求不同行不同列，这个常数唯一确定)这样的项也只有一项，即为(1，2)，(2，1)，(3，3)，(4，4)位置元素的乘积，所以为$-4!\ x^3$(注意符号为负).

例 6　已知 $abcd=1$，则 $\begin{vmatrix} a^2+\frac{1}{a^2} & a & \frac{1}{a} & 1 \\ b^2+\frac{1}{b^2} & b & \frac{1}{b} & 1 \\ c^2+\frac{1}{c^2} & c & \frac{1}{c} & 1 \\ d^2+\frac{1}{d^2} & d & \frac{1}{d} & 1 \end{vmatrix}=$________.

解　0. 因为原行列式可以写成 $D=D_1+D_2$，

其中

$$D_1=\begin{vmatrix} a^2 & a & \frac{1}{a} & 1 \\ b^2 & b & \frac{1}{b} & 1 \\ c^2 & c & \frac{1}{c} & 1 \\ d^2 & d & \frac{1}{d} & 1 \end{vmatrix}, \quad D_2=\begin{vmatrix} \frac{1}{a^2} & a & \frac{1}{a} & 1 \\ \frac{1}{b^2} & b & \frac{1}{b} & 1 \\ \frac{1}{c^2} & c & \frac{1}{c} & 1 \\ \frac{1}{d^2} & d & \frac{1}{d} & 1 \end{vmatrix},$$

$$D_1=\begin{vmatrix} a^2 & a & \frac{1}{a} & 1 \\ b^2 & b & \frac{1}{b} & 1 \\ c^2 & c & \frac{1}{c} & 1 \\ d^2 & d & \frac{1}{d} & 1 \end{vmatrix}=abcd\begin{vmatrix} a & 1 & \frac{1}{a^2} & \frac{1}{a} \\ b & 1 & \frac{1}{b^2} & \frac{1}{b} \\ c & 1 & \frac{1}{c^2} & \frac{1}{c} \\ d & 1 & \frac{1}{d^2} & \frac{1}{d} \end{vmatrix}\overset{abcd=1}{=}-D_2$$

所以 $D=D_1+D_2=0$.

例 7 计算行列式

$$D=\begin{vmatrix} 1 & -1 & 1 & 2 \\ 5 & 1 & 3 & -4 \\ 2 & 0 & 1 & -1 \\ 1 & -3 & 2 & 3 \end{vmatrix}.$$

解 在行列式中，第三行(或第 2 列)中已经有一个元素为零，故可利用行列式的性质，使第 3 行(第 2 列)出现尽可能多的零元素，再将行列式按该行(或列)展开，使行列式降阶. 该方法常称为“降阶法”.

$$D\overset{r_2+r_1}{\underset{r_4-3r_1}{=}}\begin{vmatrix} 1 & -1 & 1 & 2 \\ 6 & 0 & 4 & -2 \\ 2 & 0 & 1 & -1 \\ -2 & 0 & -1 & -3 \end{vmatrix}=(-1)(-1)^{1+2}\begin{vmatrix} 6 & 4 & -2 \\ 2 & 1 & -1 \\ -2 & -1 & -3 \end{vmatrix}\overset{r_3+r_2}{=}\begin{vmatrix} 6 & 4 & -2 \\ 2 & 1 & -1 \\ 0 & 0 & -4 \end{vmatrix}=8.$$

例 8 计算行列式

$$D=\begin{vmatrix} 2 & 1 & 1 & 1 \\ 4 & 2 & 1 & -1 \\ 201 & 102 & -99 & 98 \\ 1 & 2 & 1 & -2 \end{vmatrix}$$

解 利用行列式的性质结合 D 的特点，先拆分再计算，有

$$D=\begin{vmatrix} 2 & 1 & 1 & 1 \\ 4 & 2 & 1 & -1 \\ 201 & 102 & -99 & 98 \\ 1 & 2 & 1 & -2 \end{vmatrix}=\begin{vmatrix} 2 & 1 & 1 & 1 \\ 4 & 2 & 1 & -1 \\ 200+1 & 100+2 & -100+1 & 100-2 \\ 1 & 2 & 1 & -2 \end{vmatrix}$$

$$=\begin{vmatrix}2&1&1&1\\4&2&1&-1\\200&100&-100&100\\1&2&1&-2\end{vmatrix}+\begin{vmatrix}2&1&1&1\\4&2&1&-1\\1&2&1&-2\\1&2&1&-2\end{vmatrix}=100\begin{vmatrix}2&1&1&1\\4&2&1&-1\\2&1&-1&1\\1&2&1&-2\end{vmatrix}$$

$$=100\begin{vmatrix}0&0&2&0\\4&2&1&-1\\2&1&-1&1\\1&2&1&-2\end{vmatrix}=200\begin{vmatrix}4&2&-1\\2&1&1\\1&2&-2\end{vmatrix}=200\begin{vmatrix}6&3&0\\2&1&1\\5&4&0\end{vmatrix}$$

$$=-200\begin{vmatrix}6&3\\5&4\end{vmatrix}=-1800.$$

例 9　化简行列式 $D_3=\begin{vmatrix}\lambda-1&3&-3\\-3&\lambda+5&-3\\-6&6&\lambda-4\end{vmatrix}$

解　$D_3\overset{c_1+c_2}{=}\begin{vmatrix}\lambda+2&3&-3\\\lambda+2&\lambda+5&-3\\0&6&\lambda-4\end{vmatrix}\overset{r_2-r_1}{=}\begin{vmatrix}\lambda+2&3&-3\\0&\lambda+2&0\\0&6&\lambda-4\end{vmatrix}$

$$=(\lambda+2)\begin{vmatrix}\lambda+2&0\\6&\lambda-4\end{vmatrix}=(\lambda+2)^2(\lambda-4).$$

例 10　设四阶行列式 D_4 的第二行元素分别为 1，-5，0，8.

(1) 当 $D_4=4$ 并且第 2 行的元素所对应的代数余子式分别为 4，a，-3，2 时，求 a 的值；

(2) 当第 4 行元素对应的余子式依以为 4，a，-3，2，求 a 的值.

解　(1) 依题意，根据代数余子式的知识，有

$$D_4=a_{21}A_{21}+a_{22}A_{22}+a_{23}A_{23}+a_{24}A_{24}=4$$

即：

$$1\times4+(-5)a-3\times0+8\times2=4$$

所以

$$a=\frac{16}{5}.$$

(2) 根据代数余子式的知识，有

$$a_{21}A_{41}+a_{22}A_{42}+a_{23}A_{43}+a_{24}A_{44}=0$$

或者：

$$a_{21}(-1)^{4+1}M_{41}+a_{22}(-1)^{4+2}M_{42}+a_{23}(-1)^{4+3}M_{43}+a_{24}(-1)^{4+4}M_{44}=0$$

即：

$$1\times(-4)+(-5)a+3\times0+8\times2=0$$

所以

$$a=\frac{12}{5}.$$

例 11 计算行列式

$$D=\begin{vmatrix}1&-1&1&x-1\\1&-1&1+x&-1\\1&x-1&1&-1\\1+x&-1&1&-1\end{vmatrix}.$$

解 （法一）$D=\begin{vmatrix}1&-1&1&x-1\\1&-1&1+x&-1\\1&x-1&1&-1\\1+x&-1&1&-1\end{vmatrix}\xlongequal[c_3+c_4]{c_1+c_2}\begin{vmatrix}0&-1&x&x-1\\0&-1&x&-1\\x&x-1&0&-1\\x&-1&0&-1\end{vmatrix}$

$$\xlongequal[r_4-r_3]{r_2-r_1}\begin{vmatrix}0&-1&x&x-1\\0&0&0&-x\\x&x-1&0&-1\\0&-x&0&0\end{vmatrix}=x^4.$$

（法二）$D=\begin{vmatrix}1&-1&1&x-1\\1&-1&1+x&-1\\1&x-1&1&-1\\1+x&-1&1&-1\end{vmatrix}\xlongequal{c_1+c_2+c_3+c_4}\begin{vmatrix}x&-1&1&x-1\\x&-1&1+x&-1\\x&x-1&1&-1\\x&-1&1&-1\end{vmatrix}$

$$=x\begin{vmatrix}1&-1&1&x-1\\1&-1&1+x&-1\\1&x-1&1&-1\\1&-1&1&-1\end{vmatrix}=x\begin{vmatrix}1&-1&1&x-1\\0&0&x&-x\\0&x&0&-x\\0&0&0&-x\end{vmatrix}=x\begin{vmatrix}0&x&-x\\x&0&-x\\0&0&-x\end{vmatrix}=x^4.$$

（法三）$D=\begin{vmatrix}1+0&-1&1&x-1\\1+0&-1&1+x&-1\\1+0&x-1&1&-1\\1+x&-1&1&-1\end{vmatrix}$

$$=\begin{vmatrix}1&-1&1&x-1\\1&-1&1+x&-1\\1&x-1&1&-1\\1&-1&1&-1\end{vmatrix}+\begin{vmatrix}0&-1&1&x-1\\0&-1&1+x&-1\\0&x-1&1&-1\\x&-1&1&-1\end{vmatrix}$$

$$=\begin{vmatrix}1&0&0&x\\1&0&x&0\\1&x&0&0\\1&0&0&0\end{vmatrix}+\begin{vmatrix}0&-1&1&x-1\\0&-1&1+x&-1\\0&x-1&1&-1\\x&-1&1&-1\end{vmatrix}$$

$$=x^3-x\begin{vmatrix}-1&1&x-1\\-1&x+1&-1\\x-1&1&-1\end{vmatrix}$$

$$=x^3-x\left[\begin{vmatrix}0&1&x-1\\0&x+1&-1\\x&1&-1\end{vmatrix}+\begin{vmatrix}-1&1&x-1\\-1&x+1&-1\\-1&1&-1\end{vmatrix}\right]$$

$$=x^3-x\left[x\begin{vmatrix}1 & x-1\\ x+1 & -1\end{vmatrix}+\begin{vmatrix}-1 & 0 & x\\ -1 & x & 0\\ -1 & 0 & 0\end{vmatrix}\right]$$

$$=x^3-x[x(-1-x^2+1)+x^2]=x^4.$$

例 12　若$\begin{vmatrix}a & b & c & d\\ 1 & 0 & 2 & 4\\ 3 & 1 & 0 & 6\\ 1 & 1 & 1 & 1\end{vmatrix}=8$，计算行列式$\begin{vmatrix}a+1 & 2 & 2 & 2\\ b & 1 & 0 & 2\\ c+2 & 3 & -1 & 2\\ d+4 & 5 & 5 & 2\end{vmatrix}$.

解
$$\begin{vmatrix}a+1 & 2 & 2 & 2\\ b & 1 & 0 & 2\\ c+2 & 3 & -1 & 2\\ d+4 & 5 & 5 & 2\end{vmatrix}=\begin{vmatrix}a & 2 & 2 & 2\\ b & 1 & 0 & 2\\ c & 3 & -1 & 2\\ d & 5 & 5 & 2\end{vmatrix}+\begin{vmatrix}1 & 2 & 2 & 2\\ 0 & 1 & 0 & 2\\ 2 & 3 & -1 & 2\\ 4 & 5 & 5 & 2\end{vmatrix}$$

$$=2\begin{vmatrix}a & 2 & 2 & 1\\ b & 1 & 0 & 1\\ c & 3 & -1 & 1\\ d & 5 & 5 & 1\end{vmatrix}+2\begin{vmatrix}1 & 2 & 2 & 1\\ 0 & 1 & 0 & 1\\ 2 & 3 & -1 & 1\\ 4 & 5 & 5 & 1\end{vmatrix}$$

$$=2\begin{vmatrix}a & 2 & 2 & 1\\ b & 1 & 0 & 1\\ c & 3 & -1 & 1\\ d & 5 & 5 & 1\end{vmatrix}+2\begin{vmatrix}1 & 1 & 2 & 1\\ 0 & 0 & 0 & 1\\ 2 & 2 & -1 & 1\\ 4 & 4 & 5 & 1\end{vmatrix}$$

$$=2\begin{vmatrix}a & 2 & 2 & 1\\ b & 1 & 0 & 1\\ c & 3 & -1 & 1\\ d & 5 & 5 & 1\end{vmatrix}=16.$$

例 13　解方程组$\begin{cases}x_1+a_1x_2+a_1^2x_3+\cdots+a_1^{n-1}x_n=1\\ x_1+a_2x_2+a_2^2x_3+\cdots+a_2^{n-1}x_n=1\\ \cdots\\ x_1+a_nx_2+a_n^2x_3+\cdots+a_n^{n-1}x_n=1\end{cases}$

式中$a_i(i=1,2,\cdots,n)$互不相同.

解　由于此方程组的系数行列式为

$$D=\begin{vmatrix}1 & a_1 & a_1^2 & \cdots & a_1^{n-1}\\ 1 & a_2 & a_2^2 & \cdots & a_2^{n-1}\\ \cdots & \cdots & \cdots & \cdots & \cdots\\ 1 & a_n & a_n^2 & \cdots & a_n^{n-1}\end{vmatrix}=\prod_{1\leqslant j<i\leqslant n}(a_i-a_j)\neq 0,$$

故由克拉默法则知方程组有唯一解

$$x_1=\frac{D_1}{D},\ x_2=\frac{D_2}{D},\ \cdots,\ x_n=\frac{D_n}{D}$$

式中，$D_i(i=1,2,\cdots,n)$为用常数项 1，1，…，1 代替 D 的第 i 列所构成的行列

式，则由行列式的性质易知 $D_1=D$，$D_2=\cdots=D_n=0$，于是原方程组的唯一解为 $(x_1, x_2, \cdots, x_n)^T=(1, 0, \cdots, 0)^T$.

例 14 计算 n 阶行列式

$$D_n=\begin{vmatrix} x_1-m & x_2 & x_3 & \cdots & x_n \\ x_1 & x_2-m & x_3 & \cdots & x_n \\ x_1 & x_2 & x_3-m & \cdots & x_n \\ \cdots & \cdots & \cdots & \cdots & \cdots \\ x_1 & x_2 & x_3 & \cdots & x_n-m \end{vmatrix}.$$

解 这行列式中每行元素的和均相等，因此可把第 2，…，n 列都加到第 1 列上去.

$$D_n=\begin{vmatrix} x_1+x_2+\cdots+x_n-m & x_2 & x_3 & \cdots & x_n \\ x_1+x_2+\cdots+x_n-m & x_2-m & x_3 & \cdots & x_n \\ x_1+x_2+\cdots+x_n-m & x_2 & x_3-m & \cdots & x_n \\ \cdots & \cdots & \cdots & \cdots & \cdots \\ x_1+x_2+\cdots+x_n-m & x_2 & x_3 & \cdots & x_n-m \end{vmatrix}$$

$$=(x_1+x_2+\cdots+x_n-m)\begin{vmatrix} 1 & x_2 & x_3 & \cdots & x_n \\ 1 & x_2-m & x_3 & \cdots & x_n \\ 1 & x_2 & x_3-m & \cdots & x_n \\ \cdots & \cdots & \cdots & \cdots & \cdots \\ 1 & x_2 & x_3 & \cdots & x_n-m \end{vmatrix}$$

$$=(x_1+x_2+\cdots+x_n-m)\begin{vmatrix} 1 & x_2 & x_3 & \cdots & x_n \\ 0 & -m & 0 & \cdots & 0 \\ 0 & 0 & -m & \cdots & 0 \\ \cdots & \cdots & \cdots & \cdots & \cdots \\ 0 & 0 & 0 & \cdots & -m \end{vmatrix}$$

$$=(x_1+x_2+\cdots+x_n-m)(-m)^{n-1}.$$

六、 应用与提高

例 15 计算行列式

$$D_n=\begin{vmatrix} x_1 & 1 & 1 & \cdots & 1 \\ 1 & x_2 & 0 & \cdots & 0 \\ 1 & 0 & x_3 & \cdots & 0 \\ \cdots & \cdots & \cdots & \cdots & \cdots \\ 1 & 0 & 0 & \cdots & x_n \end{vmatrix}(x_i\neq 0,\ i=1, 2, \cdots, n)$$

解 观察行列式的特点以及 $x_i\neq 0(i=1, 2, \cdots, n)$，第 $i(i=2, \cdots, n)$ 列提取公因子 x_i，有

$$D_n=x_2\cdots x_n\begin{vmatrix}x_1 & \frac{1}{x_2} & \frac{1}{x_3} & \cdots & \frac{1}{x_n}\\ 1 & 1 & 0 & \cdots & 0\\ 1 & 0 & 1 & \cdots & 0\\ \cdots & \cdots & \cdots & \cdots & \cdots\\ 1 & 0 & 0 & \cdots & 1\end{vmatrix}=x_2\cdots x_n\begin{vmatrix}x_1-\sum\limits_{i=2}^{n}\frac{1}{x_i} & \frac{1}{x_2} & \frac{1}{x_3} & \cdots & \frac{1}{x_n}\\ 0 & 1 & 0 & \cdots & 0\\ 0 & 0 & 1 & \cdots & 0\\ \cdots & \cdots & \cdots & \cdots & \cdots\\ 0 & 0 & 0 & \cdots & 1\end{vmatrix}$$

$$=x_2\cdots x_n\left(x_1-\sum_{i=2}^{n}\frac{1}{x_i}\right).$$

【评注】 本题中的 D_n 称为爪形行列式，是一个典型的一类 n 阶行列式，有些行列式可以转化为爪形行列式. 例如：

$$D=\begin{vmatrix}a+x_1 & a & \cdots & a\\ a & a+x_2 & \cdots & a\\ \cdots & \cdots & \cdots & \cdots\\ a & a & \cdots & a+x_n\end{vmatrix}$$

将第 1 行的(−1)倍加到各行上得：

$$D=\begin{vmatrix}a+x_1 & a & \cdots & a\\ -x_1 & x_2 & \cdots & 0\\ \cdots & \cdots & \cdots & \cdots\\ -x_1 & 0 & \cdots & x_n\end{vmatrix}$$

这是爪形行列式，用类似的方法可将 D 化为上三角形行列式，进而求出

$$D=x_1x_2\cdots x_n\left(1+a\sum_{i=1}^{n}\frac{1}{x_i}\right).$$

行列式 D 还可以用加边方法来做，这也是一种典型方法. 在 D 的基础上加一行一列可得：

$$D=\begin{vmatrix}1 & 1 & 1 & \cdots & 1\\ 0 & a+x_1 & a & \cdots & a\\ 0 & a & a+x_2 & \cdots & a\\ \cdots & \cdots & \cdots & \cdots & \cdots\\ 0 & a & a & \cdots & a+x_n\end{vmatrix}$$

将第 1 行的 $(-a)$ 倍加到各行上，就转化为爪形行列式.

例 16　计算 $D_n=\begin{vmatrix}x_1 & a_2 & a_3 & \cdots & a_n\\ a_1 & x_2 & a_3 & \cdots & a_n\\ a_1 & a_2 & x_3 & \cdots & a_n\\ \cdots & \cdots & \cdots & \cdots & \cdots\\ a_1 & a_2 & a_3 & \cdots & x_n\end{vmatrix}$.

解 $D_n=\begin{vmatrix} x_1 & a_2 & a_3 & \cdots & a_n \\ a_1-x_1 & x_2-a_2 & 0 & \cdots & 0 \\ a_1-x_1 & 0 & x_3-a_3 & \cdots & 0 \\ \cdots & \cdots & \cdots & \cdots & \cdots \\ a_1-x_1 & 0 & 0 & \cdots & x_n-a_n \end{vmatrix}$.

$$=(x_2-a_2)(x_3-a_3)\cdots(x_n-a_n)\begin{vmatrix} x_1 & \dfrac{a_2}{x_2-a_2} & \dfrac{a_3}{x_3-a_3} & \cdots & \dfrac{a_n}{x_n-a_n} \\ a_1-x_1 & 1 & 0 & \cdots & 0 \\ a_1-x_1 & 0 & 1 & \cdots & 0 \\ \cdots & \cdots & \cdots & \cdots & \cdots \\ a_1-x_1 & 0 & 0 & \cdots & 1 \end{vmatrix}$$

$$=(x_2-a_2)(x_3-a_3)\cdots(x_n-a_n)\left(x_1-\sum_{i=2}^{n}\frac{a_i(a_1-x_1)}{(x_i-a_i)}\right).$$

例 17 计算行列式 $D_n=|a_{ij}|$，其中 $a_{ij}=|i-j|$.

解 $D_n=\begin{vmatrix} 0 & 1 & 2 & 3 & \cdots & n-1 \\ 1 & 0 & 1 & 2 & \cdots & n-2 \\ 2 & 1 & 0 & 1 & \cdots & n-3 \\ \cdots & \cdots & \cdots & \cdots & \cdots & \cdots \\ n-1 & n-2 & n-3 & n-4 & \cdots & 0 \end{vmatrix}$

从最后一列开始，每列都减去前一列，然后将第一行加到其余各行，得

$$D_n=\begin{vmatrix} 0 & 1 & 1 & 1 & \cdots & 1 \\ 1 & -1 & 1 & 1 & \cdots & 1 \\ 2 & -1 & -1 & 1 & \cdots & 1 \\ \cdots & \cdots & \cdots & \cdots & \cdots & \cdots \\ n-1 & -1 & -1 & -1 & \cdots & -1 \end{vmatrix}=\begin{vmatrix} 0 & 1 & 1 & 1 & \cdots & 1 \\ 1 & 0 & 2 & 2 & \cdots & 2 \\ 2 & 0 & 0 & 2 & \cdots & 2 \\ \cdots & \cdots & \cdots & \cdots & \cdots & \cdots \\ n-1 & 0 & 0 & 0 & \cdots & 0 \end{vmatrix}$$

按最后一行展开，得

$$D_n=(-1)^{n+1}(n-1)\begin{vmatrix} 1 & 2 & 2 & \cdots & 2 \\ 0 & 2 & 2 & \cdots & 2 \\ 0 & 0 & 2 & \cdots & 2 \\ \cdots & \cdots & \cdots & \cdots & \cdots \\ 0 & 0 & 0 & \cdots & 2 \end{vmatrix}=(-1)^{n+1}(n-1)2^{n-2}.$$

例 18 证明平面上的三条不同直线 $ax+by+c=0$，$bx+cy+a=0$，$cx+ay+b=0$ 相交于一点的充分必要条件是 $a+b+c=0$.

证 (必要性)设所给三条直线交于一点 (x_0, y_0)，则可以认为齐次方程组

$$\begin{cases} ax+by+cz=0 \\ bx+cy+az=0 \\ cx+ay+bz=0 \end{cases}$$

有非零解 $x=x_0$，$y=y_0$，$z=1$，则其系数行列式 $D=0$，即

$$\begin{vmatrix} a & b & c \\ b & c & a \\ c & a & b \end{vmatrix}=-\frac{1}{2}(a+b+c)[(a-b)^2+(b-c)^2+(c-a)^2]=0$$

因为三条直线各不相同，故 a，b，c 不全相等，因此必有 $a+b+c=0$.

(充分性)设 $a+b+c=0$. 考虑非齐次线性方程组

$$\begin{cases} ax+by=-c \\ bx+cy=-a \\ cx+ay=-b \end{cases}$$

将前两个方程加到第三个方程上，得

$$\begin{cases} ax+by=-c \\ bx+cy=-a \\ 0=0 \end{cases}$$

解此二元线性方程组，系数行列式为 $D_2=ac-b^2$.

若 $ac-b^2=0$，则有 $ac=b^2\geqslant 0$. 由 $b=-(a+c)$，得

$$ac=(a+c)^2=a^2+2ac+c^2$$

从而

$$ac=-(a^2+c^2)\leqslant 0$$

因此，必有 $ac=0$，不妨设 $a=0$，则 $b^2=ac=0$，即 $b=0$.

再由　$a+b+c=0$，又得 $c=0$.

a，b，c 均为零，显然与题设矛盾，故 $D_2=ac-b^2\neq 0$，因此方程组

$$\begin{cases} ax+by=-c \\ bx+cy=-a \end{cases}$$

有唯一解$(x_0，y_0)$，且此解也是方程组

$$\begin{cases} ax+by=-c \\ bx+cy=-a \\ cx+ay=-b \end{cases}$$

的解，即这三条不同的直线交于一点.

例 19　设 a_1，a_2，…，a_n 是实数域 R 中互不相同的数，b_1，b_2，…，b_n 是 R 中任一组给定的数，证明：存在唯一的 R 上的次数小于 n 的多项式 $f(x)$，使

$$f(a_i)=b_i(i=1，2，\cdots，n).$$

证　设 $f(x)=c_1x^{n-1}+c_2x^{n-2}+\cdots+c_n$ 从而得

$$\begin{cases} c_1a_1^{n-1}+c_2a_1^{n-2}+\cdots+c_n=b_1 \\ c_1a_2^{n-1}+c_2a_2^{n-2}+\cdots+c_n=b_2 \\ \qquad\cdots \\ c_1a_n^{n-1}+c_2a_n^{n-2}+\cdots+c_n=b_n \end{cases}$$

因 a_1，a_2，…，a_n 是实数域 R 中互不相同的数，则该方程组的系数行列式为

$$D=\begin{vmatrix} a_1^{n-1} & a_1^{n-2} & \cdots & a_1 & 1 \\ a_2^{n-1} & a_2^{n-2} & \cdots & a_2 & 1 \\ \cdots & \cdots & \cdots & \cdots & \cdots \\ a_n^{n-1} & a_n^{n-2} & \cdots & a_n & 1 \end{vmatrix}=\prod_{1\leqslant j<i\leqslant n}(a_i-a_j)$$

所以可知 $D\neq 0$，故此方程组有唯一解 $d_1, d_2, \cdots, d_n$，以这组解为系数的 $n-1$ 次多项式为

$$f(x)=d_1x^{n-1}+d_2x^{n-2}+\cdots+d_n$$

能使

$$f(a_i)=b_i(i=1, 2, \cdots, n).$$

例 20 计算

$$D_{2n}=\begin{vmatrix} a_n & & & & & & b_n \\ & a_{n-1} & & & & b_{n-1} & \\ & & \ddots & & \iddots & & \\ & & & a_1 \ b_1 & & & \\ & & & c_1 \ d_1 & & & \\ & & \iddots & & \ddots & & \\ & c_{n-1} & & & & d_{n-1} & \\ c_n & & & & & & d_n \end{vmatrix}.$$

解 按第一行展开

$$D_{2n}=a_n\begin{vmatrix} a_{n-1} & & & & b_{n-1} & 0 \\ & \ddots & & \iddots & & \\ & & a_1 \ b_1 & & & \\ & & c_1 \ d_1 & & & \\ & \iddots & & \ddots & & \\ c_{n-1} & & & & d_{n-1} & \\ 0 & & & & & d_n \end{vmatrix}_{2n-1}$$

$$+b_n(-1)^{2n+1}\begin{vmatrix} 0 & a_{n-1} & & & & b_{n-1} \\ & & \ddots & & \iddots & \\ & & & a_1 \ b_1 & & \\ & & & c_1 \ d_1 & & \\ & & \iddots & & \ddots & \\ & c_{n-1} & & & & d_{n-1} \\ c_n & & & & & 0 \end{vmatrix}_{2n-1}$$

$$=(a_nd_n-b_nc_n)D_{2(n-1)}=(a_nd_n-b_nc_n)(a_{n-1}d_{n-1}-b_{n-1}c_{n-1})D_{2(n-2)}$$

$$=\cdots=\prod_{i=1}^{n}(a_id_i-b_ic_i).$$

例 21 计算 $D_4(a, b, c, d)=\begin{vmatrix} 1 & 1 & 1 & 1 \\ a & b & c & d \\ a^2 & b^2 & c^2 & d^2 \\ a^4 & b^4 & c^4 & d^4 \end{vmatrix}$.

解　方法一　用类似于证明范德蒙行列式的方法，建立递推关系.

$$D_4(a,b,c,d)=\begin{vmatrix}1&1&1&1\\a&b&c&d\\a^2&b^2&c^2&d^2\\a^4&b^4&c^4&d^4\end{vmatrix}=\begin{vmatrix}1&1&1&1\\0&b-a&c-a&d-a\\0&b(b-a)&c(c-a)&d(d-a)\\0&b^2(b^2-a^2)&c^2(c^2-a^2)&d^2(d^2-a^2)\end{vmatrix}$$

$$=(b-a)(c-a)(d-a)\begin{vmatrix}1&1&1\\b&c&d\\b^2(b+a)&c^2(c+a)&d^2(d+a)\end{vmatrix}$$

$$=(b-a)(c-a)(d-a)\left[\begin{vmatrix}1&1&1\\b&c&d\\b^3&c^3&d^3\end{vmatrix}+\begin{vmatrix}1&1&1\\b&c&d\\b^2a&c^2a&d^2a\end{vmatrix}\right]$$

$$=(b-a)(c-a)(d-a)[D_3(b,c,d)+a(c-b)(d-b)(d-c)],$$

类似有 $D_3(b,c,d)=(c-b)(d-b)[D_2(c,d)+b(d-c)]$，

$$D_2(c,d)=\begin{vmatrix}1&1\\c^2&d^2\end{vmatrix}=(d-c)(d+c).$$

最后得

$$\begin{aligned}D_3(b,c,d)&=(c-b)(d-b)[(d-c)(d+c)+b(d-c)]\\&=(c-b)(d-b)(d-c)(b+c+d)\end{aligned}$$

$$\begin{aligned}D_4(a,b,c,d)&=(b-a)(c-a)(d-a)D_3(b,c,d)\\&\quad+a(b-a)(c-a)(d-a)(c-b)(d-b)(d-c)\\&=(b-a)(c-a)(d-a)(c-b)(d-b)(d-c)(b+c+d)\\&\quad+a(b-a)(c-a)(d-a)(c-b)(d-b)(d-c)\\&=(b-a)(c-a)(d-a)(c-b)(d-b)(d-c)(a+b+c+d).\end{aligned}$$

方法二　用升阶法，即通过对原行列式添加一行、添加一列，变为高一阶的行列式来计算. 为此，考虑5阶范德蒙行列式

$$D=\begin{vmatrix}1&1&1&1&1\\a&b&c&d&x\\a^2&b^2&c^2&d^2&x^2\\a^3&b^3&c^3&d^3&x^3\\a^4&b^4&c^4&d^4&x^4\end{vmatrix},$$

则 D 是 x 的4次多项式，而所求的 $D_4(a,b,c,d)$ 是将它最后一列展开式中 x^3 项系数的相反数(因元素 x^3 的位置为(4，5)). 另一方面，根据范德蒙行列式的结论，有

$$D=(x-a)(x-b)(x-c)(x-d)(d-a)(d-b)(d-c)(c-b)(c-a)(b-a)$$

于是 x^3 项系数为 $-(a+b+c+d)(d-a)(d-b)(d-c)(c-b)(c-a)(b-a)$

所以 $D_4(a,b,c,d)=(a+b+c+d)(d-a)(d-b)(d-c)(c-b)(c-a)(b-a)$.

注：所给出两种解法都具有普遍性，可推广到相应的 n 阶行列式

$$D_n(x_1, x_2, \cdots, x_n) = \begin{vmatrix} 1 & 1 & \cdots & 1 \\ x_1 & x_2 & \cdots & x_n \\ x_1^2 & x_2^2 & \cdots & x_n^2 \\ \cdots & \cdots & \cdots & \cdots \\ x_1^{n-1} & x_2^{n-1} & \cdots & x_n^{n-1} \\ x_1^{n+1} & x_2^{n+1} & \cdots & x_n^{n+1} \end{vmatrix} = \left(\sum_{i=1}^{n} x_i\right) \begin{vmatrix} 1 & 1 & \cdots & 1 \\ x_1 & x_2 & \cdots & x_n \\ x_1^2 & x_2^2 & \cdots & x_n^2 \\ \cdots & \cdots & \cdots & \cdots \\ x_1^{n-1} & x_2^{n-1} & \cdots & x_n^{n-1} \\ x_1^{n} & x_2^{n} & \cdots & x_n^{n} \end{vmatrix}$$

$$= \sum_{i=1}^{n} x_i \cdot \prod_{1 \leqslant k < j \leqslant n} (x_j - x_k)$$

例 22 证明 $D_n = \begin{vmatrix} a+b & ab & 0 & \cdots & 0 & 0 \\ 1 & a+b & ab & \cdots & 0 & 0 \\ 0 & 1 & a+b & \cdots & 0 & 0 \\ \cdots & \cdots & \cdots & \cdots & \cdots & \cdots \\ 0 & 0 & 0 & \cdots & 1 & a+b \end{vmatrix} = \dfrac{a^{n+1} - b^{n+1}}{a-b}(a \neq b)$

证 【所谓“三对角”行列式是指它的非零元素都在对角线上以及对角线“平行”的上、下两条斜线上的行列式. 计算三对角行列式的最基本方法就是用递推法.】

方法一 拆成两个行列式之和，分别找递推关系.

$$D_n = \begin{vmatrix} a & ab & 0 & \cdots & 0 & 0 \\ 1 & a+b & ab & \cdots & 0 & 0 \\ 0 & 1 & a+b & \cdots & 0 & 0 \\ \cdots & \cdots & \cdots & \cdots & \cdots & \cdots \\ 0 & 0 & 0 & \cdots & 1 & a+b \end{vmatrix} + \begin{vmatrix} b & ab & 0 & \cdots & 0 & 0 \\ 1 & a+b & ab & \cdots & 0 & 0 \\ 0 & 1 & a+b & \cdots & 0 & 0 \\ \cdots & \cdots & \cdots & \cdots & \cdots & \cdots \\ 0 & 0 & 0 & \cdots & 1 & a+b \end{vmatrix}$$

记

$$D_n = D_n^{(1)} + D_n^{(2)}$$

$$D_n^{(1)} = \begin{vmatrix} a & ab & 0 & \cdots & 0 & 0 \\ 1 & a+b & ab & \cdots & 0 & 0 \\ 0 & 1 & a+b & \cdots & 0 & 0 \\ \cdots & \cdots & \cdots & \cdots & \cdots & \cdots \\ 0 & 0 & 0 & \cdots & 1 & a+b \end{vmatrix} = a \begin{vmatrix} 1 & b & 0 & \cdots & 0 & 0 \\ 1 & a+b & ab & \cdots & 0 & 0 \\ 0 & 1 & a+b & \cdots & 0 & 0 \\ \cdots & \cdots & \cdots & \cdots & \cdots & \cdots \\ 0 & 0 & 0 & \cdots & 1 & a+b \end{vmatrix}$$

$$= a \begin{vmatrix} 1 & b & 0 & \cdots & 0 & 0 \\ 0 & a & ab & \cdots & 0 & 0 \\ 0 & 1 & a+b & \cdots & 0 & 0 \\ \cdots & \cdots & \cdots & \cdots & \cdots & \cdots \\ 0 & 0 & 0 & \cdots & 1 & a+b \end{vmatrix} = aD_{n-1}^{(1)} = \cdots = a^n$$

$$D_n^{(2)} = \begin{vmatrix} b & ab & 0 & \cdots & 0 & 0 \\ 1 & a+b & ab & \cdots & 0 & 0 \\ 0 & 1 & a+b & \cdots & 0 & 0 \\ \cdots & \cdots & \cdots & \cdots & \cdots & \cdots \\ 0 & 0 & 0 & \cdots & 1 & a+b \end{vmatrix} = b \begin{vmatrix} 1 & a & 0 & \cdots & 0 & 0 \\ 1 & a+b & ab & \cdots & 0 & 0 \\ 0 & 1 & a+b & \cdots & 0 & 0 \\ \cdots & \cdots & \cdots & \cdots & \cdots & \cdots \\ 0 & 0 & 0 & \cdots & 1 & a+b \end{vmatrix}$$

$$=b\begin{vmatrix} 1 & a & 0 & \cdots & 0 & 0 \\ 0 & b & ab & \cdots & 0 & 0 \\ 0 & 1 & a+b & \cdots & 0 & 0 \\ \cdots & \cdots & \cdots & \cdots & \cdots & \cdots \\ 0 & 0 & 0 & \cdots & 1 & a+b \end{vmatrix}=bD_{n-1}^{(2)}$$

$$\begin{aligned} D_n &= a^n+bD_{n-1}=a^n+b(a^{n-1}+bD_{n-1}^{(2)})=a^n+ba^{n-1}+b^2D_{n-1}^{(2)} \\ &\cdots=a^n+ba^{n-1}+b^2a^{n-2}+\cdots+b^{n-3}a^3+b^{n-2}D_{n-2}^{(2)} \\ &=a^n+ba^{n-1}+b^2a^{n-2}+\cdots+b^{n-3}a^3+b^{n-2}(a^2+ab+b^2) \\ &=a^n+ba^{n-1}+b^2a^{n-2}+\cdots+b^{n-3}a^3+b^{n-2}a^2+ab^{n-1}+b^n \\ &=\frac{a^{n+1}-b^{n+1}}{a-b}. \end{aligned}$$

（或者 $D_n=a^n+bD_{n-1}^{(2)}$，由 a，b 的对称性，又有 $D_n=b^n+aD_{n-1}^{(2)}$，所以 $D_n=\frac{a^{n+1}-b^{n+1}}{a-b}$.）

方法二 利用行列式的性质化为三角形行列式.

将第 2 行加上第 1 行的 $-\frac{1}{a+b}$ 倍，得

$$D_n=\begin{vmatrix} a+b & ab & 0 & \cdots & 0 & 0 \\ 0 & \frac{a^3-b^3}{a^2-b^2} & ab & \cdots & 0 & 0 \\ 0 & 1 & a+b & \cdots & 0 & 0 \\ \cdots & \cdots & \cdots & \cdots & \cdots & \cdots \\ 0 & 0 & 0 & \cdots & 1 & a+b \end{vmatrix}$$

$$=\begin{vmatrix} a+b & ab & 0 & \cdots & 0 & 0 \\ 0 & \frac{a^3-b^3}{a^2-b^2} & ab & \cdots & 0 & 0 \\ 0 & 0 & \frac{a^4-b^4}{a^3-b^3} & \cdots & 0 & 0 \\ \cdots & \cdots & \cdots & \cdots & \cdots & \cdots \\ 0 & 0 & 0 & \cdots & 1 & a+b \end{vmatrix}$$

$$=\cdots$$

$$=\begin{vmatrix} a+b & ab & 0 & \cdots & 0 \\ 0 & \frac{a^3-b^3}{a^2-b^2} & ab & \cdots & 0 \\ 0 & 0 & \frac{a^4-b^4}{a^3-b^3} & \cdots & 0 \\ \cdots & \cdots & \cdots & \cdots & \cdots \\ 0 & 0 & 0 & \cdots & \frac{a^{n+1}-b^{n+1}}{a^n-b^n} \end{vmatrix}$$

$$=\frac{a^{n+1}-b^{n+1}}{a-b}.$$

方法三　用数学归纳法.

当 $n=1$ 时，$D_1=a+b$，等式显然成立.

假设对小于 n 的自然数，等式仍成立.

对 n 阶行列式 D_n，按第 1 列展开，得

$$D_n=(a+b)D_{n-1}-\begin{vmatrix} ab & 0 & 0 & \cdots & 0 & 0 \\ 1 & a+b & ab & \cdots & 0 & 0 \\ \cdots & \cdots & \cdots & \cdots & \cdots & \cdots \\ 0 & 0 & 0 & \cdots & 1 & a+b \end{vmatrix}$$

$$=(a+b)D_n-abD_{n-2}$$

由归纳假设知

$$D_n=(a+b)\cdot\frac{a^n-b^n}{a-b}-ab\,\frac{a^{n-1}-b^{n-1}}{a-b}$$

$$=\frac{a^{n+1}+ba^n-ab^n-b^{n+1}-a^nb+ab^n}{a-b}=\frac{a^{n+1}-b^{n+1}}{a-b}.$$

例 23　计算行列式

$$D_n=\begin{vmatrix} 5 & 3 & 0 & \cdots & 0 & 0 \\ 2 & 5 & 3 & \cdots & 0 & 0 \\ 0 & 2 & 5 & \cdots & 0 & 0 \\ \vdots & \vdots & \vdots & \ddots & \vdots & \vdots \\ 0 & 0 & 0 & \cdots & 5 & 3 \\ 0 & 0 & 0 & \cdots & 2 & 5 \end{vmatrix}.$$

解　【本题行列式中元素的排列有较强的规律性，且行列中又有较多的 0 元素，因此可考虑使用递推法进行计算.】

将行列式按第 1 行展开，得

$$D_n=5D_{n-1}+(-1)^{1+2}3\begin{vmatrix} 2 & 3 & 0 & \cdots & 0 & 0 \\ 0 & 5 & 3 & \cdots & 0 & 0 \\ 0 & 2 & 5 & \cdots & 0 & 0 \\ \vdots & \vdots & \vdots & \ddots & \vdots & \vdots \\ 0 & 0 & 0 & \cdots & 5 & 3 \\ 0 & 0 & 0 & \cdots & 2 & 5 \end{vmatrix}_{n-1}=5D_{n-1}-6D_{n-2} \qquad (1)$$

由(1)式，得

$$D_n-2D_{n-1}=3(D_{n-1}-2D_{n-2})$$

于是可得

$$D_n-2D_{n-1}=3(D_{n-1}-2D_{n-2})=\cdots=3^{n-2}(D_2-2D_1)$$

由于 $D_1=5$，$D_2=\begin{vmatrix} 5 & 3 \\ 2 & 5 \end{vmatrix}=19$，所以

$$D_n-2D_{n-1}=3^n \qquad (2)$$

同样由(1)式，得

$$D_n-3D_{n-1}=2(D_{n-1}-3D_{n-2})=\cdots=2^{n-2}(D_2-3D_1)=2^n \qquad (3)$$

解由(2)式与(3)式联立的方程组

$$\begin{cases}D_n-2D_{n-1}=3^n\\D_n-3D_{n-1}=2^n\end{cases}$$

得
$$D_n=3^{n+1}-2^{n+1}.$$

例 24　设五阶行列式

$$D_5=\begin{vmatrix}1&2&3&4&5\\2&2&2&1&1\\3&1&2&4&5\\1&1&1&2&2\\4&3&1&5&0\end{vmatrix}=27$$

求 $A_{21}+A_{22}+A_{23}$ 和 $A_{24}+A_{25}$ 的值，其中 A_{2j} 是 a_{2j} 的代数余子式.

解　根据代数余子式的知识，将行列式 D_5 按第 2 行展开，得

$$2(A_{21}+A_{22}+A_{23})+(A_{24}+A_{25})=27 \tag{4}$$

又根据代数余子式的知识，有

$$(A_{21}+A_{22}+A_{23})+2(A_{24}+A_{25})=0 \tag{5}$$

联立(4)、(5)，得

$$\begin{cases}2(A_{21}+A_{22}+A_{23})+(A_{24}+A_{25})=27\\(A_{21}+A_{22}+A_{23})+2(A_{24}+A_{25})=0\end{cases}$$

解这个方程组，得

$$A_{21}+A_{22}+A_{23}=18,\ A_{24}+A_{25}=-9.$$

七、本章综合测试

(一) 选择题(本题 4 小题，每题 5 分，满分 20 分)

(1) 在六阶行列式 $D=\det(a_{ij})$ 中，$a_{13}a_{26}a_{32}a_{41}a_{54}a_{65}$ (　　).

(A) 应该取正号　　(B) 应该取负号

(C) 一定小于零　　(D) 一定大于零

(2) 行列式 $\begin{vmatrix}0&a&b&0\\a&0&0&b\\0&c&d&0\\c&0&0&d\end{vmatrix}=$ (　　).

(A) $(ad-bc)^2$　　(B) $-(ad-bc)^2$

(C) $a^2d^2-b^2c^2$　　(D) $b^2c^2-a^2d^2$

(3) 设 $f(x)=\begin{vmatrix}x-2&x-1&x-2&x-3\\2x-2&2x-1&2x-2&2x-3\\3x-3&3x-2&4x-5&3x-5\\4x&4x-3&5x-7&4x-3\end{vmatrix}$，则方程 $f(x)=0$ 的根的个数为(　　).

(A) 2　　(B) 1　　(C) 3　　(D) 4

(4) 齐次方程组 $\begin{cases} x_1+2x_2-3x_3=0, \\ 2x_1-x_2+\lambda x_3=0, \\ 3x_1+2x_2-x_3=0 \end{cases}$ 只有零解，则 λ 应满足的条件是(　　).

(A) $\lambda=0$　　(B) $\lambda=4$　　(C) $\lambda\neq4$　　(D) $\lambda\neq0$

(二) 填空题(本题 4 小题，每题 5 分，满分 20 分)

(1) 若 $D_n=|a_{ij}|=3$，则 $D=|-a_{ij}|=$________.

(2) 排列 314728965 的逆序数为________.

(3) 设四阶行列式 $D=\begin{vmatrix} 0 & a & b & a \\ b & 0 & a & a \\ a & a & 0 & b \\ a & a & b & 0 \end{vmatrix}$，则 $A_{13}+A_{24}+A_{31}+A_{42}=$________.

(4) 设 x_1，x_2，x_3 是 3 阶方程 $x^3+px+q=0$ 的三个根，则行列式 $\begin{vmatrix} x_1 & x_2 & x_3 \\ x_3 & x_1 & x_2 \\ x_2 & x_3 & x_1 \end{vmatrix}=$________.

(三) 计算下列行列式(本题共有 2 小题，每题 10 分，满分 20 分)

(1) $D=\begin{vmatrix} 1 & 2 & 3 & 4 \\ 4 & 3 & 2 & 1 \\ 3 & 2 & 1 & 4 \\ 2 & 1 & 4 & 3 \end{vmatrix}$　　(2) $D=\begin{vmatrix} 1 & 1 & 1 & 1 \\ 1 & 2 & 3 & 5 \\ 1 & 4 & 9 & 25 \\ 1 & 8 & 27 & 125 \end{vmatrix}$

(四) 计算下列 *n* 阶行列式(本题共有 2 小题，每题 10 分，满分 20 分)

(1) $D_n=\begin{vmatrix} 4 & 1 & 1 & \cdots & 1 & 1 \\ 1 & 4 & 1 & \cdots & 1 & 1 \\ \cdots & \cdots & \cdots & \cdots & \cdots & \cdots \\ 1 & 1 & 1 & \cdots & 4 & 1 \\ 1 & 1 & 1 & \cdots & 1 & 4 \end{vmatrix}$　　(2) $D_n=\begin{vmatrix} x-a & a & a & \cdots & a \\ a & x-a & a & \cdots & a \\ \cdots & \cdots & \cdots & \cdots & \cdots \\ a & a & a & \cdots & x-a \end{vmatrix}$.

(五) (本题满分 10 分)问为何值时，线性方程组

$$\begin{cases} x_1+x_2+x_3+x_4=0, \\ x_2+2x_3+2x_4=1, \\ -x_2+(a-3)x_3-2x_4=-1, \\ 3x_1+2x_2+x_3+ax_4=-1 \end{cases}$$

有唯一解、有两个以上解？

(六) (本题满分 10 分)设 $D=\begin{vmatrix} a_1 & b_1 & c_1 \\ a_2 & b_2 & c_2 \\ a_3 & b_3 & c_3 \end{vmatrix}\neq0$，证明直线 $\dfrac{x-a_3}{a_1-a_2}=\dfrac{y-b_3}{b_1-b_2}=\dfrac{z-c_3}{c_1-c_2}$ 与直线 $\dfrac{x-a_1}{a_2-a_3}=\dfrac{y-b_1}{b_2-b_3}=\dfrac{z-c_1}{c_2-c_3}$ 相交于一点.

八、 测试答案

(一) (1) B；(2) B；(3) A；(4)C.

(二) (1) $3(-1)^n$ (2) 11 (3) $-2a^3-ab^2-b^3$ (4) 0.

(三) (1) 160；(2) 48.

(四) (1) $(n+3)3^{n-1}$；(2) $(x-2a)^{n-1}(x+(n-2)a)$.

(五) 当 $a\neq 1$ 时，有唯一解；当 $a=1$ 时，有两个以上不同的解.

(六) 略

第二章

矩　　阵

一、 本章知识结构图

- 矩阵 →
  - 矩阵及其运算 →
    - 定义
    - 特殊矩阵
    - 运算
    - 逆矩阵
    - 初等变换
  - 线性方程组的解 → 矩阵形式

其中：

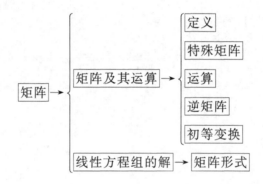

- 逆矩阵 →
  - 求法 →
    - 定义法
    - 伴随矩阵法 → $A^{-1}=\frac{1}{|A|}A^*$
    - 初等变换法 → $(A \vdots E)\xrightarrow{\text{行}}(E \vdots A^{-1})$
    - 分块矩阵法 → $\begin{pmatrix} A & O \\ B & C \end{pmatrix}^{-1}=\begin{pmatrix} A^{-1} & O \\ -C^{-1}BA^{-1} & C^{-1} \end{pmatrix}$
  - 证法 →
    - 定义法
    - $|A|\neq 0$
    - $R(A)<n$
    - 反证法

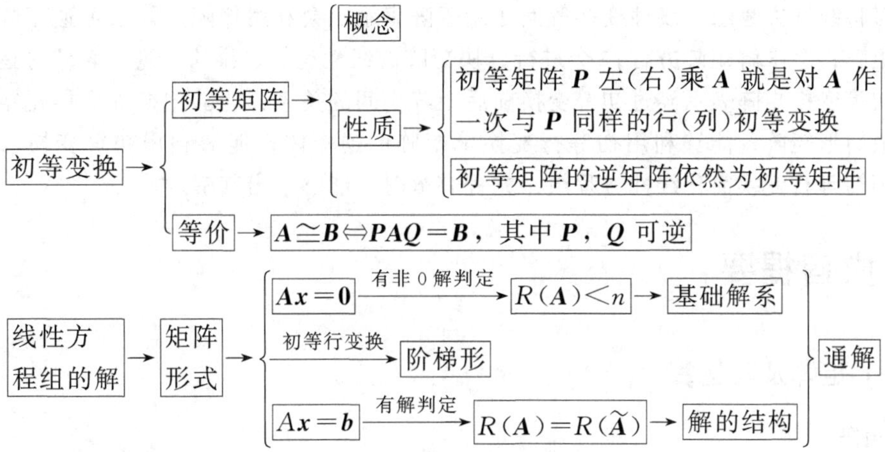

二、 学习要求

1. 内容：矩阵的概念；矩阵的加法、减法、数乘、乘法、转置、方阵的幂、方阵的行列式及运算规律；逆矩阵的概念；可逆的条件及逆矩阵的求法；* 矩阵分块及运算；矩阵初等变换的概念；利用初等变换将矩阵化为阶梯形与最简形；求逆矩阵的初等变换法；矩阵秩的概念与计算及性质；利用初等变换求解线性方程组.

2. 要求：理解矩阵概念及其应用背景，熟悉矩阵的相关概念，知道一些常用矩阵；掌握矩阵的线性运算、乘法、转置、方阵的行列式及其运算规律；了解伴随矩阵的概念，了解矩阵与其伴随矩阵之间的关系；理解逆矩阵的概念和可逆矩阵的性质；掌握逆矩阵存在的条件与矩阵求逆的方法；会解矩阵方程；* 了解矩阵分块的目的及运算；掌握初等变换概念和其在简化线性方程组、计算逆矩阵等问题中的作用；掌握初等变换矩阵的定义和作用；能够用初等变换化矩阵为阶梯型、最简形矩阵；会用初等变换计算矩阵的逆；理解矩阵秩的概念和性质；了解计算矩阵秩的理论基础，掌握矩阵秩的求法. 掌握如何用初等变换简化线性方程组；掌握非齐次线性方程组有解、无解、有无穷多解的条件；掌握齐次线性方程组有非零解的条件；会求解线性方程组.

3. 重点：矩阵的运算；逆矩阵的计算；矩阵的初等变换；利用初等变换求矩阵的逆；矩阵秩的求法；线性方程组的求解.

4. 难点：矩阵的乘法；逆矩阵的求法；利用初等变换求矩阵的逆的理论；矩阵秩的定义与性质；

5. 知识目标：掌握矩阵的概念和线性运算、乘法、乘幂、转置、方阵行列式的定义和运算法则；了解伴随矩阵的概念；了解矩阵与其伴随矩阵之间的关系；理解逆矩阵的概念和可逆矩阵的性质；掌握矩阵可逆的条件；* 了解分块矩阵的目的；理解初等变换概念和其在简化线性方程组、计算逆矩阵等问题中的作用；理解矩阵秩的概念和性质；了解计算矩阵秩的理论基础；掌握非齐次线性方程组有解、无解、有无穷多解的条件；掌握齐次线性方程组有非零解的条件.

6. 能力目标：能够理解线性方程组、线性变换、数字图像等问题与矩阵的对应关系；能够利用矩阵的线性运算、乘法、乘幂、转置、方阵行列式等运算的性质进行相应的计算；能够将线性方程组、线性变换等问题用矩阵表示；会利用伴随矩阵或可逆矩阵的性质计算逆矩阵；会求解矩阵方程；* 会进行分块矩阵的线性运算、乘法、逆、转置等运算；能够利用初等变换矩阵表示经过初等变换前后矩阵之间的关系；能够用初等变换化矩阵为阶梯型、最简形矩阵；能够利用初等行变换求矩阵的逆矩阵；能够利用初等变换求矩阵的秩；会用初等行变换简化线性方程组；方程有解时，能够求出其解.

三、 内容提要

(一) 矩阵及其运算

1. 矩阵

$$\boldsymbol{A}=(a_{ij})_{m\times n}=\begin{pmatrix} a_{11} & a_{12} & \cdots & a_{1n} \\ a_{21} & a_{22} & \cdots & a_{2n} \\ \vdots & \vdots & \cdots & \vdots \\ a_{m1} & a_{m2} & \cdots & a_{mn} \end{pmatrix}$$

称为一个 m 行 n 列矩阵，当 $m=n$ 时称为 n 阶方阵.

2. 数乘运算　设 k 是一个数，则称矩阵

$$k\boldsymbol{A}=(ka_{ij})=\begin{pmatrix} ka_{11} & ka_{12} & \cdots & ka_{1n} \\ ka_{21} & ka_{22} & \cdots & ka_{2n} \\ \cdots & \cdots & \cdots & \cdots \\ ka_{m1} & ka_{m2} & \cdots & ka_{mn} \end{pmatrix}$$

为数 k 与矩阵 $\boldsymbol{A}$ 的数量乘积，简称数乘，记为 $k\boldsymbol{A}=(ka_{ij})_{m\times n}$.

3. 加法运算　当 $\boldsymbol{A}$，$\boldsymbol{B}$ 同阶矩阵时，

$$\boldsymbol{A}+\boldsymbol{B}=(a_{ij}+b_{ij})_{m\times n}=\begin{pmatrix} a_{11}+b_{11} & a_{12}+b_{12} & \cdots & a_{1n}+b_{1n} \\ a_{21}+b_{21} & a_{22}+b_{22} & \cdots & a_{2n}+b_{2n} \\ \cdots & \cdots & \cdots & \cdots \\ a_{m1}+b_{m1} & a_{m2}+b_{m2} & \cdots & a_{mn}+b_{mn} \end{pmatrix},$$

定义 $\boldsymbol{B}$ 的负矩阵为$\begin{pmatrix} -b_{11} & -b_{12} & \cdots & -b_{1n} \\ -b_{21} & -b_{22} & \cdots & -b_{2n} \\ \vdots & \vdots & \cdots & \vdots \\ -b_{m1} & -b_{m2} & \cdots & -b_{mn} \end{pmatrix}$，

记为 $-\boldsymbol{B}$. 就有矩阵 $\boldsymbol{A}$ 与矩阵 $\boldsymbol{B}$ 的差 $\boldsymbol{A}+(-\boldsymbol{B})$ 记做 $\boldsymbol{A}-\boldsymbol{B}$.

4. 乘法运算

设 $\boldsymbol{A}=(a_{ij})_{m\times s}$ 是一个 m 行 s 列的矩阵，$\boldsymbol{B}=(b_{ij})_{s\times n}$ 是一个 s 行 n 列的矩阵，那么矩阵 $\boldsymbol{A}$ 与矩阵 $\boldsymbol{B}$ 的乘积是一个 m 行 n 列的矩阵 $\boldsymbol{AB}=\boldsymbol{C}=(c_{ij})_{m\times n}$，其中

$$c_{ij}=a_{i1}b_{1j}+a_{i2}b_{2j}+\cdots+a_{is}b_{sj}=\sum_{k=1}^{n}a_{ik}b_{kj}\quad(i=1,\ 2,\ \cdots,\ m;\ j=1,\ 2,\ \cdots,\ n).$$

注意：(1)两个矩阵 $\boldsymbol{A}$ 和 $\boldsymbol{B}$ 当 $\boldsymbol{A}$ 的列数与 $\boldsymbol{B}$ 的行数相同时才能作乘法，且所得的矩阵

的行数等于 $\boldsymbol{A}$ 的行数，而列数等于 $\boldsymbol{B}$ 的列数，并且 $\boldsymbol{AB}$ 中位于 i 行 j 列的元素等于 $\boldsymbol{A}$ 的第 i 行各元素与 $\boldsymbol{B}$ 的第 j 列各元素对应乘积的代数和.

(2)矩阵的乘法不满足交换律和消去律.

5. 矩阵的转置 设

$$\boldsymbol{A}=\begin{pmatrix} a_{11} & a_{12} & \cdots & a_{1n} \\ a_{21} & a_{22} & \cdots & a_{2n} \\ \cdots & \cdots & \cdots & \cdots \\ a_{m1} & a_{m2} & \cdots & a_{mn} \end{pmatrix} \text{则} A^{\mathrm{T}}=\begin{pmatrix} a_{11} & a_{21} & \cdots & a_{m1} \\ a_{12} & a_{22} & \cdots & a_{2n} \\ \cdots & \cdots & \ddots & \cdots \\ a_{1n} & a_{2n} & \cdots & a_{mn} \end{pmatrix}.$$

称为 $\boldsymbol{A}$ 的转置矩阵，且满足如下运算规律

(1) $(\boldsymbol{A}^{\mathrm{T}})^{\mathrm{T}}=\boldsymbol{A}$；(2) $(\boldsymbol{A}+\boldsymbol{B})^{\mathrm{T}}=\boldsymbol{A}^{\mathrm{T}}+\boldsymbol{B}^{\mathrm{T}}$；(3) $(k\boldsymbol{A})^{\mathrm{T}}=k\boldsymbol{A}^{\mathrm{T}}$；(4) $(\boldsymbol{AB})^{\mathrm{T}}=\boldsymbol{B}^{\mathrm{T}}\boldsymbol{A}^{\mathrm{T}}$.

6. 对 n 阶方阵 $\boldsymbol{A}$，则称 $|\boldsymbol{A}|$ 为由 $\boldsymbol{A}$ 所得的 n 阶行列式

即

$$|\boldsymbol{A}|=\begin{vmatrix} a_{11} & a_{12} & \cdots & a_{1n} \\ a_{21} & a_{22} & \cdots & a_{2n} \\ \cdots & \cdots & \cdots & \cdots \\ a_{n1} & a_{n2} & \cdots & a_{nn} \end{vmatrix}$$

(二) 矩阵的逆矩阵

1. 设 n 阶方阵 $\boldsymbol{A}$，若存在一个 n 阶方阵 $\boldsymbol{B}$，使得

$$\boldsymbol{AB}=\boldsymbol{BA}=\boldsymbol{E}$$

则称 $\boldsymbol{A}$ 为一个可逆矩阵，$\boldsymbol{B}$ 称为 $\boldsymbol{A}$ 的逆矩阵，记作 $\boldsymbol{B}=\boldsymbol{A}^{-1}$.

逆矩阵满足以下性质

(1) 可逆矩阵 $\boldsymbol{A}$ 的逆矩阵是唯一的.

(2) 可逆矩阵的逆矩阵也是可逆的，并且 $(\boldsymbol{A}^{-1})^{-1}=\boldsymbol{A}$.

(3) 设 $\boldsymbol{A}$，$\boldsymbol{B}$ 为 n 阶可逆矩阵，则 $\boldsymbol{AB}$ 也可逆，并且 $(\boldsymbol{AB})^{-1}=\boldsymbol{B}^{-1}\boldsymbol{A}^{-1}$.

(4) $\boldsymbol{A}$ 为可逆矩阵，则有 $(k\boldsymbol{A}^{-1})=\dfrac{1}{k}\boldsymbol{A}^{-1}$，$(\boldsymbol{A}^{\mathrm{T}})^{-1}=(\boldsymbol{A}^{-1})^{\mathrm{T}}$（其中 $k\neq0$).

2. 求逆矩阵的主要方法

(1) $\boldsymbol{A}$ 可逆的充分必要为 $|\boldsymbol{A}|\neq0$. 且

$$\boldsymbol{A}^{-1}=\frac{1}{|\boldsymbol{A}|}\boldsymbol{A}^{*}=\frac{1}{|\boldsymbol{A}|}\begin{pmatrix} A_{11} & A_{21} & \cdots & A_{n1} \\ A_{12} & A_{22} & \cdots & A_{n2} \\ \vdots & \vdots & \cdots & \vdots \\ A_{1n} & A_{2n} & \cdots & A_{nn} \end{pmatrix}.$$

(2) 解方程组法，从方程组 $\boldsymbol{AX}=\boldsymbol{E}$ 中求 $\boldsymbol{X}$ 的每个元素，即可得出 $\boldsymbol{A}$ 的逆矩阵.

(3) 初等变换法.

(4) 分块矩阵法.

(三) 矩阵的分块

1. 例子

矩阵
$$A=\left(\begin{array}{cc:cc}1&0&0&0\\0&1&0&0\\ \hdashline -1&2&1&0\\1&1&0&1\end{array}\right)$$
可看成$\begin{pmatrix}E_2&O\\A_1&E_2\end{pmatrix}$，其中$A_1=\begin{pmatrix}-1&2\\1&1\end{pmatrix}$，$E_2=\begin{pmatrix}1&0\\0&1\end{pmatrix}$，$O=\begin{pmatrix}0&0\\0&0\end{pmatrix}$.

2. 将矩阵进行分块时用的一般方法：

(1) 若一个矩阵中含有单位矩阵块或零矩阵块，则分块时应以这两类矩阵为基础划分.

(2) 在矩阵运算过程中，若两矩阵作加法，则它们的分块应完全相同；若两矩阵作乘法，则后一矩阵的行的分法必须与前一矩阵列的分法相同，然后把每一小块看做“数”按加法和乘法的运算计算.

(3) 在求矩阵的逆阵时，通常把块划分为正方块.

(四) 矩阵的初等变换

1. 定义　对矩阵的行(列)施行下列三种变换之一，称为对矩阵施行了一次初等行(列)变换：

(1) 交换矩阵的两行(列)，记为 $r_i\leftrightarrow r_j(c_i\leftrightarrow c_j)$；

(2) 矩阵某一行(列)的元素都乘以同一个不等于零的数 k，记为 $r_i\times k$(或 $c_i\times k$)；

(3) 将矩阵某一行(列)的元素同乘以一个数 k 并加至另一行(列)的对应元素上去，记为 r_i+kr_j(或 c_i+kc_j).

矩阵的初等行变换与列变换，统称初等变换. 显然，三种初等变换都是可逆的，且逆变换仍然是初等变换.

2. 行阶梯形矩阵常简称为阶梯形矩阵是指满足下面两个条件的矩阵，

(1) 非零行(元素不全为零的行)的标号小于零行(元素全为零的行)的标号；

(2) 设矩阵有 r 个非零行，第 i 个非零行的第一个非零元素所在的列号为 t_i，$i=1,2,\cdots,r$，则 $t_1<t_2<\cdots<t_r$.

显然：每一个矩阵都可以经过初等行变换化为行阶梯形矩阵的.

3. 行最简形矩阵是指满足下列条件的行阶梯形矩阵，

(1) 每个非零行的第一个非零元素为 1；

(2) 每个非零行的第一个非零元素所在列的其余元素全为零.

4. 如果一个矩阵的左上角为单位矩阵，其他位置的元素都为零，则称这个矩阵为标准形矩阵.

用分块矩阵表示，形如
$$\begin{pmatrix}E_r&O_{r\times p}\\O_{s\times r}&O_{s\times p}\end{pmatrix},\ (E_m\quad O_{m\times p}),\ \begin{pmatrix}E_n\\O_{s\times n}\end{pmatrix}$$
的矩阵都是标准形矩阵.

任何矩阵都可经过初等行变换化为行最简形矩阵. 任何矩阵都可经过初等变换化为标准形矩阵.

5. 一个矩阵 A 中不等于零的子式的最大阶数称做这个矩阵的秩，记为 $R(A)$或

rank($\boldsymbol{A}$). 规定零矩阵的秩为零.

6. 矩阵的秩的计算

(1) 用定义来求.

(2) 初等变换法：即把矩阵用行初等变换变成行阶梯形，阶梯的个数即为矩阵的秩.

7. 初等矩阵是由单位矩阵经过一次初等变换等到的矩阵.

(五) 线性方程组的解

1. 齐次线性方程组

$$\begin{cases} a_{11}x_1 + a_{12}x_2 + \cdots + a_{1n}x_n = 0, \\ a_{21}x_1 + a_{22}x_2 + \cdots + a_{2n}x_n = 0, \\ \cdots\cdots\cdots\cdots\cdots\cdots\cdots\cdots\cdots\cdots \\ a_{m1}x_1 + a_{m2}x_2 + \cdots + a_{mn}x_n = 0 \end{cases}$$

总有解. 它有非零解的充分必要条件是 $R(\boldsymbol{A})<n$.

2. 非齐次线性方程组

$$\begin{cases} a_{11}x_1 + a_{12}x_2 + \cdots + a_{1n}x_n = b_1, \\ a_{21}x_1 + a_{22}x_2 + \cdots + a_{2n}x_n = b_2, \\ \cdots\cdots\cdots\cdots\cdots\cdots\cdots\cdots\cdots\cdots \\ a_{m1}x_1 + a_{m2}x_2 + \cdots + a_{mn}x_n = b_m \end{cases}$$

$\widetilde{\boldsymbol{A}}$ 为其增广矩阵. 那么

(1) $\widetilde{\boldsymbol{A}}$ 的秩只有两种可能：或 $R(\boldsymbol{A})=r(\widetilde{\boldsymbol{A}})$ 或 $R(\widetilde{\boldsymbol{A}})=R(\boldsymbol{A})+1$；

(2) 非齐次方程组有解$\Leftrightarrow R(\boldsymbol{A})=R(\widetilde{\boldsymbol{A}})$.

四、 释疑解难

问题 1　矩阵和行列式的区别是什么？

答　(1) 矩阵与行列式是两个完全不同的概念，矩阵仅仅是一个矩形的“数表”，行列式是一个方形数表中根据定义规则进行运算而得到的一个数或一个代数式，因此可以认为行列式是一种运算的符号，例如

例如　　$\boldsymbol{B}=\begin{pmatrix} 1 & 3 & 6 \\ 3 & 4 & 7 \end{pmatrix}$　$|A|=\begin{vmatrix} 1 & 2 \\ 3 & 4 \end{vmatrix}=-2$

(2) 行列式是在方形数表(即行数等于列数)中定义，对不是方形的数表不能讨论行列式的问题，如 $|B|=\begin{vmatrix} 1 & 3 & 6 \\ 3 & 4 & 7 \end{vmatrix}$ 无意义，而矩阵无此限制.

(3) 矩阵相加与行列式相加的区别. 例如

$$\begin{pmatrix} a & b \\ c & d \end{pmatrix}+\begin{pmatrix} e & f \\ g & h \end{pmatrix}=\begin{pmatrix} a+e & b+f \\ c+g & d+h \end{pmatrix}$$

而
$$\begin{vmatrix} a+e & b+f \\ c+g & d+h \end{vmatrix}=\begin{vmatrix} a & b \\ c+g & d+h \end{vmatrix}+\begin{vmatrix} e & f \\ c+g & d+h \end{vmatrix}$$

$$=\begin{vmatrix}a&b\\c&d\end{vmatrix}+\begin{vmatrix}a&b\\g&h\end{vmatrix}+\begin{vmatrix}e&f\\c&d\end{vmatrix}+\begin{vmatrix}e&f\\g&h\end{vmatrix}$$

(4) 数乘矩阵与数乘行列式的区别. 如:

$$k\begin{pmatrix}a&b\\c&d\end{pmatrix}=\begin{pmatrix}ka&kb\\kc&kd\end{pmatrix}$$

而
$$k\begin{vmatrix}a&b\\c&d\end{vmatrix}=\begin{vmatrix}ka&kb\\c&d\end{vmatrix}=\begin{vmatrix}ka&b\\kc&d\end{vmatrix}=\begin{vmatrix}a&b\\kc&kd\end{vmatrix}$$

(5) 矩阵相乘与行列式相乘的区别. 如果 $\boldsymbol{A}$，$\boldsymbol{B}$ 是同阶方阵，则 $|\boldsymbol{AB}|=|\boldsymbol{A}||\boldsymbol{B}|$，但若 $\boldsymbol{A}$，$\boldsymbol{B}$ 之一不是方阵，那么 $|\boldsymbol{AB}|$ 可能有意义，而 $|\boldsymbol{A}|$，$|\boldsymbol{B}|$ 无意义. 如 $\boldsymbol{A}=\begin{pmatrix}1\\2\end{pmatrix}$，$\boldsymbol{B}=(3\quad 4)$则 $|\boldsymbol{AB}|=\begin{vmatrix}3&4\\6&8\end{vmatrix}=0$，但 $|\boldsymbol{A}|$，$|\boldsymbol{B}|$ 无意义.

(6) 当 $|\boldsymbol{A}|\neq 0$ 时，$\dfrac{1}{|\boldsymbol{A}|}$有意义，而对矩阵而言，$\dfrac{1}{\boldsymbol{A}}$无意义，当且 $|\boldsymbol{A}|\neq 0$ 时，$|\boldsymbol{A}|^{-1}$ 表示行列式 $|A|$ 的数值的倒数，如 $|A|=16$，$|A|^{-1}=\dfrac{1}{16}$；A^{-1} 表示方阵 $\boldsymbol{A}$ 的逆，若 $\boldsymbol{A}$ 不可逆，则 A^{-1} 无意义，即使 $\boldsymbol{A}$ 可逆，$\boldsymbol{A}^{-1}$ 只表示 $\boldsymbol{A}A^{-1}=A^{-1}A=E$，$A^{-1}$ 仍不是$\dfrac{1}{\boldsymbol{A}}$.

(7) 对行列式进行某些运算可保持其值不变，而矩阵相等则要求对应元素都分别相等，如：$D_1=\begin{vmatrix}1&2\\3&4\end{vmatrix}=-2$，$D_2=\begin{vmatrix}1&3\\2&4\end{vmatrix}=-2$，虽然 D_1，D_2 的形式不同，但实质一样，$D_1=D_2$；而 $\boldsymbol{A}_1=\begin{pmatrix}1&2\\3&4\end{pmatrix}$，$\boldsymbol{A}_2=\begin{pmatrix}1&3\\2&4\end{pmatrix}$就是两个不同的矩阵.

总之，矩阵与行列式的概念不同，区别很多，必须充分理解矩阵只是一个“数表”，行列式是一种“运算符”.

问题 2　矩阵运算与行列式运算极易混淆之处主要表现在何处?

答　主要表现在 $|kA|$ 的计算上. 常数 k 只乘行列式的某一行(或列)，而不是将 k 遍乘行列式的所有元素. 因而只要行列式中某一行(列)的元素有公因子就可把该公因子提到行列式外面.

常数 k 乘矩阵是将 k 遍乘矩阵的所有元素，因此 $k\boldsymbol{A}$ 中每个元素都有公因数 k. 如设 $\boldsymbol{A}=(a_{ij})_{n\times n}$，则有

$$k\boldsymbol{A}=\begin{pmatrix}ka_{11}&ka_{12}&\cdots&ka_{1n}\\ka_{21}&ka_{22}&\cdots&ka_{2n}\\\cdots&\cdots&\cdots&\cdots\\ka_{m1}&ka_{m2}&\cdots&ka_{mn}\end{pmatrix}$$

其行列式 $|k\boldsymbol{A}|$，由于每行(列)都有一个公因数 k 可以提出，$|k\boldsymbol{A}|$ 共有 n 个行，因而共可提取 n 个公因数 k. 于是得到 $|k\boldsymbol{A}|=k^n|\boldsymbol{A}|$($n$ 为 $\boldsymbol{A}$ 的阶数).

一般 $|k\boldsymbol{A}|\neq k|\boldsymbol{A}|$. 将 $|k\boldsymbol{A}|=k|\boldsymbol{A}|$ 是常犯的错误.

问题 3　矩阵乘法与数的乘法运算极易混淆之处主要表现在何处?

答　主要表现在下述错误运算：若 $\boldsymbol{AB}=O$，则 $\boldsymbol{A}=\boldsymbol{O}$ 或 $\boldsymbol{B}=\boldsymbol{O}$. 这个错误运算有很多表现形式，例如：

若 $\boldsymbol{AB}=\boldsymbol{O}$，且 $\boldsymbol{A}=\boldsymbol{O}$，则 $\boldsymbol{B}=\boldsymbol{O}$；

若 $\boldsymbol{A}^2=\boldsymbol{E}$，即 $\boldsymbol{A}^2-\boldsymbol{E}=(\boldsymbol{A}+\boldsymbol{E})(\boldsymbol{A}-\boldsymbol{E})=\boldsymbol{O}$，则 $\boldsymbol{A}=\boldsymbol{E}$ 或 $\boldsymbol{A}=-\boldsymbol{E}$；

若 $\boldsymbol{AX}=\boldsymbol{AY}$，且 $\boldsymbol{A}\neq\boldsymbol{O}$，则 $\boldsymbol{X}=\boldsymbol{Y}$；

若 $\boldsymbol{A}^2=\boldsymbol{A}$，即 $\boldsymbol{A}^2-\boldsymbol{A}=\boldsymbol{A}(\boldsymbol{A}-\boldsymbol{E})=\boldsymbol{O}$，则 $\boldsymbol{A}=\boldsymbol{E}$ 或 $\boldsymbol{A}=\boldsymbol{O}$.

问题 4　对于给定矩阵 $\boldsymbol{A}\in\boldsymbol{M}_n$，若存在 $\boldsymbol{B}\in\boldsymbol{M}_n$，使 $\boldsymbol{AB}=\boldsymbol{BA}=|\boldsymbol{A}|\boldsymbol{E}_n$，是否必有 $\boldsymbol{B}=\boldsymbol{A}^*$？

答　当 $\boldsymbol{A}$ 是可逆矩阵时，答案是肯定的. 事实上，$\boldsymbol{A}$ 可逆，有

$$\boldsymbol{B}=|\boldsymbol{A}|\boldsymbol{A}^{-1}=\boldsymbol{A}^*;$$

当 $\boldsymbol{A}$ 不可逆时，答案是否定的. 反例如下：取 $\boldsymbol{A}=\begin{pmatrix}1&0\\1&0\end{pmatrix}$，$\boldsymbol{B}=\begin{pmatrix}0&0\\1&-1\end{pmatrix}$，则有

$$\boldsymbol{AB}=\boldsymbol{BA}=\boldsymbol{O}=|\boldsymbol{A}|\boldsymbol{E}.$$

因为 $\boldsymbol{A}^*=\begin{pmatrix}0&0\\-1&1\end{pmatrix}$，故 $\boldsymbol{B}\neq\boldsymbol{A}^*$.

问题 5　(1) 对称矩阵与反对称矩阵的元素有什么区别？

(2) 对称矩阵的伴随矩阵是否也是对称矩阵？

(3) 反对称矩阵的伴随矩阵是否也是反对称矩阵？

答　(1) 设 $\boldsymbol{A}\in\boldsymbol{M}_n$ 为对称矩阵，则 $\boldsymbol{A}=\boldsymbol{A}^{\mathrm{T}}$ 的充分必要条件是 $\boldsymbol{A}$ 的元素满足 $a_{ij}=a_{ji}$ $(i, j=1, 2, \cdots, n)$.

设 $\boldsymbol{A}\in\boldsymbol{M}_n$ 为反对称矩阵，则 $\boldsymbol{A}^{\mathrm{T}}=-\boldsymbol{A}$ 的充分必要条件是 $\boldsymbol{A}$ 的元素满足 $a_{ij}=-a_{ji}$ $(i, j=1, 2, \cdots, n)$.

(2) 设 $\boldsymbol{A}=\begin{pmatrix}a_{11}&a_{12}&\cdots&a_{1n}\\a_{21}&a_{22}&\cdots&a_{2n}\\\vdots&\vdots&\vdots&\vdots\\a_{m1}&a_{m2}&\cdots&a_{mn}\end{pmatrix}$，由于 $a_{ij}=a_{ji}$ $(i, j=1, 2, \cdots, n)$，易证 $\boldsymbol{A}_{ij}=\boldsymbol{A}_{ji}$ $(i, j=1, 2, \cdots, n)$. 从而 $\boldsymbol{A}^*$ 是对称矩阵.

(3) 不正确. 事实上，设 $\boldsymbol{A}$ 为 n 阶反对称矩阵，则 $\boldsymbol{A}^{\mathrm{T}}=-\boldsymbol{A}$；另一方面，由伴随矩阵的定义

$$(-\boldsymbol{A})^*=(-1)^{n-1}\begin{pmatrix}\boldsymbol{A}_{11}&\boldsymbol{A}_{21}&\cdots&\boldsymbol{A}_{n1}\\\boldsymbol{A}_{12}&\boldsymbol{A}_{22}&\cdots&\boldsymbol{A}_{n2}\\\vdots&\vdots&\vdots&\vdots\\\boldsymbol{A}_{1n}&\boldsymbol{A}_{2n}&\cdots&\boldsymbol{A}_{nn}\end{pmatrix}=(-1)^{n-1}\boldsymbol{A}^*$$

$$=\begin{cases}-\boldsymbol{A}^* & n\text{ 为偶数}\\ \boldsymbol{A}^* & n\text{ 为奇数}\end{cases}.$$

问题 6　如果设

$$\boldsymbol{A}=\begin{pmatrix}a_{11}&a_{12}&\cdots&a_{1n}\\a_{21}&a_{22}&\cdots&a_{2n}\\\vdots&\vdots&\vdots&\vdots\\a_{m1}&a_{m2}&\cdots&a_{mn}\end{pmatrix},\ \boldsymbol{X}=\begin{pmatrix}x_1\\x_2\\\vdots\\x_n\end{pmatrix},\ \boldsymbol{b}=\begin{pmatrix}b_1\\b_2\\\vdots\\b_m\end{pmatrix},\ \boldsymbol{\alpha}_j=\begin{pmatrix}a_{1j}\\a_{2j}\\\vdots\\a_{mj}\end{pmatrix}$$

则线性方程组

$$\begin{cases} a_{11}x_1+a_{12}x_2+\cdots+a_{1n}x_n=b_1, \\ a_{21}x_1+a_{22}x_2+\cdots+a_{2n}x_n=b_2, \\ \cdots\cdots\cdots\cdots\cdots\cdots\cdots\cdots \\ a_{m1}x_1+a_{m2}x_2+\cdots+a_{mn}x_n=b_m. \end{cases} \tag{1}$$

能否写成

$$\boldsymbol{AX}=\boldsymbol{b} \tag{2}$$

或

$$x_1\boldsymbol{\alpha}_1+x_2\boldsymbol{\alpha}_2+\cdots+x_n\boldsymbol{\alpha}_n=\boldsymbol{b} \tag{3}$$

的形式，根据是什么？

答 方程组(1)能够写成(2)或(3)的简单形式. 根据有4条：矩阵相等的定义，矩阵加法的定义，矩阵乘法的定义以及数乘矩阵的定义. 例如

$$x_1\boldsymbol{\alpha}_1+x_2\boldsymbol{\alpha}_2+\cdots+x_n\boldsymbol{\alpha}_n=x_1\begin{pmatrix} a_{11} \\ a_{21} \\ \vdots \\ a_{m1} \end{pmatrix}+x_2\begin{pmatrix} a_{12} \\ a_{22} \\ \vdots \\ a_{m2} \end{pmatrix}+\cdots+x_n\begin{pmatrix} a_{1n} \\ a_{2n} \\ \vdots \\ a_{mn} \end{pmatrix}$$

$$=\begin{pmatrix} a_{11}x_1+a_{12}x_2+\cdots+a_{1n}x_n \\ a_{21}x_1+a_{22}x_2+\cdots+a_{2n}x_n \\ \cdots\cdots\cdots\cdots\cdots\cdots\cdots\cdots \\ a_{m1}x_1+a_{m2}x_2+\cdots+a_{mn}x_n \end{pmatrix}=\begin{pmatrix} b_1 \\ b_2 \\ \vdots \\ b_m \end{pmatrix}=\boldsymbol{b}$$

所以(2)(3)只是方程组另一种表现形式.

问题7 在求可逆矩阵$\boldsymbol{A}$的逆矩阵时，能否使用初等列变换？

答 在求同一个矩阵$\boldsymbol{A}$的逆矩阵的过程中，不能同时使用初等行变换和初等列变换，即要么只用初等行变换求出$\boldsymbol{A}^{-1}$，要么只用初等列变换求出$\boldsymbol{A}^{-1}$.

问题8 一个非零矩阵的行最简形与行阶梯形有什么区别和联系？

答 首先，行最简形和行阶梯形都是矩阵在矩阵的初等行变换下的某种意义下的“标准形”. 任何一个矩阵总可经有限次初等行变换化为行阶梯形和行最简形，这是矩阵的一个非常重要的运算.

其次，行最简形是一个阶梯形矩阵，但行阶梯形未必是行最简形. 其区别在于非零行的首非零元素，前者必须为1，且该元素所在列中其他元素均为零，因而该元素所在列是一个单位坐标列向量，而后者则无上述要求.

另一方面，矩阵的行阶梯形不是唯一的，但它的行最简形则是唯一的，所谓行最简形，就是矩阵的形状“最简单”. 在$m\times n$矩阵$\boldsymbol{A}$的行最简形中，首非零元素所在列中，零的个数之和达到最多，即$(m-1)R(\boldsymbol{A})$(这里，$R(\boldsymbol{A})$为$\boldsymbol{A}$的秩). 一般说来，一个矩阵中零越多，其形状看上去就越简单.

问题9 下列四个4×5矩阵中，哪些是行最简形？

(1) $\boldsymbol{A}_1=\begin{pmatrix} 0 & 1 & 0 & 1 & 1 \\ 0 & 0 & 1 & 1 & 0 \\ 0 & 0 & 0 & 0 & 0 \\ 0 & 0 & 0 & 0 & 0 \end{pmatrix}$，　　(2) $\boldsymbol{A}_2=\begin{pmatrix} 1 & 1 & 0 & 1 & 0 \\ 0 & 1 & 1 & 1 & 0 \\ 0 & 0 & 0 & 0 & 1 \\ 0 & 0 & 0 & 0 & 0 \end{pmatrix}$，

(3) $A_3=\begin{pmatrix}1&0&0&1&0\\0&1&1&1&0\\0&0&0&0&1\\0&0&0&0&0\end{pmatrix}$，　　(4) $A_4=\begin{pmatrix}1&1&0&0&0\\0&1&0&1&0\\0&0&1&0&1\\0&0&1&-1&1\end{pmatrix}$.

答　由行最简形的定义可知，矩阵 A_1，A_3 是行最简形；矩阵 A_2 不是行最简形，因为它的第 2 行的首非零元素所在列不是单位坐标列向量，即该列有其他非零元素；A_4 不是行最简形，因为它首先不是行阶梯形.

问题 10　在秩为 r 的矩阵中，有没有等于 0 的 $r-1$ 阶子式？有没有等于 0 的 r 阶子式？有没有等于 0 的 $r+1$ 阶子式？

答　可能有等于 0 的 $r-1$ 阶的式子，也可能有等于 0 的 r 阶子式，但不能全部为 0，否则矩阵的秩就不会是 r，而 $r+1$ 阶子式全部为 0. 例如

(1) 矩阵$\begin{pmatrix}1&0\\0&1\end{pmatrix}$的秩为 2，有等于 0 的 1 阶子式，但没有 2 阶零子式.

(2) 矩阵$\begin{pmatrix}1&2\\3&4\end{pmatrix}$的秩为 2，没有 1 阶零子式，也没有 2 阶零子式.

(3) 矩阵$\begin{pmatrix}1&0&0\\0&1&1\end{pmatrix}$的秩为 2，有 1 阶零子式，也有 2 阶零子式.

(4) 矩阵$\begin{pmatrix}1&1&1\\1&1&2\end{pmatrix}$的秩为 2，没有 1 阶零子式，但有 2 阶零子式.

问题 11　在用消元法的矩阵形式解线性方程组时，能否用初等列变换？

答　仅允许使用交换系数矩阵中的某列，而不得使用其余的两种初等列变换.

我们知道，当我们采用“分离系数法”，把方程组简化为一个矩阵 $\widetilde{A}$—它的增广矩阵时，$\widetilde{A}$ 的每一行表示一个方程(即前 n 个数依次表示为 x_1，x_2，…，x_n 的系数，最后一个数表示常数项)，于是消元法中方程组的三种初等变换都是对应于增广矩阵 $\widetilde{A}$ 的三种初等行变换，而方程组的三种变换都是“同解变换”，因此可以使用. 但对于初等列变换，如果是交换系数矩阵中的某两列，这相当于交换两个未知量的次序，显然是“同解变换”，因此，也是可以使用的. 但是，在实际解方程组时没有必要这样做. 此外，由于其余两种初等列变换不是“同解变换”，因此在解方程组时，不允许使用.

问题 12　在求解有关矩阵的问题时，什么时候只须化为行阶梯形，什么时候宜化为行最简形？或者，它们在功能上有什么不同？

答　矩阵的初等行变换直接源于求解线性方程组的消元法，它是矩阵最重要的运算之一，其原因就在于矩阵在初等行变换下的行阶梯形和行最简形有强大的功能，可以解决线性代数中的许多问题. 具体如下：

行阶梯形	行最简形
1. 求矩阵 A 的秩 $r(A)$； 2. 求 A 的列向量组的最大无关组	1. 求矩阵 A 的秩 $R(A)$； 2. 求 A 的列向量组的最大无关组； 3. 求 A 的列向量组的线性关系； 4. 求解线性方程组，求基础解系； 5. 当 A 是可逆矩阵时，求 A^{-1}(此时，求$(A \vdots E)$的行最简形)

问题 13　矩阵的初等变换与初等矩阵有什么关系？引入初等矩阵有什么意义？

答　矩阵的初等变换和初等矩阵它们的定义不同，矩阵的初等变换是矩阵的一个运算，而初等矩阵是一些矩阵．但它们是密切联系着的．矩阵 $\boldsymbol{B}$ 是由矩阵 $\boldsymbol{A}$ 作一次初等行变换得到的充分必要条件是存在相应的初等矩阵 $\boldsymbol{P}$，使 $\boldsymbol{B}=\boldsymbol{PA}$；矩阵 $\boldsymbol{C}$ 是由矩阵 $\boldsymbol{A}$ 作一次初等列变换得到的充分必要条件是存在相应的初等矩阵 $\boldsymbol{Q}$，使 $\boldsymbol{C}=\boldsymbol{AQ}$；所以，初等变换和初等矩阵是两者用不同的语言描述了 $\boldsymbol{A}$ 和 $\boldsymbol{B}(\boldsymbol{C})$ 的关系．初等矩阵主要用于某些理论上的证明和推导，例如，用初等变换求可逆矩阵的逆矩阵的方法就是利用初等矩阵理论来推导得到的．而初等变换呢则是侧重于对给出具体数值的矩阵进行运算．

问题 14　在求解带参数的线性方程组时，对系数矩阵或增广矩阵作初等行变换应注意写什么？

答　在对带参数的矩阵作初等变换时，务必注意不宜作以下变换

(1) 某行(列)乘上一个带参数的因子，如$(r_i\times a)$，(a 为参数)；

(2) 某行(列)乘上带参数因子的倒数，如$\left(r_i\times\dfrac{1}{a}\right)$，($a$ 为参数)；

(3) 某行(列)乘上一个带参数因子的倍数加到另一行(列)上，如$(r_i+r_j\times a)$，(a 为参数)．

如果做了上述三种变换，那么就补充讨论如 $a=0$ 的情形．

五、 典型例题解析

例 1　矩阵 $\boldsymbol{A}=\begin{pmatrix}1&-3&2\\-2&1&-1\\1&2&-1\end{pmatrix}$，$\boldsymbol{B}=\begin{pmatrix}2&5&4\\4&-2&2\\1&4&1\end{pmatrix}$，求 $4\boldsymbol{A}^2-\boldsymbol{B}^2-2\boldsymbol{BA}+2\boldsymbol{AB}$．

解　【本题表面上看可以直接计算，但是要做四次乘法．利用运算规律化简后，则只需做 2 次乘法．故基本思路为先化简，再计算．】

$$\begin{aligned}4\boldsymbol{A}^2-\boldsymbol{B}^2-2\boldsymbol{BA}+2\boldsymbol{AB}&=4\boldsymbol{A}^2-2\boldsymbol{BA}+2\boldsymbol{AB}-\boldsymbol{B}^2\\&=(2\boldsymbol{A}-\boldsymbol{B})2\boldsymbol{A}+(2\boldsymbol{A}-\boldsymbol{B})\boldsymbol{B}=(2\boldsymbol{A}-\boldsymbol{B})(2\boldsymbol{A}+\boldsymbol{B})\\&=\begin{pmatrix}0&-11&0\\-8&4&-4\\1&0&-3\end{pmatrix}\begin{pmatrix}4&-1&8\\0&0&0\\3&8&-1\end{pmatrix}\\&=\begin{pmatrix}0&0&0\\-44&-24&-60\\-5&-25&11\end{pmatrix}.\end{aligned}$$

例 2　已知 $\alpha=(2,1,3)$，$\beta=(2,1,-1)$，$\boldsymbol{A}=\beta^{\mathrm{T}}\alpha$，$\boldsymbol{B}=\alpha\beta^{\mathrm{T}}$，求 $\boldsymbol{A}$，$\boldsymbol{B}$，$\boldsymbol{A}^8$．

解　$\boldsymbol{A}=\beta^{\mathrm{T}}\alpha=\begin{pmatrix}2\\1\\-1\end{pmatrix}(2,1,3)=\begin{pmatrix}4&2&6\\2&1&3\\-2&-1&-3\end{pmatrix}$；$\boldsymbol{B}=\alpha\beta^{\mathrm{T}}=(2,1,3)\begin{pmatrix}2\\1\\-1\end{pmatrix}=2$；

$$\begin{aligned}\boldsymbol{A}^8&=(\beta^{\mathrm{T}}\alpha)(\beta^{\mathrm{T}}\alpha)(\beta^{\mathrm{T}}\alpha)(\beta^{\mathrm{T}}\alpha)(\beta^{\mathrm{T}}\alpha)(\beta^{\mathrm{T}}\alpha)(\beta^{\mathrm{T}}\alpha)(\beta^{\mathrm{T}}\alpha)\\&=\beta^{\mathrm{T}}(\alpha\beta^{\mathrm{T}})(\alpha\beta^{\mathrm{T}})(\alpha\beta^{\mathrm{T}})(\alpha\beta^{\mathrm{T}})(\alpha\beta^{\mathrm{T}})(\alpha\beta^{\mathrm{T}})(\alpha\beta^{\mathrm{T}})\alpha\end{aligned}$$

$$=2^7\boldsymbol{A}=2^7\begin{pmatrix}4&2&6\\2&1&3\\-2&-1&-3\end{pmatrix}.$$

例 3　设

$$\boldsymbol{A}=\begin{pmatrix}1&2&3\\-1&-2&-3\\2&4&6\end{pmatrix},$$

n 为大于 1 的正整数，求 $\boldsymbol{A}^n$.

解　【本题的关键 A 的行元素都对应成比例，因此必有分解为一列乘一行的形式，而行向量一般可选第一行(或任一非零行)，列向量的元素则为各行与选定行的倍数构成.

一般地，若 n 阶矩阵 A 的行元素(或列元素)对应成比例，则 A 必可分解如下形式：

$$\boldsymbol{A}=\begin{pmatrix}a_1\\a_2\\\vdots\\a_n\end{pmatrix}(b_1\quad b_2\quad\cdots\quad b_n),$$

这样，在以后矩阵的运算中可以大大简化计算过程.】

由所给矩阵的特点，可得

$$\boldsymbol{A}=\begin{pmatrix}1\\-1\\2\end{pmatrix}(1\quad 2\quad 3),$$

所以
$$\boldsymbol{A}^2=\begin{pmatrix}1\\-1\\2\end{pmatrix}(1\quad 2\quad 3)\begin{pmatrix}1\\-1\\2\end{pmatrix}(1\quad 2\quad 3)=5\begin{pmatrix}1\\-1\\2\end{pmatrix}(1\quad 2\quad 3)=5\boldsymbol{A}$$

$$\boldsymbol{A}^3=\boldsymbol{A}^2\boldsymbol{A}=5\boldsymbol{A}\boldsymbol{A}=5\boldsymbol{A}^2=5^2\boldsymbol{A}.$$

由数学归纳法原理可知 $\boldsymbol{A}^n=5^n\boldsymbol{A}$.

例 4　设矩阵 $\boldsymbol{A}=\begin{pmatrix}a&1&0\\1&a&-1\\0&1&a\end{pmatrix}$，且 $\boldsymbol{A}^3=0$.

(1) 求 a 的值；(2) 若矩阵 $\boldsymbol{X}$ 满足 $\boldsymbol{X}-\boldsymbol{X}\boldsymbol{A}^2-\boldsymbol{A}\boldsymbol{X}+\boldsymbol{A}\boldsymbol{X}\boldsymbol{A}^2=\boldsymbol{E}$ 其中 $\boldsymbol{E}$ 为三阶单位矩阵，求 $\boldsymbol{X}$.

(2015 年全国硕士研究生考试数一、数三真题)

解　【本题貌似算出 $\boldsymbol{A}^3$ 就可以得到 a 的值，但计算量大且容易出错，利用性质可以更快求得 a 的值. 求 $\boldsymbol{X}$ 先合并同类项，转化成关于 $\boldsymbol{X}$ 的矩阵方程，然后求解.】

(1) $\boldsymbol{A}^3=0\Rightarrow|A|=0$　即 $\begin{vmatrix}a&1&0\\1&a&-1\\0&1&a\end{vmatrix}=\begin{vmatrix}0&1&0\\1-a^2&a&-1\\-a&1&a\end{vmatrix}=a^3=0\Rightarrow a=0.$

(2) $\boldsymbol{X}-\boldsymbol{X}\boldsymbol{A}^2-\boldsymbol{A}\boldsymbol{X}+\boldsymbol{A}\boldsymbol{X}\boldsymbol{A}^2=\boldsymbol{X}(\boldsymbol{E}-\boldsymbol{A}^2)-\boldsymbol{A}\boldsymbol{X}(\boldsymbol{E}-\boldsymbol{A}^2)=\boldsymbol{E}$

即
$$(\boldsymbol{E}-\boldsymbol{A})\boldsymbol{X}(\boldsymbol{E}-\boldsymbol{A}^2)=\boldsymbol{E}$$

$$X=(E-A)^{-1}(E-A^2)^{-1}=((E-A^2)(E-A))^{-1}=(E-A-A^2)^{-1}$$

而
$$E-A-A^2=\begin{pmatrix}0&-1&1\\-1&1&1\\-1&-1&2\end{pmatrix}$$

所以

$$(E-A-A^2 \vdots X)=\left(\begin{array}{ccc:ccc}0&-1&1&1&0&0\\-1&1&1&0&1&0\\-1&-1&2&0&0&1\end{array}\right)\sim\left(\begin{array}{ccc:ccc}-1&1&1&0&1&0\\0&-1&1&1&0&0\\0&-2&1&0&-1&1\end{array}\right)$$

$$\sim\left(\begin{array}{ccc:ccc}-1&1&1&0&1&0\\0&-1&1&1&0&0\\0&0&-1&-2&-1&1\end{array}\right)\sim\left(\begin{array}{ccc:ccc}-1&1&0&-2&0&1\\0&-1&0&-1&-1&1\\0&0&1&2&1&-1\end{array}\right)$$

$$\sim\left(\begin{array}{ccc:ccc}1&0&0&3&1&-2\\0&1&0&1&1&-1\\0&0&1&2&1&-1\end{array}\right)$$

即
$$X=\begin{pmatrix}3&1&-2\\1&1&-1\\2&1&-1\end{pmatrix}.$$

例 5 设

$$A=\begin{pmatrix}1&0&1\\0&2&0\\1&0&1\end{pmatrix},$$

n 为大于 1 的正整数，求 A^n-2A^{n-1}.

解 方法一 先求出 A 的方幂的一般公式

$$A^2=\begin{pmatrix}2&0&2\\0&4&0\\2&0&2\end{pmatrix}=2A,$$

可得到

$$A^k=2A^{k-1},\ \forall k=1,2,\cdots.$$

于是

$$A^n-2A^{n-1}=O.$$

方法二
$$A^n-2A^{n-1}=A^{n-1}(A-2E),$$

$$A-2E=\begin{pmatrix}-1&0&1\\0&0&0\\1&0&-1\end{pmatrix},$$

于是

$$A(A-2E)=\begin{pmatrix}1&0&1\\0&2&0\\1&0&1\end{pmatrix}\begin{pmatrix}-1&0&1\\0&0&0\\1&0&-1\end{pmatrix}=O,$$

从而当 $n\geqslant 2$ 时，

$$A^n-2A^{n-1}=A^{n-1}(A-2E)=O.$$

例 6　设 $A=\begin{pmatrix}2&1&2\\0&2&3\\0&0&2\end{pmatrix}$，求 A^n.

解　【矩阵的乘法一般不具有交换性，从而 $(A+B)^2\neq A^2+2AB+B^2$. 但 A 与 kE 可交换.】

$$A=\begin{pmatrix}2&1&2\\0&2&3\\0&0&2\end{pmatrix}=2E+\begin{pmatrix}0&1&2\\0&0&3\\0&0&0\end{pmatrix}=2E+B$$

$$B=\begin{pmatrix}0&1&2\\0&0&3\\0&0&0\end{pmatrix},\ B^2=\begin{pmatrix}0&0&3\\0&0&0\\0&0&0\end{pmatrix},\ B^3=\begin{pmatrix}0&0&0\\0&0&0\\0&0&0\end{pmatrix}$$

$$\begin{aligned}A^n&=(2E+B)^n=(2E)^n+n(2E)^{n-1}B+\frac{n(n-1)}{2}(2E)^{n-1}B^2\\&=\begin{pmatrix}2^n&0&0\\0&2^n&0\\0&0&2^n\end{pmatrix}+\begin{pmatrix}0&n\cdot2^{n-1}&n\cdot2^n\\0&0&n\cdot3\cdot2^{n-1}\\0&0&0\end{pmatrix}+\begin{pmatrix}0&0&\frac{3n(n-1)}{2}2^{n-2}\\0&0&0\\0&0&0\end{pmatrix}\\&=\begin{pmatrix}2^n&n\cdot2^{n-1}&n\cdot2^n+3n(n-1)2^{n-3}\\0&2^n&n\cdot3\cdot2^{n-1}\\0&0&2^n\end{pmatrix}.\end{aligned}$$

例 7　求 $A=\begin{pmatrix}2&1&2\\3&2&2\\4&4&5\end{pmatrix}$ 的逆.

解　【求这类纯数字矩阵的逆矩阵可用定义法、伴随矩阵法或者初等变换法.

(1) 定义法(定义法求逆矩阵相当繁琐，首先需要先设 B，根矩阵乘法及相等定义，得到以 B 的元素为未知量的方程组，再解之)；

(2) 伴随矩阵法(用伴随矩阵法则求逆矩阵相对定义来求逆矩阵来说较简单. 但需要计算 n^2 个代数余子式的值，还要注意这些代数余子式的排列顺序. 矩阵的阶数 n 越大，那此方法就越麻烦)；

(3) 初等变换法(即对矩阵 $(A\quad E)$ 施行一系列的初等行变换将其化为 $(E\quad B)$，B 即为 A 的逆矩阵；当然也可以用初等列变换，即对矩阵 $\begin{pmatrix}A\\E\end{pmatrix}$ 施行一系列的初等列变换，将其化为 $\begin{pmatrix}E\\B\end{pmatrix}$，下侧的矩阵 B 即为 A 的逆矩阵.

一般情况下，当矩阵的阶数 $n\leqslant3$ 时，可用伴随矩阵法求逆矩阵；特别的当 $n=2$ 时，用伴随矩阵法求逆相当方便，例如 $A=\begin{pmatrix}a&c\\b&d\end{pmatrix}$，则当 $ad-bc\neq0$ 时，$A^{-1}=\frac{1}{ad-bc}\begin{pmatrix}d&-c\\-b&a\end{pmatrix}$；而当 $n>3$ 时，通常就用初等变换法来求逆矩阵了.】

方法一(伴随矩阵法)

因为 $|\boldsymbol{A}|=\begin{vmatrix}2&1&2\\3&2&2\\4&4&5\end{vmatrix}=5\neq 0$

所以矩阵 $\boldsymbol{A}$ 可逆. 又因

$$A_{11}=\begin{vmatrix}2&2\\4&5\end{vmatrix}=2,\quad A_{21}=(-1)^{1+2}\begin{vmatrix}1&2\\4&5\end{vmatrix}=3,\quad A_{31}=\begin{vmatrix}1&2\\2&2\end{vmatrix}=-2,$$

$$A_{12}=-\begin{vmatrix}3&2\\4&5\end{vmatrix}=-7,\quad A_{22}=\begin{vmatrix}2&2\\4&5\end{vmatrix}=2,\quad A_{32}=-\begin{vmatrix}2&2\\3&2\end{vmatrix}=2,$$

$$A_{13}=\begin{vmatrix}3&2\\4&4\end{vmatrix}=4,\quad A_{23}=-\begin{vmatrix}2&1\\4&4\end{vmatrix}=-4,\quad A_{33}=\begin{vmatrix}2&1\\3&2\end{vmatrix}=1,$$

所以

$$\boldsymbol{A}^{-1}=\frac{\boldsymbol{A}^*}{|\boldsymbol{A}|}=\frac{1}{|\boldsymbol{A}|}\begin{pmatrix}A_{11}&A_{21}&A_{31}\\A_{12}&A_{22}&A_{32}\\A_{13}&A_{23}&A_{33}\end{pmatrix}=\frac{1}{5}\begin{pmatrix}2&3&-2\\-7&2&2\\4&-4&1\end{pmatrix}.$$

方法二(初等变换法)

$$(\boldsymbol{A}\quad \boldsymbol{E})=\begin{pmatrix}2&1&2&1&0&0\\3&2&2&0&1&0\\4&4&5&0&0&1\end{pmatrix}\xrightarrow{r_1\leftrightarrow r_2}\begin{pmatrix}3&2&2&0&1&0\\2&1&2&1&0&0\\4&4&5&0&0&1\end{pmatrix}$$

$$\xrightarrow{r_1-r_2}\begin{pmatrix}1&1&0&-1&1&0\\2&1&2&1&0&0\\4&4&5&0&0&1\end{pmatrix}\xrightarrow[r_3-4r_1]{r_2-2r_1}\begin{pmatrix}1&1&0&-1&1&0\\0&-1&2&3&-2&0\\0&0&5&4&-4&1\end{pmatrix}$$

$$\xrightarrow[r_3\times\frac{1}{5}]{r_2\times(-1)}\begin{pmatrix}1&1&0&-1&1&0\\0&1&-2&-3&2&0\\0&0&1&\frac{4}{5}&-\frac{4}{5}&\frac{1}{5}\end{pmatrix}\xrightarrow{r_2+2r_3}\begin{pmatrix}1&1&0&-1&1&0\\0&1&0&-\frac{7}{5}&\frac{2}{5}&\frac{2}{5}\\0&0&1&\frac{4}{5}&-\frac{4}{5}&\frac{1}{5}\end{pmatrix}$$

$$\xrightarrow{r_1-r_2}\begin{pmatrix}1&0&0&\frac{2}{5}&\frac{3}{5}&-\frac{2}{5}\\0&1&0&-\frac{7}{5}&\frac{2}{5}&\frac{2}{5}\\0&0&1&\frac{4}{5}&-\frac{4}{5}&\frac{1}{5}\end{pmatrix}.$$

所以

$$\boldsymbol{A}^{-1}=\begin{pmatrix}\frac{2}{5}&\frac{3}{5}&-\frac{2}{5}\\-\frac{7}{5}&\frac{2}{5}&\frac{2}{5}\\\frac{4}{5}&-\frac{4}{5}&\frac{1}{5}\end{pmatrix}=\frac{1}{5}\begin{pmatrix}2&3&-2\\-7&2&2\\4&-4&1\end{pmatrix}.$$

例 8 求矩阵 $\boldsymbol{A}=\begin{pmatrix}1&2&0&0\\2&2&0&0\\0&0&5&2\\0&0&3&1\end{pmatrix}$ 的逆.

解 【本题尽管是纯数字矩阵，此矩阵有很多零元素，而且矩阵 $\boldsymbol{A}$ 可以分块写成对角阵 $\begin{pmatrix}\boldsymbol{A}_{11}&\boldsymbol{O}\\\boldsymbol{O}&\boldsymbol{A}_{22}\end{pmatrix}$. 且 $\boldsymbol{A}_{11}$，$\boldsymbol{A}_{22}$ 可逆，$\begin{pmatrix}\boldsymbol{A}_{11}&\boldsymbol{O}\\\boldsymbol{O}&\boldsymbol{A}_{22}\end{pmatrix}^{-1}=\begin{pmatrix}\boldsymbol{A}_{11}^{-1}&\boldsymbol{O}\\\boldsymbol{O}&\boldsymbol{A}_{22}^{-1}\end{pmatrix}$，进一步由此性质可知，若 $|\boldsymbol{A}_i|\neq0$，$i=1,2,\cdots,s$，则 $|\boldsymbol{A}|\neq0$，并有 $\boldsymbol{A}^{-1}=\begin{pmatrix}\boldsymbol{A}_1^{-1}&&&\\&\boldsymbol{A}_2^{-1}&&\\&&\ddots&\\&&&\boldsymbol{A}_s^{-1}\end{pmatrix}$.】

由

$$\boldsymbol{A}=\begin{pmatrix}1&2&0&0\\2&2&0&0\\0&0&5&2\\0&0&3&1\end{pmatrix}$$

设 $\boldsymbol{A}_{11}=\begin{pmatrix}1&2\\2&2\end{pmatrix}$，$\boldsymbol{A}_{22}=\begin{pmatrix}5&2\\3&1\end{pmatrix}$，且 $\boldsymbol{A}_{11}^{-1}=-\dfrac{1}{2}\begin{pmatrix}2&-2\\-2&1\end{pmatrix}$，$\boldsymbol{A}_{22}^{-1}=-\begin{pmatrix}1&-2\\-3&5\end{pmatrix}$，

$A=\begin{pmatrix}A_{11}&O\\O&A_{22}\end{pmatrix}$，

而

$$\boldsymbol{A}^{-1}=\begin{pmatrix}\boldsymbol{A}_{11}&\boldsymbol{O}\\\boldsymbol{O}&\boldsymbol{A}_{22}\end{pmatrix}^{-1}=\begin{pmatrix}\boldsymbol{A}_{11}^{-1}&\boldsymbol{O}\\\boldsymbol{O}&\boldsymbol{A}_{22}^{-1}\end{pmatrix}$$

即

$$\boldsymbol{A}^{-1}=\begin{pmatrix}-1&1&0&0\\1&-\dfrac{1}{2}&0&0\\0&0&-1&2\\0&0&3&-5\end{pmatrix}.$$

例 9 设矩阵 $\boldsymbol{A}=\begin{pmatrix}4&3&-1&1\\1&2&2&1\\0&0&1&-1\\0&0&2&3\end{pmatrix}$，求 $\boldsymbol{A}$ 的逆.

解 【本题矩阵 $\boldsymbol{A}$ 可以分块写成上三角形矩阵 $\begin{pmatrix}\boldsymbol{A}_{11}&\boldsymbol{A}_{12}\\\boldsymbol{O}&\boldsymbol{A}_{22}\end{pmatrix}$. 且 $\boldsymbol{A}_{11}$，$\boldsymbol{A}_{22}$ 可逆，$\begin{pmatrix}\boldsymbol{A}_{11}&\boldsymbol{A}_{12}\\\boldsymbol{O}&\boldsymbol{A}_{22}\end{pmatrix}^{-1}=\begin{pmatrix}\boldsymbol{A}_{11}^{-1}&-\boldsymbol{A}_{11}^{-1}\boldsymbol{A}_{12}\boldsymbol{A}_{22}^{-1}\\\boldsymbol{O}&\boldsymbol{A}_{22}^{-1}\end{pmatrix}$，若方阵 $\boldsymbol{A}$ 分块成 $\boldsymbol{A}=\begin{pmatrix}\boldsymbol{A}_{11}&\boldsymbol{O}\\\boldsymbol{A}_{21}&\boldsymbol{A}_{22}\end{pmatrix}$ 其中 $\boldsymbol{A}_{11}\boldsymbol{A}_{22}$ 均为可逆方阵，且 $\boldsymbol{A}^{-1}=\begin{pmatrix}\boldsymbol{A}_{11}^{-1}&\boldsymbol{O}\\-\boldsymbol{A}_{22}^{-1}\boldsymbol{A}_{21}\boldsymbol{A}_{11}^{-1}&\boldsymbol{A}_{22}^{-1}\end{pmatrix}$，如果 n 阶方阵 $\boldsymbol{A}$ 可分块成 $\boldsymbol{A}=\begin{pmatrix}\boldsymbol{O}&\boldsymbol{P}\\\boldsymbol{Q}&\boldsymbol{O}\end{pmatrix}$，其中

$\boldsymbol{P}$、$\boldsymbol{Q}$ 都是可逆的；则 $\boldsymbol{A}$ 可逆，且 $\boldsymbol{A}^{-1}=\begin{pmatrix}\boldsymbol{O} & \boldsymbol{Q}^{-1}\\ \boldsymbol{P}^{-1} & \boldsymbol{O}\end{pmatrix}$.】

由

$$\boldsymbol{A}=\begin{pmatrix}4 & 3 & -1 & 1\\ 1 & 2 & 2 & 1\\ 0 & 0 & 1 & -1\\ 0 & 0 & 2 & 3\end{pmatrix}=\begin{pmatrix}\boldsymbol{A}_{11} & \boldsymbol{A}_{12}\\ \boldsymbol{O} & \boldsymbol{A}_{22}\end{pmatrix},$$

这里 $\boldsymbol{A}_{11}=\begin{pmatrix}4 & 3\\ 1 & 2\end{pmatrix}$，$\boldsymbol{A}_{22}=\begin{pmatrix}1 & -1\\ 2 & 3\end{pmatrix}$，$\boldsymbol{A}_{12}=\begin{pmatrix}-1 & 1\\ 2 & 1\end{pmatrix}$，且 $\boldsymbol{A}_{11}^{-1}=\frac{1}{5}\begin{pmatrix}2 & -3\\ -1 & 4\end{pmatrix}$，$\boldsymbol{A}_{22}^{-1}=\frac{1}{5}\begin{pmatrix}3 & 1\\ -2 & 1\end{pmatrix}$，$-\boldsymbol{A}_{11}^{-1}\boldsymbol{A}_{12}\boldsymbol{A}_{22}^{-1}=\frac{1}{25}\begin{pmatrix}2 & -3\\ -1 & 4\end{pmatrix}\begin{pmatrix}-1 & 1\\ 2 & 1\end{pmatrix}\begin{pmatrix}3 & 1\\ -2 & 1\end{pmatrix}=\frac{1}{25}\begin{pmatrix}-22 & -9\\ 21 & 12\end{pmatrix}$

而

$$\boldsymbol{A}^{-1}=\begin{pmatrix}\boldsymbol{A}_{11} & \boldsymbol{A}_{12}\\ \boldsymbol{O} & \boldsymbol{A}_{22}\end{pmatrix}^{-1}=\begin{pmatrix}\boldsymbol{A}_{11}^{-1} & -\boldsymbol{A}_{11}^{-1}\boldsymbol{A}_{12}\boldsymbol{A}_{22}^{-1}\\ \boldsymbol{O} & \boldsymbol{A}_{22}^{-1}\end{pmatrix}$$

$$=\begin{pmatrix}\frac{2}{5} & -\frac{3}{5} & -\frac{22}{25} & -\frac{9}{25}\\ -\frac{1}{5} & \frac{4}{5} & \frac{21}{25} & \frac{12}{25}\\ 0 & 0 & \frac{3}{5} & \frac{1}{5}\\ 0 & 0 & -\frac{2}{5} & \frac{1}{5}\end{pmatrix}.$$

例 10 已知 $\boldsymbol{A}=\frac{1}{5}\begin{pmatrix}2 & 1 & -2\\ -7 & 4 & 2\\ 4 & -3 & 1\end{pmatrix}$，求 $(\boldsymbol{A}^*)^{-1}$.

解 【尽管本题是一个纯数字矩阵，但是所求的是 $\boldsymbol{A}^*$ 而非 $\boldsymbol{A}$ 的逆而有 $\boldsymbol{A}$ 求 $\boldsymbol{A}^*$ 并不是太易. 但 $\boldsymbol{A}^*\boldsymbol{A}=|\boldsymbol{A}|\boldsymbol{E}$，有 $\boldsymbol{A}^*\frac{\boldsymbol{A}}{|\boldsymbol{A}|}=\boldsymbol{E}$. 故知 $(\boldsymbol{A}^*)^{-1}=\frac{\boldsymbol{A}}{|\boldsymbol{A}|}$，因此本题实际只是计算 $|\boldsymbol{A}|$.】

因为 $|\boldsymbol{A}|=\left|\frac{1}{5}\begin{pmatrix}2 & 1 & -2\\ -7 & 4 & 2\\ 4 & -3 & 1\end{pmatrix}\right|=\frac{1}{5^3}\begin{vmatrix}2 & 1 & -2\\ -7 & 4 & 2\\ 4 & -3 & 1\end{vmatrix}=\frac{1}{5}\neq 0.$

所以

$$(\boldsymbol{A}^*)^{-1}=\frac{\boldsymbol{A}}{|\boldsymbol{A}^*|}=5\boldsymbol{A}=\begin{pmatrix}2 & 1 & -2\\ -7 & 4 & 2\\ 4 & -3 & 1\end{pmatrix}.$$

例 11 设 $\boldsymbol{A}$ 是三阶方阵，且 $|\boldsymbol{A}|=\frac{1}{27}$，求 $|(3\boldsymbol{A})^{-1}-27\boldsymbol{A}^*|$.

解 【对这一类与 $\boldsymbol{A}$，$\boldsymbol{A}^{-1}$ 及 $\boldsymbol{A}^*$ 有关的题，通常都以公式 $\boldsymbol{A}^{-1}=\frac{\boldsymbol{A}^*}{|\boldsymbol{A}|}$ 为基础，推导出相应的计算公式，如

$(\boldsymbol{A}^*)^{-1}=(\boldsymbol{A}^{-1})^*$，$|\boldsymbol{A}^*|=|\boldsymbol{A}|^{n-1}$等($\boldsymbol{A}$ 为 $\boldsymbol{n}$ 阶方阵).

本题同样可利用$(\boldsymbol{A}^*)^{-1}=(\boldsymbol{A}^{-1})^*$进行计算，显然要比用公式$\boldsymbol{A}^{-1}=\dfrac{\boldsymbol{A}^*}{|\boldsymbol{A}|}$来计算繁琐.

另外也可以直接计算 $\boldsymbol{A}^*$，再求逆，也相当麻烦.】

由公式$\boldsymbol{A}^{-1}=\dfrac{\boldsymbol{A}^*}{|\boldsymbol{A}|}$，得

$$|(3\boldsymbol{A})^{-1}-27\boldsymbol{A}^*|=\left|\frac{\boldsymbol{A}^{-1}}{3}-27\boldsymbol{A}^*\right|=\left|\frac{\boldsymbol{A}^*}{3|\boldsymbol{A}|}-27\boldsymbol{A}^*\right|=|-18\boldsymbol{A}^*|$$

因为 $\boldsymbol{A}$ 是三阶方阵，所以 $\boldsymbol{A}^*$ 也是三阶方阵，故

$$|-18\boldsymbol{A}^*|=(-18)^3|\boldsymbol{A}^*|=(-18)^3|\boldsymbol{A}|^2=(-18)^3\frac{1}{(27)^2}=-8.$$

从而 $|(3\boldsymbol{A})^{-1}-27\boldsymbol{A}^*|=-8.$

例 12 设 n 阶方阵 $\boldsymbol{A}$ 非奇异($n\geqslant 2$)，求$(\boldsymbol{A}^*)^*$.

解 【这里主要用到有关矩阵 $\boldsymbol{A}$ 与它的伴随矩阵 $\boldsymbol{A}^*$ 及逆矩阵 $\boldsymbol{A}^{-1}$之间的关系式】

因 $\boldsymbol{A}\cdot\boldsymbol{A}^*=|\boldsymbol{A}|\boldsymbol{E}$

两边取行列式，得 $|\boldsymbol{A}|\cdot|\boldsymbol{A}^*|=|\boldsymbol{A}|^n$

因为 $\boldsymbol{A}$ 非奇异，知$|\boldsymbol{A}|\neq 0$. 于是，上式即为

$$|\boldsymbol{A}^*|=|\boldsymbol{A}|^{n-1}.$$

又由式$\boldsymbol{A}^{-1}=\dfrac{\boldsymbol{A}^*}{|\boldsymbol{A}|}$，$\boldsymbol{A}^*=|\boldsymbol{A}|\boldsymbol{A}^{-1}$知

$$(\boldsymbol{A}^*)^*=|\boldsymbol{A}^*|(\boldsymbol{A}^*)^{-1}=|\boldsymbol{A}|^{n-1}(|\boldsymbol{A}|\boldsymbol{A}^{-1})^{-1}=|\boldsymbol{A}|^{n-2}\boldsymbol{A}.$$

例 13 设 n 阶方矩阵 $\boldsymbol{A}$，满足 $\boldsymbol{A}^2+\boldsymbol{A}-4\boldsymbol{E}=\boldsymbol{O}$，求 $\boldsymbol{A}-\boldsymbol{E}$ 的逆.

解 【本题要求 $\boldsymbol{E}-\boldsymbol{A}$ 的逆，而 $\boldsymbol{A}$ 又未知，所以要从方程中找到 $\boldsymbol{A}-\boldsymbol{E}$】

由 $\boldsymbol{A}^2+\boldsymbol{A}-4\boldsymbol{E}=\boldsymbol{O}$，可得 $\boldsymbol{A}^2-\boldsymbol{A}+2\boldsymbol{A}-2\boldsymbol{E}-2\boldsymbol{E}=\boldsymbol{A}(\boldsymbol{A}-\boldsymbol{E})+2(\boldsymbol{A}-\boldsymbol{E})-2\boldsymbol{E}=\boldsymbol{O}$，从而 $\boldsymbol{A}^2-\boldsymbol{A}+2\boldsymbol{A}-2\boldsymbol{E}-2\boldsymbol{E}=(\boldsymbol{A}-\boldsymbol{E})(\boldsymbol{A}+2\boldsymbol{E})-2\boldsymbol{E}=\boldsymbol{O}$

即
$$(\boldsymbol{A}-\boldsymbol{E})\frac{\boldsymbol{A}+2\boldsymbol{E}}{2}=\boldsymbol{E}$$

由矩阵可逆的充要条件，矩阵 $\boldsymbol{A}-\boldsymbol{E}$ 可逆，且$(\boldsymbol{A}-\boldsymbol{E})^{-1}=\dfrac{\boldsymbol{A}+2\boldsymbol{E}}{2}$.

例 14 已知 4 阶矩阵 $\boldsymbol{A}$、$\boldsymbol{B}$ 满足 $\boldsymbol{A}\boldsymbol{B}\boldsymbol{A}^{-1}=\boldsymbol{B}\boldsymbol{A}^{-1}+3\boldsymbol{E}$，并且 $\boldsymbol{A}^*=\begin{pmatrix}1&0&0&0\\0&1&0&0\\1&0&1&0\\0&-3&0&8\end{pmatrix}$，求 $\boldsymbol{B}$.

解 【本题的方程中出现的是 $\boldsymbol{A}$ 和 $\boldsymbol{A}^{-1}$，而条件是知道 $\boldsymbol{A}^*$，可以通过 $\boldsymbol{A}^{-1}=|\boldsymbol{A}|^{-1}\boldsymbol{A}^*$ 来求出 $\boldsymbol{A}^{-1}$，然后求出 $\boldsymbol{A}$，再解上述矩阵方程. 本题提供了矩阵 $\boldsymbol{A}$ 的伴随矩阵，因而化简矩阵方程，然后再求解. 而化简的关键是利用公式 $\boldsymbol{A}\boldsymbol{A}^*=\boldsymbol{A}^*\boldsymbol{A}=|\boldsymbol{A}|\boldsymbol{E}$.】

解法一 由方程 $\boldsymbol{A}\boldsymbol{B}\boldsymbol{A}^{-1}=\boldsymbol{B}\boldsymbol{A}^{-1}+3\boldsymbol{E}$，得 $\boldsymbol{A}\boldsymbol{B}=\boldsymbol{B}+3\boldsymbol{A}$

再用 $\boldsymbol{A}^*$ 从左边来乘此方程，得

$$\boldsymbol{A}^*\boldsymbol{A}\boldsymbol{B}=\boldsymbol{A}^*\boldsymbol{B}+3\boldsymbol{A}^*\boldsymbol{A}=\boldsymbol{A}^*\boldsymbol{B}+3|\boldsymbol{A}|\boldsymbol{E}.$$

$|A^*|=8$，即$|A|^{4-1}=|A|^3=8$，得$|A|=2$，代入上式并整理：

$$(2E-A^*)B=6E.$$

从而$B=6(2E-A^*)^{-1}$. 用初等变换求出

$$(2E-A^*)^{-1}=\begin{pmatrix}1&0&0&0\\0&1&0&0\\1&0&1&0\\0&\frac{1}{2}&0&-\frac{1}{6}\end{pmatrix},\ B=\begin{pmatrix}6&0&0&0\\0&6&0&0\\6&0&6&0\\0&3&0&-1\end{pmatrix}.$$

解法二　由$|A^*|=|A|^{n-1}$，则$|A|^3=8$，得$|A|=2$. 由$A^*A=|A|E$，得

$$A=|A|(A^*)^{-1}=2(A^*)^{-1}=2\begin{pmatrix}1&0&0&0\\0&1&0&0\\-1&0&1&0\\0&\frac{3}{8}&0&\frac{1}{8}\end{pmatrix}=\begin{pmatrix}2&0&0&0\\0&2&0&0\\-2&0&2&0\\0&\frac{3}{4}&0&\frac{1}{4}\end{pmatrix}.$$

可见$A-E$为可逆矩阵，于是由$(A-E)BA^{-1}=3E$得$B=3(A-E)^{-1}A$. 而

$$(A-E)^{-1}=\begin{pmatrix}1&0&0&0\\0&1&0&0\\-2&0&1&0\\0&\frac{3}{4}&0&-\frac{3}{4}\end{pmatrix}^{-1}=\begin{pmatrix}1&0&0&0\\0&1&0&0\\2&0&1&0\\0&1&0&-\frac{4}{3}\end{pmatrix},$$

因此

$$B=3(A-E)^{-1}A=3\begin{pmatrix}1&0&0&0\\0&1&0&0\\2&0&1&0\\0&1&0&-\frac{4}{3}\end{pmatrix}\begin{pmatrix}2&0&0&0\\0&2&0&0\\-2&0&2&0\\0&\frac{3}{4}&0&\frac{1}{4}\end{pmatrix}=\begin{pmatrix}6&0&0&0\\0&6&0&0\\6&0&6&0\\0&3&0&-1\end{pmatrix}.$$

例 15　设矩阵

$$A=\begin{pmatrix}1&1&-1\\-1&1&1\\1&-1&1\end{pmatrix}$$

矩阵X满足$A^*X=A^{-1}+2X$，其中A^*是A的伴随矩阵，求矩阵X.

解　由原等式得

$$A^*X-2X=A^{-1}$$

用矩阵A左乘等式两端，得

$(|A|E-2A)X=E$，其中E是三阶单位矩阵

可见$|A|E-2A$可逆，从而

$$X=(|A|E-2A)^{-1}$$

又

$$|A|=\begin{vmatrix}1&1&-1\\-1&1&1\\1&-1&1\end{vmatrix}=4,\quad |A|E-2A=2\begin{pmatrix}1&-1&1\\1&1&-1\\-1&1&1\end{pmatrix}$$

故

$$X=\frac{1}{2}\begin{pmatrix}1&-1&1\\1&1&-1\\-1&1&1\end{pmatrix}^{-1}=\frac{1}{4}\begin{pmatrix}1&1&0\\0&1&1\\1&0&1\end{pmatrix}.$$

例 16　已知 $X\begin{pmatrix}1&1&1\\0&1&1\\1&0&1\end{pmatrix}=\begin{pmatrix}1&2&3\\4&5&6\end{pmatrix}$，求 X.

解　【说明　解矩阵方程的基本方法如下：

(1) 对于方程 $AX=B$

方法一　若 A 可逆，则 $X=A^{-1}B$；

方法二　若 A 不可逆，则化为阶梯形方程组

$$(A\vdots B)\xrightarrow{\text{只用行}}(\text{梯形}\ \vdots D)$$

然后写出同解方程，求解.

(2) 对于方程 $XA=B$，如 A 可逆，则 $X=BA^{-1}$

可用列变换 X，即 $\begin{pmatrix}A\\ \cdots\\ B\end{pmatrix}\xrightarrow{\text{只用列}}\begin{pmatrix}E\\ \cdots\\ X\end{pmatrix}$；

(3) 对于方程 $AXB=C$ 如 A、B 可逆，则 $X=A^{-1}CB^{-1}$.】

法一　由于 $\begin{vmatrix}1&1&1\\0&1&1\\1&0&1\end{vmatrix}=1\neq0$，矩阵可逆，且

$$\begin{pmatrix}1&1&1\\0&1&1\\1&0&1\end{pmatrix}^{-1}=\begin{pmatrix}1&-1&0\\1&0&1\\-1&1&1\end{pmatrix}$$

所以

$$A=\begin{pmatrix}1&2&3\\4&5&6\end{pmatrix}\begin{pmatrix}1&1&1\\0&1&1\\1&0&1\end{pmatrix}^{-1}=\begin{pmatrix}1&2&3\\4&5&6\end{pmatrix}\begin{pmatrix}1&-1&0\\1&0&1\\-1&1&1\end{pmatrix}=\begin{pmatrix}0&2&1\\3&2&1\end{pmatrix}.$$

法二　用初等列变换法，得

$$\begin{pmatrix}1&1&1\\0&1&1\\1&0&1\\ \cdots&\cdots&\cdots\\1&2&3\\4&5&6\end{pmatrix}\xrightarrow{c_3-c_2,\ c_2-c_1}\begin{pmatrix}1&0&0\\0&1&0\\1&-1&1\\ \cdots&\cdots&\cdots\\1&1&1\\4&1&1\end{pmatrix}\xrightarrow{c_1-c_3,\ c_2+c_3}\begin{pmatrix}1&0&0\\0&1&0\\0&0&1\\ \cdots&\cdots&\cdots\\0&2&1\\3&2&1\end{pmatrix}$$

故

$$A=\begin{pmatrix}0&2&1\\3&2&1\end{pmatrix}.$$

例 17 已知 $\begin{pmatrix}1&3&2\\2&6&5\\-1&-3&1\end{pmatrix}\boldsymbol{X}=\begin{pmatrix}3&4&-1\\8&8&3\\3&-4&16\end{pmatrix}$，求 $\boldsymbol{X}$.

解 设 $\boldsymbol{A}=\begin{pmatrix}1&3&2\\2&6&5\\-1&-3&1\end{pmatrix}$，$\boldsymbol{B}=\begin{pmatrix}3&4&-1\\8&8&3\\3&-4&16\end{pmatrix}$，$\boldsymbol{X}=\begin{pmatrix}x_1&x_4&x_7\\x_2&x_5&x_8\\x_3&x_6&x_9\end{pmatrix}$

因为 $|\boldsymbol{A}|=0$，$\boldsymbol{A}$ 不可逆，用初等行变换，得

$$(\boldsymbol{A}\,\vdots\,\boldsymbol{B})=\left(\begin{array}{ccc:ccc}1&3&2&3&4&-1\\2&6&5&8&8&3\\-1&-3&1&3&-4&16\end{array}\right)\xrightarrow{r_2-2r_1,\ r_3+r_2}\left(\begin{array}{ccc:ccc}1&3&2&3&4&-1\\0&0&1&2&0&5\\0&0&3&6&0&15\end{array}\right)$$

$$\xrightarrow{r_3-3r_2}\left(\begin{array}{ccc:ccc}1&3&2&3&4&-1\\0&0&1&2&0&5\\0&0&0&0&0&0\end{array}\right)\xrightarrow{r_1-2r_2}\left(\begin{array}{ccc:ccc}1&3&0&-1&4&-11\\0&0&1&2&0&5\\0&0&0&0&0&0\end{array}\right)$$

从而
$$\begin{pmatrix}1&3&0\\0&0&1\\0&0&0\end{pmatrix}\begin{pmatrix}x_1&x_4&x_7\\x_2&x_5&x_8\\x_3&x_6&x_9\end{pmatrix}=\begin{pmatrix}-1&4&-11\\2&0&5\\0&0&0\end{pmatrix}$$

即
$$\begin{pmatrix}x_1&x_4&x_7\\x_2&x_5&x_8\\x_3&x_6&x_9\end{pmatrix}=\begin{pmatrix}-3t-1&-3u+4&-3v-11\\t&u&v\\2&0&5\end{pmatrix}.$$

例 18 已知 $\boldsymbol{XA}+\boldsymbol{E}=\boldsymbol{A}^2-\boldsymbol{X}$，其中 $\boldsymbol{A}=\begin{pmatrix}1&2&0\\3&4&0\\5&6&7\end{pmatrix}$，求 $\boldsymbol{X}$.

解 【先合并同类项，转化成关于 $\boldsymbol{X}$ 的矩阵方程，然后求解】.

由 $\boldsymbol{XA}+\boldsymbol{E}=\boldsymbol{A}^2-\boldsymbol{X}$，可得 $\boldsymbol{XA}+\boldsymbol{X}=\boldsymbol{A}^2-\boldsymbol{E}$，即 $\boldsymbol{X}(\boldsymbol{A}+\boldsymbol{E})=(\boldsymbol{A}-\boldsymbol{E})(\boldsymbol{A}+\boldsymbol{E})$，因为

$$|\boldsymbol{A}+\boldsymbol{E}|=\begin{vmatrix}2&2&0\\3&5&0\\5&6&8\end{vmatrix}=32\neq 0,$$

故 $\boldsymbol{A}+\boldsymbol{E}$ 可逆，所以

$$\boldsymbol{X}=(\boldsymbol{A}-\boldsymbol{E})(\boldsymbol{A}+\boldsymbol{E})(\boldsymbol{A}+\boldsymbol{E})^{-1}=(\boldsymbol{A}-\boldsymbol{E})=\begin{pmatrix}0&2&0\\3&3&0\\5&6&6\end{pmatrix}.$$

例 19 已知 $\boldsymbol{AXB}=\boldsymbol{D}$，其中

$$\boldsymbol{A}=\begin{pmatrix}1&0&0\\0&1&-1\\0&0&1\end{pmatrix},\ \boldsymbol{B}=\begin{pmatrix}0&0&1\\0&1&0\\1&0&0\end{pmatrix},\ \boldsymbol{D}=\begin{pmatrix}1&1&1\\0&2&2\\0&0&3\end{pmatrix}$$

求 $\boldsymbol{X}^*$.

解 【本题 $\boldsymbol{A}$，$\boldsymbol{B}$ 都是初等矩阵，它们可逆，故 $\boldsymbol{X}=\boldsymbol{A}^{-1}\boldsymbol{DB}^{-1}$ 可以求出 $\boldsymbol{X}$，然后按定义法求 $\boldsymbol{X}^*$. 这样计算量较大. 若注意到 $\boldsymbol{D}$ 可逆，这样利用相关命题，可简化计算】

因 $\boldsymbol{A}$，$\boldsymbol{B}$ 都是可逆的，故 $\boldsymbol{X}=\boldsymbol{A}^{-1}\boldsymbol{D}\boldsymbol{B}^{-1}$

且 $|\boldsymbol{D}|=\begin{vmatrix}1&1&1\\0&2&2\\0&0&3\end{vmatrix}=6\neq0$，$\boldsymbol{D}$ 可逆，故 $\boldsymbol{X}$ 可逆.

由

$$\boldsymbol{X}^{-1}=\frac{\boldsymbol{X}^*}{|\boldsymbol{X}|},\ \boldsymbol{X}^*=|\boldsymbol{X}|\boldsymbol{X}^{-1}$$

所以

$$\boldsymbol{X}^*=|\boldsymbol{A}^{-1}\boldsymbol{D}\boldsymbol{B}^{-1}|\boldsymbol{B}\boldsymbol{D}^{-1}\boldsymbol{A}=-6\begin{pmatrix}0&0&1\\0&1&0\\1&0&0\end{pmatrix}\begin{pmatrix}1&-\frac{1}{2}&0\\0&\frac{1}{2}&-\frac{1}{3}\\0&0&\frac{1}{3}\end{pmatrix}\begin{pmatrix}1&0&0\\0&1&-1\\0&0&1\end{pmatrix}$$

$$=\begin{pmatrix}0&0&-2\\0&-3&5\\-6&3&-3\end{pmatrix}.$$

例 20 设矩阵

$$\boldsymbol{A}=\begin{pmatrix}2&4&2&3&1\\3&6&3&3&2\\4&8&2&3&1\\5&10&5&6&3\end{pmatrix}$$

试求：(1) $\boldsymbol{A}$ 的行最简形；(2) $\boldsymbol{A}$ 的标准形.

解 【对于纯数字型矩阵，可用初等变换来计算，通过初等行变换将其转化成行阶梯形矩阵，然后在此基础上继续使用初等行变换，转化成行最简形；最后使用初等列变换转化成标准形.】

(1) 对矩阵 $\boldsymbol{A}$ 作初等行变换：

$$\boldsymbol{A}=\begin{pmatrix}2&4&2&3&1\\3&6&3&3&2\\4&8&2&3&1\\5&10&5&6&3\end{pmatrix}\xrightarrow{r_2-r_1}\begin{pmatrix}2&4&2&3&1\\1&2&1&0&1\\4&8&2&3&1\\5&10&5&6&3\end{pmatrix}\xrightarrow{r_2\leftrightarrow r_1}\begin{pmatrix}1&2&1&0&1\\2&4&2&3&1\\4&8&2&3&1\\5&10&5&6&3\end{pmatrix}$$

$$\xrightarrow[r_4-5r_1]{\substack{r_2-2r_1\\r_3-4r_1}}\begin{pmatrix}1&2&1&0&1\\0&0&0&3&-1\\0&0&-2&3&-3\\0&0&0&6&-2\end{pmatrix}\xrightarrow{r_4-2r_2}\begin{pmatrix}1&2&1&0&1\\0&0&0&3&-1\\0&0&-2&3&-3\\0&0&0&0&0\end{pmatrix}$$

$$\xrightarrow{r_3\leftrightarrow r_2}\begin{pmatrix}1&2&1&0&1\\0&0&-2&3&-3\\0&0&0&3&-1\\0&0&0&0&0\end{pmatrix}\xrightarrow[r_3\times(\frac{1}{3})]{r_2\times(-\frac{1}{2})}\begin{pmatrix}1&2&1&0&1\\0&0&1&-\frac{3}{2}&\frac{3}{2}\\0&0&0&1&-\frac{1}{3}\\0&0&0&0&0\end{pmatrix}$$

$$\xrightarrow[r_1-r_2]{r_2+\frac{3}{2}r_3}\begin{pmatrix}1&2&0&0&0\\0&0&1&0&1\\0&0&0&1&-\frac{1}{3}\\0&0&0&0&0\end{pmatrix},$$

此即为 $\boldsymbol{A}$ 的行最简形.

(2) 进一步对 $\boldsymbol{A}$ 的行最简形作矩阵的初等列变换:

$$\boldsymbol{A}\to\begin{pmatrix}1&2&0&0&0\\0&0&1&0&1\\0&0&0&1&-\frac{1}{3}\\0&0&0&0&0\end{pmatrix}\xrightarrow[c_3\leftrightarrow c_4]{c_2\leftrightarrow c_3}\begin{pmatrix}1&0&0&2&0\\0&1&0&0&1\\0&0&1&0&-\frac{1}{3}\\0&0&0&0&0\end{pmatrix}\xrightarrow[c_5+\frac{1}{3}c_3]{\substack{c_4-2c_1\\c_5-c_2}}\begin{pmatrix}1&0&0&0&0\\0&1&0&0&0\\0&0&1&0&0\\0&0&0&0&0\end{pmatrix}$$

$$=\begin{pmatrix}\boldsymbol{E}_3&\boldsymbol{O}\\\boldsymbol{O}&\boldsymbol{O}\end{pmatrix}$$

此即为 $\boldsymbol{A}$ 的标准形.

例 21 求矩阵 $\boldsymbol{A}=\begin{pmatrix}3&3&15&1&5\\1&2&4&-1&2\\11&4&56&5&18\\13&-2&46&-21&28\end{pmatrix}$ 的秩.

解 【对于纯数字型矩阵，可用初等变换(通常是初等行变换)来计算，通过初等行变换将其转化成行阶梯形矩阵，行阶梯形矩阵非零行的个数就是矩阵的秩.】

对 $\boldsymbol{A}$ 施行初等行变换:

$$\boldsymbol{A}\xrightarrow{r_1\leftrightarrow r_2}\begin{pmatrix}1&2&4&-1&2\\3&3&15&1&5\\11&4&56&5&18\\13&-2&46&-21&28\end{pmatrix}\xrightarrow[r_4-13r_1]{\substack{r_2-3r_1\\r_3-11r_1}}\begin{pmatrix}1&2&4&-1&2\\0&-3&3&4&-1\\0&-18&12&16&-4\\0&-28&-6&-8&2\end{pmatrix}$$

$$\xrightarrow[r_4-9r_2]{r_3-6r_2}\begin{pmatrix}1&2&4&-1&2\\0&-3&3&4&-1\\0&0&-6&-8&2\\0&-1&-33&-44&11\end{pmatrix}\xrightarrow[r_4-3r_2]{r_5\leftrightarrow r_2}\begin{pmatrix}1&2&4&-1&2\\0&-1&-33&-44&11\\0&0&-6&-8&2\\0&0&102&136&-34\end{pmatrix}$$

$$\xrightarrow{r_5+17r_2}\begin{pmatrix}1&2&4&-1&2\\0&-1&-33&-44&11\\0&0&-6&-8&2\\0&0&0&0&0\end{pmatrix}$$

所以 $r(\boldsymbol{A})=3$.

例 22 设矩阵 $\boldsymbol{A}=\begin{pmatrix}1&1&-2&3&1\\2&-1&-6&4&-1\\3&-2&a&7&-1\\1&-1&-6&-1&b\end{pmatrix}$，求 $\boldsymbol{A}$ 的秩.

解　【对于这一类含参数矩阵的秩，通常用初等行变换将其化为行阶梯形矩阵，然后分别讨论参数取不同值时矩阵秩的情况.】

解　对 $\boldsymbol{A}$ 施行初等行变换：

$$\boldsymbol{A}=\begin{pmatrix}1&1&-2&3&1\\2&-1&-6&4&-1\\3&0&a&7&0\\2&-1&-6&4&b\end{pmatrix}\xrightarrow[r_4-2r_1]{\substack{r_2-2r_1\\r_3-3r_1}}\begin{pmatrix}1&1&-2&3&1\\0&-3&-2&-2&-3\\0&-3&a+6&-2&-3\\0&-3&-2&-2&b-2\end{pmatrix}$$

$$\to\begin{pmatrix}1&1&-2&3&1\\0&1&2&-2&2+b\\0&0&a+14&-12&5b+7\\0&0&0&-8&3b+3\end{pmatrix}\to\begin{pmatrix}1&1&-2&3&1\\0&-3&-2&-2&-3\\0&0&a+8&0&0\\0&0&0&0&b+1\end{pmatrix}$$

(1) 当 $a\neq-8$，$b\neq-1$ 时，$r(\boldsymbol{A})=4$；

(2) 当 $a\neq-8$，$b=-1$ 或 $a=-8$，$b\neq-1$ 时，$r(\boldsymbol{A})=3$；

(3) 当 $a=-8$，$b=-1$ 时，$r(\boldsymbol{A})=2$.

例 23　求齐次线性方程组 $\begin{cases}x_1+2x_2+x_3-x_4=0\\3x_1+6x_2-x_3-3x_4=0\\5x_1+10x_2+x_3-5x_4=0\end{cases}$ 的通解.

解　【求齐次线性方程组通解的方法通常是对其系数矩阵 $\boldsymbol{A}$ 施行初等行变换，将其化为行最简形矩阵，写出同解方程组，确定自由变量，从而得到方程组的通解. 解齐次线性方程组通常都是用这种方法，值得注意的是在选择自由未知量时，不同的选择(如本题也可选择 x_1，x_2 或 x_1，x_4 为自由未知量)所求出的通解的形式也不同，一般尽可能使得通解中不出现分数，这样看起来比较简洁一些.】

对系数矩阵 $\boldsymbol{A}$ 施行初等行变换，化为行最简形：

$$\boldsymbol{A}=\begin{pmatrix}1&2&1&-1\\3&6&-1&-3\\5&10&1&-5\end{pmatrix}\to\begin{pmatrix}1&2&1&-1\\0&0&-4&0\\0&0&-4&0\end{pmatrix}\to\begin{pmatrix}1&2&0&-1\\0&0&1&0\\0&0&0&0\end{pmatrix}$$

即得与原方程组同解的方程组

$$\begin{cases}x_1+2x_2-x_4=0,\\x_3=0.\end{cases}$$

由此即得

$$\begin{cases}x_1=-2x_2+x_4,\\x_3=0.\end{cases}\quad(x_2,\ x_4\text{ 可任意取值})$$

亦即

$$\begin{cases}x_1=-2x_2+x_4,\\x_2=x_2,\\x_3=0,\\x_4=x_4.\end{cases}$$

或写成

$$x=\begin{pmatrix}x_1\\x_2\\x_3\\x_4\end{pmatrix}=x_2\begin{pmatrix}-2\\1\\0\\0\end{pmatrix}+x_4\begin{pmatrix}1\\0\\0\\1\end{pmatrix}\ (x_2,\ x_4\ \text{可任意取值}).$$

例 24 解下列非齐次线性方程组

(1) $\begin{cases}x_1-x_2+3x_3=1\\2x_1+x_2-3x_3=5\\3x_1+2x_2-6x_3=2\end{cases}$； (2) $\begin{cases}-x_1-x_2+3x_3+x_4=-1\\3x_1-x_2-x_3+9x_4=7\\x_1+5x_2-11x_3-13x_4=-3\end{cases}$；

(3) $\begin{cases}x_1-2x_2+3x_3-4x_4=4\\x_2-x_3+x_4=-3\\x_1+3x_2+x_4=1\\-7x_2+3x_3+x_4=-3\end{cases}$.

解 【在求非齐次线性方程组的解时，首先要根据系数矩阵 $\boldsymbol{A}$ 与增广矩阵 $\boldsymbol{B}=(\boldsymbol{A}\vdots\boldsymbol{b})$ 的秩来判断方程组是否有解？有解时又有多少解？然后再进行进一步求解. 直接对增广矩阵 $\boldsymbol{B}$ 进行初等行变换，将其化为行阶梯形矩阵即可比较两者的秩. 有解时再进一步将行阶梯形矩阵化为行最简形，以便于求出通解. 对于 n 元非齐次线性方程组 $\boldsymbol{Ax}=\boldsymbol{b}$：当 $R(\widetilde{\boldsymbol{A}})=R(\boldsymbol{A})+1$，方程组无解；当 $R(\boldsymbol{A})=R(\widetilde{\boldsymbol{A}})=n$ 时，方程组有唯一解；当 $R(\boldsymbol{A})=R(\widetilde{\boldsymbol{A}})<n$ 时，方程组有无穷多解.】

(1) 对增广矩阵 $\widetilde{\boldsymbol{A}}$ 施行初等行变换，化为行最简形：

$$\widetilde{\boldsymbol{A}}=\begin{pmatrix}1&-1&3&1\\2&1&-3&5\\3&2&-6&2\end{pmatrix}\to\begin{pmatrix}1&-1&3&1\\0&3&-9&3\\0&5&-15&-1\end{pmatrix}\to\begin{pmatrix}1&-1&3&1\\0&1&-3&1\\0&5&-15&-1\end{pmatrix}$$

$$\to\begin{pmatrix}1&-1&3&1\\0&1&-3&1\\0&0&0&-6\end{pmatrix}$$

由此可见，原方程组无解.

(2) 对增广矩阵 $\widetilde{\boldsymbol{A}}$ 施行初等行变换，化为行最简形：

$$\widetilde{\boldsymbol{A}}=\begin{pmatrix}-1&-1&3&1&-1\\3&-1&-1&9&7\\1&5&-11&-13&-3\end{pmatrix}\to\begin{pmatrix}-1&-1&3&1&-1\\0&-4&8&12&4\\0&4&-8&-12&-4\end{pmatrix}$$

$$\to\begin{pmatrix}-1&-1&3&1&-1\\0&-4&8&12&4\\0&0&0&0&0\end{pmatrix}\to\begin{pmatrix}-1&-1&3&1&-1\\0&1&-2&-3&-1\\0&0&0&0&0\end{pmatrix}$$

$$\to\begin{pmatrix}-1&0&1&-2&-2\\0&1&-2&-3&-1\\0&0&0&0&0\end{pmatrix}\to\begin{pmatrix}1&0&-1&2&2\\0&1&-2&-3&-1\\0&0&0&0&0\end{pmatrix}$$

所以 $R(\boldsymbol{A})=R(\widetilde{\boldsymbol{A}})=2<4$，故原方程组有无穷多解；由行最简形得同解方程组

$$\begin{cases} x_1 - x_3 + 2x_4 = 2 \\ x_2 - 2x_3 - 3x_4 = -1 \end{cases}$$

亦即

$$\begin{cases} x_1 = x_3 - 2x_4 + 2 \\ x_2 = 2x_3 + 3x_4 - 1 \end{cases}$$

即有

$$\begin{cases} x_1 = x_3 - 2x_4 + 2 \\ x_2 = 2x_3 + 3x_4 - 1 \\ x_3 = x_3 \\ x_4 = x_4 \end{cases}$$

或

$$\boldsymbol{X} = \begin{pmatrix} x_1 \\ x_2 \\ x_3 \\ x_4 \end{pmatrix} = x_3 \begin{pmatrix} 1 \\ 2 \\ 1 \\ 0 \end{pmatrix} + x_4 \begin{pmatrix} -2 \\ 3 \\ 0 \\ 1 \end{pmatrix} + \begin{pmatrix} 2 \\ -1 \\ 0 \\ 0 \end{pmatrix} (x_3,\ x_4 \text{ 可任意取值}).$$

(3) 对增广矩阵 $\widetilde{\boldsymbol{A}}$ 施行初等行变换，化为行最简形：

$$\widetilde{\boldsymbol{A}} = \begin{pmatrix} 1 & -2 & 3 & -4 & 4 \\ 0 & 1 & -1 & 1 & -3 \\ 1 & 3 & 0 & 1 & 1 \\ 0 & -7 & 3 & 1 & -3 \end{pmatrix} \to \begin{pmatrix} 1 & -2 & 3 & -4 & 4 \\ 0 & 1 & -1 & 1 & -3 \\ 0 & 5 & -3 & 5 & -3 \\ 0 & -7 & 3 & 1 & -3 \end{pmatrix} \to \begin{pmatrix} 1 & -2 & 3 & -4 & 4 \\ 0 & 1 & -1 & 1 & -3 \\ 0 & 0 & 2 & 0 & 12 \\ 0 & 0 & -4 & 8 & -24 \end{pmatrix}$$

$$\to \begin{pmatrix} 1 & -2 & 3 & -4 & 4 \\ 0 & 1 & -1 & 1 & -3 \\ 0 & 0 & 2 & 0 & 12 \\ 0 & 0 & 0 & 8 & 0 \end{pmatrix} \to \begin{pmatrix} 1 & -2 & 3 & -4 & 4 \\ 0 & 1 & -1 & 1 & -3 \\ 0 & 0 & 1 & 0 & 6 \\ 0 & 0 & 0 & 1 & 0 \end{pmatrix} \to \begin{pmatrix} 1 & -2 & 3 & 0 & 4 \\ 0 & 1 & -1 & 0 & -3 \\ 0 & 0 & 1 & 0 & 6 \\ 0 & 0 & 0 & 1 & 0 \end{pmatrix}$$

$$\to \begin{pmatrix} 1 & -2 & 0 & 0 & -14 \\ 0 & 1 & 0 & 0 & 3 \\ 0 & 0 & 1 & 0 & 6 \\ 0 & 0 & 0 & 1 & 0 \end{pmatrix} \to \begin{pmatrix} 1 & 0 & 0 & 0 & -8 \\ 0 & 1 & 0 & 0 & 3 \\ 0 & 0 & 1 & 0 & 6 \\ 0 & 0 & 0 & 1 & 0 \end{pmatrix}$$

所以 $R(\boldsymbol{A}) = R(\widetilde{\boldsymbol{A}}) = 4$，故原方程组有唯一解，且解为

$$(x_1,\ x_2,\ x_3,\ x_4)^{\mathrm{T}} = (-8,\ 3,\ 6,\ 0)^{\mathrm{T}}.$$

例 25　λ 取何值时，非齐次线性方程组

$$\begin{cases} 3x_1 + (2-\lambda)x_2 + x_3 = 0 \\ \lambda x_1 + (\lambda - 1)x_2 + x_3 = \lambda \\ 3(\lambda+1)x_1 + \lambda x_2 + (\lambda+3)x_3 = 3 \end{cases}$$

(1) 有唯一解；(2) 无解；(3) 有无穷多解？并求出通解.

解　【本题因为方程个数等于未知量个数，即系数矩阵 $\boldsymbol{A}$ 仅为三阶方阵，因此可用克拉默法则先确定方程组有唯一解时 λ 的取值情况，然后再比较 λ 取其他值时系数矩阵和增

广矩阵的秩，从而确定 λ 取何值时方程组无解和有无穷多解. 如果系数矩阵不是方阵或者是方阵但阶数较高，对增广矩阵施行初等行变换(注意在变换时不能用某一行除以一个可能为零的含参数因子)，通过比较系数矩阵与增广矩阵的秩，确定参数取何值时方程组有唯一解、无解或有无穷多解.】

$$\begin{vmatrix} 3 & 2-\lambda & 1 \\ \lambda & \lambda-1 & 1 \\ 3(\lambda+1) & \lambda & \lambda+3 \end{vmatrix} = \begin{vmatrix} 3 & 2-\lambda & 1 \\ \lambda-3 & 2\lambda-3 & 0 \\ -6 & \lambda^2+2\lambda-6 & 0 \end{vmatrix} = \lambda^2(\lambda-1)$$

所以

(1) 当 $\lambda^2(\lambda-1)\neq 0$，即 $\lambda\neq 0$ 且 $\lambda\neq 1$，方程组有唯一解；

(2) 当 $\lambda=0$ 时，则方程组为

$$\begin{cases} 3x_1+2x_2+x_3=0 \\ -x_2+x_3=0 \\ 3x_1+3x_3=3 \end{cases}$$

得

$$\begin{cases} x_1+x_3=0 \\ x_1+x_3=1 \end{cases}$$

矛盾，原方程组无解.

(3) 当 $\lambda=1$ 时，有

$$\widetilde{\boldsymbol{A}} = \begin{pmatrix} 3 & 1 & 1 & 0 \\ 1 & 0 & 1 & 1 \\ 6 & 1 & 4 & 3 \end{pmatrix} \to \begin{pmatrix} 1 & 0 & 1 & 1 \\ 0 & 1 & -2 & -3 \\ 0 & -1 & 2 & 3 \end{pmatrix} \to \begin{pmatrix} 1 & 0 & 1 & 1 \\ 0 & 1 & -2 & -3 \\ 0 & 0 & 0 & 0 \end{pmatrix}$$

所以 $R(\boldsymbol{A})=R(\widetilde{\boldsymbol{A}})=2<3$，从而方程组有无穷多解；其通解为

$$\begin{pmatrix} x_1 \\ x_2 \\ x_3 \end{pmatrix} = k\begin{pmatrix} -1 \\ 2 \\ 1 \end{pmatrix} + \begin{pmatrix} 1 \\ -3 \\ 0 \end{pmatrix}，其中 k 为任意数.$$

例 26 λ 取何值时，非齐次线性方程组

$$\begin{cases} (2-\lambda)x_1+2x_2-2x_3=1 \\ 2x_1+(5-\lambda)x_2-4x_3=2 \\ -2x_1-4x_2+(5-\lambda)x_3=-(\lambda+1) \end{cases}$$

无解，有唯一解，有无穷多解，有解时求出它的解.

解 对增广矩阵 $\widetilde{\boldsymbol{A}}$ 施行初等行变换，化为行最简形：

$$\widetilde{\boldsymbol{A}} = \begin{pmatrix} 2-\lambda & 2 & -2 & 1 \\ 2 & 5-\lambda & -4 & 2 \\ -2 & -4 & 5-\lambda & -(\lambda+1) \end{pmatrix} \to \begin{pmatrix} 0 & -\frac{1}{2}(\lambda-1)(\lambda-6) & -2(\lambda-1) & \lambda-1 \\ 2 & 5-\lambda & -4 & 2 \\ 0 & 1-\lambda & 1-\lambda & 1-\lambda \end{pmatrix}$$

$$\to \begin{pmatrix} 2 & 5-\lambda & -4 & 2 \\ 0 & -\frac{1}{2}(\lambda-1)(\lambda-6) & -2(\lambda-1) & \lambda-1 \\ 0 & 1-\lambda & 1-\lambda & 1-\lambda \end{pmatrix} = \widetilde{\boldsymbol{A}}_1$$

(1) 当 $\lambda=1$ 时，$R(\boldsymbol{A})=R(\widetilde{\boldsymbol{A}})=1$，方程组有无穷多解，且

$$\widetilde{\boldsymbol{A}}_1 \to \begin{pmatrix} 2 & 4 & -4 & 2 \\ 0 & 0 & 0 & 0 \\ 0 & 0 & 0 & 0 \end{pmatrix} \to \begin{pmatrix} 1 & 2 & -2 & 1 \\ 0 & 0 & 0 & 0 \\ 0 & 0 & 0 & 0 \end{pmatrix}$$

其通解为

$$\begin{pmatrix} x_1 \\ x_2 \\ x_3 \end{pmatrix} = k_1 \begin{pmatrix} -2 \\ 1 \\ 0 \end{pmatrix} + k_2 \begin{pmatrix} 2 \\ 0 \\ 1 \end{pmatrix} + \begin{pmatrix} 1 \\ 0 \\ 0 \end{pmatrix} (k_2,\ k_4 \text{ 可任意取值}).$$

(2) 当 $\lambda \neq 1$ 时，对 $\widetilde{\boldsymbol{A}}_1$ 继续进行初等行变换

$$\widetilde{\boldsymbol{A}}_1 \to \begin{pmatrix} 2 & 5-\lambda & -4 & 2 \\ 0 & -\frac{1}{2}(\lambda-6) & -2 & 1 \\ 0 & 1 & 1 & 1 \end{pmatrix} \to \begin{pmatrix} 2 & 5-\lambda & -4 & 2 \\ 0 & 1 & 1 & 1 \\ 0 & -\frac{1}{2}(\lambda-6) & -2 & 1 \end{pmatrix}$$

$$\to \begin{pmatrix} 2 & 5-\lambda & -4 & 2 \\ 0 & 1 & 1 & 1 \\ 0 & 0 & \frac{1}{2}\lambda-5 & \frac{1}{2}\lambda-2 \end{pmatrix}$$

所以当 $\lambda \neq 10$ 时，$R(\boldsymbol{A})=R(\widetilde{\boldsymbol{A}})=3$，方程组有唯一解，且解为

$$x_1=\frac{3\lambda-3}{2(\lambda-5)},\ x_2=\frac{-3}{\lambda-5},\ x_3=\frac{\lambda-2}{\lambda-5}$$

当 $\lambda=10$ 时，$R(\boldsymbol{A})<R(\widetilde{\boldsymbol{A}})$，方程组无解.

例 27　试求通过点(0，1)，(1，0)，(0，−1)，(−1，0)与(1，1)的二次曲线方程.

解　【本题先设两次曲线方程，然后运用待定系数法求出系数即可. 本题属于方程组应用题型. 一般根据题意列出方程组，然后解方程组求出符合题意的解.】

设通过已知点的二次曲线方程为

$$ax^2+bxy+cy^2+dx+ey+f=0$$

把已知点坐标分别代入方程中便得到以 a，b，c，d，e 与 f 为未知量的线性方程组

$$\begin{cases} c+e+f=0 \\ a+d+f=0 \\ c-e+f=0 \\ a-d+f=0 \\ a+b+c+d+e+f=0 \end{cases}$$

对方程组的系数矩阵 $\boldsymbol{A}$ 施行初等行变换：

$$\boldsymbol{A}=\begin{pmatrix} 0 & 0 & 1 & 0 & 1 & 1 \\ 1 & 0 & 0 & 1 & 0 & 1 \\ 0 & 0 & 1 & 0 & -1 & 1 \\ 1 & 0 & 0 & -1 & 0 & 1 \\ 1 & 1 & 1 & 1 & 1 & 1 \end{pmatrix} \to \begin{pmatrix} 1 & 0 & 0 & 1 & 0 & 1 \\ 0 & 0 & 1 & 0 & 1 & 1 \\ 0 & 0 & 1 & 0 & -1 & 1 \\ 0 & 0 & 0 & -2 & 0 & 0 \\ 0 & 1 & 1 & 0 & 1 & 0 \end{pmatrix} \to \begin{pmatrix} 1 & 0 & 0 & 1 & 0 & 1 \\ 0 & 1 & 1 & 0 & 1 & 0 \\ 0 & 0 & 1 & 0 & -1 & 1 \\ 0 & 0 & 0 & -2 & 0 & 0 \\ 0 & 0 & 1 & 0 & 1 & 1 \end{pmatrix}$$

$$\rightarrow\begin{pmatrix}1&0&0&1&0&1\\0&1&1&0&1&0\\0&0&1&0&-1&1\\0&0&0&-2&0&0\\0&0&0&0&-2&0\end{pmatrix}\rightarrow\begin{pmatrix}1&0&0&1&0&1\\0&1&1&0&1&0\\0&0&1&0&-1&1\\0&0&0&1&0&0\\0&0&0&0&1&0\end{pmatrix}\rightarrow\begin{pmatrix}1&0&0&0&0&1\\0&1&1&0&0&0\\0&0&1&0&0&1\\0&0&0&1&0&0\\0&0&0&0&1&0\end{pmatrix}$$

$$\rightarrow\begin{pmatrix}1&0&0&0&0&1\\0&1&1&0&0&0\\0&0&1&0&0&1\\0&0&0&1&0&0\\0&0&0&0&1&0\end{pmatrix}\rightarrow\begin{pmatrix}1&0&0&0&0&1\\0&1&0&0&0&-1\\0&0&1&0&0&1\\0&0&0&1&0&0\\0&0&0&0&1&0\end{pmatrix}$$

所以 $r(\boldsymbol{A})=5<6$，故方程组有无穷多解，令 $f=-1$，得 $a=1$，$b=-1$，$c=1$，$d=0$，$e=0$，则所求二次曲线方程为

$$x^2-xy+y^2=1$$

六、 应用与提高

例 28 已知 $\boldsymbol{A}$ 是元素都是 1 的三阶矩阵，证明：$(\boldsymbol{E}-\boldsymbol{A})^{-1}=\boldsymbol{E}-\frac{1}{2}\boldsymbol{A}$.

解 **【本题要求 $\boldsymbol{E}-\boldsymbol{A}$ 的逆，而结果又是一个式子，所以要设法构造一个方程来推导之. 也可以看看$(\boldsymbol{E}-\boldsymbol{A})(\boldsymbol{E}-\frac{1}{2}\boldsymbol{A})$的积的情况.】**

因为 $\boldsymbol{A}=\begin{pmatrix}1&1&1\\1&1&1\\1&1&1\end{pmatrix}=\begin{pmatrix}1\\1\\1\end{pmatrix}(1\quad 1\quad 1)$，且 $(1\quad 1\quad 1)\begin{pmatrix}1\\1\\1\end{pmatrix}=3$，

故

$$\boldsymbol{A}^2=\begin{pmatrix}1\\1\\1\end{pmatrix}(1\quad 1\quad 1)\begin{pmatrix}1\\1\\1\end{pmatrix}(1\quad 1\quad 1)=3\boldsymbol{A},$$

即

$$\boldsymbol{A}^2-3\boldsymbol{A}=\boldsymbol{A}^2-3\boldsymbol{A}+2\boldsymbol{E}-2\boldsymbol{E}=(\boldsymbol{E}-\boldsymbol{A})(2\boldsymbol{E}-\boldsymbol{A})-2\boldsymbol{E}=\boldsymbol{O}.$$

于是

$$(\boldsymbol{E}-\boldsymbol{A})(\boldsymbol{E}-\frac{1}{2}\boldsymbol{A})=\boldsymbol{E}.$$

所以

$$(\boldsymbol{E}-\boldsymbol{A})^{-1}=\boldsymbol{E}-\frac{1}{2}\boldsymbol{A}.$$

例 29 已知 n 阶方阵 $\boldsymbol{A}$ 满足 $\boldsymbol{A}^2+2\boldsymbol{A}-3\boldsymbol{E}=\boldsymbol{O}$，(1) 求 $\boldsymbol{A}^{-1}$，$(\boldsymbol{A}+2\boldsymbol{E})^{-1}$，(2) 求 $(\boldsymbol{A}+4\boldsymbol{E})^{-1}$，(3) $\boldsymbol{A}+n\boldsymbol{E}$($n$ 是整数)是否可逆，若可逆，求其逆.

解 **【由逆矩阵的定义知，若 $\boldsymbol{AB}=\boldsymbol{E}$，则 $\boldsymbol{A}$ 可逆，且 $\boldsymbol{A}^{-1}=\boldsymbol{B}$. 故理论上左端化为矩阵的积，右端是单位矩阵时，乘积矩阵均是可逆阵.】**

(1) 由已知 $\boldsymbol{A}^2+2\boldsymbol{A}-3\boldsymbol{E}=\boldsymbol{O}$，可得

$$\boldsymbol{A}(\boldsymbol{A}+2\boldsymbol{E})=3\boldsymbol{E}$$

即 $\boldsymbol{A}\dfrac{\boldsymbol{A}+2\boldsymbol{E}}{3}=\boldsymbol{E}$ 或 $\dfrac{\boldsymbol{A}}{3}(\boldsymbol{A}+2\boldsymbol{E})=\boldsymbol{E}$

故 $\boldsymbol{A}$ 可逆，且 $\boldsymbol{A}^{-1}=\dfrac{\boldsymbol{A}+2\boldsymbol{E}}{3}$

$(\boldsymbol{A}+2\boldsymbol{E})$可逆，且$(\boldsymbol{A}+2\boldsymbol{E})^{-1}=\dfrac{\boldsymbol{A}}{3}$

(2) 因为 $\boldsymbol{A}^2+2\boldsymbol{A}-3\boldsymbol{E}=(\boldsymbol{A}+4\boldsymbol{E})(\boldsymbol{A}-2\boldsymbol{E})+5\boldsymbol{E}=\boldsymbol{O}$

故$(\boldsymbol{A}+4\boldsymbol{E})\dfrac{\boldsymbol{A}-2\boldsymbol{E}}{-5}=\boldsymbol{E}$，即 $\boldsymbol{A}+4\boldsymbol{E}$ 可逆，且

$$(\boldsymbol{A}+4\boldsymbol{E})^{-1}=\frac{\boldsymbol{A}-2\boldsymbol{E}}{-5}$$

(3) $\boldsymbol{A}^2+2\boldsymbol{A}-3\boldsymbol{E}=(\boldsymbol{A}+n\boldsymbol{E})[\boldsymbol{A}-(n-2)\boldsymbol{E}]-3\boldsymbol{E}+n(n-2)\boldsymbol{E}=\boldsymbol{O}$

得 $$(\boldsymbol{A}+n\boldsymbol{E})[\boldsymbol{A}-(n-2)\boldsymbol{E}]=-(n^2-2n-3)\boldsymbol{E}=-(n-3)(n+1)\boldsymbol{E}$$

故当 $n\neq3$，且 $n\neq-1$ 时，$\boldsymbol{A}+n\boldsymbol{E}$($n$ 是整数)可逆，且

$$(\boldsymbol{A}+n\boldsymbol{E})^{-1}=-\frac{1}{(n-3)(n+1)}[\boldsymbol{A}-(n-2)\boldsymbol{E}]$$

当 $n=3$ 时，有

$$(\boldsymbol{A}+3\boldsymbol{E})(\boldsymbol{A}-\boldsymbol{E})=\boldsymbol{O}$$

若 $\boldsymbol{A}=\boldsymbol{E}$，则 $\boldsymbol{A}+3\boldsymbol{E}=4\boldsymbol{E}$，$(\boldsymbol{A}+3\boldsymbol{E})^{-1}=\dfrac{1}{4}\boldsymbol{E}$

若 $\boldsymbol{A}\neq\boldsymbol{E}$，$\boldsymbol{A}-\boldsymbol{E}\neq\boldsymbol{O}$，$(\boldsymbol{A}+3\boldsymbol{E})\boldsymbol{X}=\boldsymbol{O}$ 有非零解，得 $|\boldsymbol{A}+3\boldsymbol{E}|=0$，故 $\boldsymbol{A}+3\boldsymbol{E}$ 不可逆.

当 $n=-1$ 时，有

$$(\boldsymbol{A}-\boldsymbol{E})(\boldsymbol{A}+3\boldsymbol{E})=\boldsymbol{O}$$

若 $\boldsymbol{A}=-3\boldsymbol{E}$，则 $\boldsymbol{A}-\boldsymbol{E}=-4\boldsymbol{E}$，$(\boldsymbol{A}-\boldsymbol{E})^{-1}=-\dfrac{1}{4}\boldsymbol{E}$

若 $\boldsymbol{A}\neq-3\boldsymbol{E}$，$\boldsymbol{A}+3\boldsymbol{E}\neq\boldsymbol{O}$，$(\boldsymbol{A}-\boldsymbol{E})\boldsymbol{X}=\boldsymbol{O}$ 有非零解，得 $|\boldsymbol{A}-\boldsymbol{E}|=0$，故 $\boldsymbol{A}-\boldsymbol{E}$ 不可逆.

例 30　设 $\boldsymbol{A}=\begin{pmatrix}1&a\\1&0\end{pmatrix}$，$\boldsymbol{B}=\begin{pmatrix}0&1\\1&b\end{pmatrix}$，当 a，b 为何值时存在矩阵 $\boldsymbol{C}$ 使得 $\boldsymbol{AC}-\boldsymbol{CA}=\boldsymbol{B}$，并求矩阵 $\boldsymbol{C}$.

（2013 年全国硕士研究生考试数一、数三真题）

解　**【本题就是矩阵的乘法转化为非齐次方程组的通解的问题.】**

设 $\boldsymbol{C}=\begin{pmatrix}x_1&x_2\\x_3&x_4\end{pmatrix}$，那么 $\boldsymbol{AC}-\boldsymbol{CA}=\boldsymbol{B}$ 即

$$\begin{pmatrix}1&a\\1&0\end{pmatrix}\begin{pmatrix}x_1&x_2\\x_3&x_4\end{pmatrix}-\begin{pmatrix}x_1&x_2\\x_3&x_4\end{pmatrix}\begin{pmatrix}1&a\\1&0\end{pmatrix}=\begin{pmatrix}0&1\\1&b\end{pmatrix}$$

即 $\begin{pmatrix}x_1+ax_3&x_2+ax_4\\x_1&x_2\end{pmatrix}-\begin{pmatrix}x_1+x_2&ax_1\\x_3+x_4&ax_3\end{pmatrix}=\begin{pmatrix}0&1\\1&b\end{pmatrix}$

即
$$\begin{cases} -x_2+ax_3=0 \\ -ax_1+x_2+ax_4=1 \\ x_1-x_3-x_4=1 \\ x_2-ax_3=b \end{cases}$$

对其增广矩阵作初等行变换，有

$$\widetilde{A}=\begin{pmatrix} 0 & -1 & a & 0 & 0 \\ -a & 1 & 0 & a & 1 \\ 1 & 0 & -1 & -1 & 1 \\ 0 & 1 & -a & 0 & b \end{pmatrix} \sim \begin{pmatrix} 1 & 0 & -1 & -1 & 1 \\ 0 & 1 & -a & 0 & 0 \\ 0 & 0 & 0 & 0 & a+1 \\ 0 & 0 & 0 & 0 & b \end{pmatrix}$$

当 $a\neq -1$ 或 $b\neq 0$ 时，方程组无解.

当 $a=-1$ 且 $b=0$ 时，方程组有解，此时存在矩阵 $\boldsymbol{C}$ 使得 $\boldsymbol{AC}-\boldsymbol{CA}=\boldsymbol{B}$.

由于方程组的通解为

$$\begin{pmatrix} x_1 \\ x_2 \\ x_3 \\ x_4 \end{pmatrix}=\begin{pmatrix} 1 \\ 0 \\ 0 \\ 0 \end{pmatrix}+k_1\begin{pmatrix} 1 \\ -1 \\ 1 \\ 0 \end{pmatrix}+k_2\begin{pmatrix} 1 \\ 0 \\ 0 \\ 1 \end{pmatrix}(k_1,\ k_2 \text{ 为任意常数}).$$

故当且仅当 $a=-1$ 且 $b=0$ 时，存在矩阵 $\boldsymbol{C}$ 使得 $\boldsymbol{AC}-\boldsymbol{CA}=\boldsymbol{B}$.

$$\boldsymbol{C}=\begin{pmatrix} 1+k_1+k_2 & -k_1 \\ k_1 & k_2 \end{pmatrix}，\text{满足 } \boldsymbol{AC}-\boldsymbol{CA}=\boldsymbol{B}.$$

例 31 设矩阵 $\boldsymbol{A}=\begin{pmatrix} a & b & b & b \\ b & a & b & b \\ b & b & a & b \\ b & b & b & a \end{pmatrix}$，求矩阵 $\boldsymbol{A}$ 的秩.

解 直接从高阶到低阶计算子式：

对 $\boldsymbol{A}$ 作初等行变换

$$|\boldsymbol{A}|=\begin{vmatrix} a & b & b & b \\ b & a & b & b \\ b & b & a & b \\ b & b & b & a \end{vmatrix}=\begin{vmatrix} a+3b & b & b & b \\ a+3b & a & b & b \\ a+3b & b & a & b \\ a+3b & b & b & a \end{vmatrix}=(a+3b)\begin{vmatrix} 1 & b & b & b \\ 1 & a & b & b \\ 1 & b & a & b \\ 1 & b & b & a \end{vmatrix}$$

$$=(a+3b)\begin{vmatrix} 1 & b & b & b \\ 0 & a-b & 0 & 0 \\ 0 & 0 & a-b & 0 \\ 0 & 0 & 0 & a-b \end{vmatrix}=(a+3b)(a-b)^3$$

(1) $a+3b\neq 0$，且 $a-b\neq 0$ 时，因 $|\boldsymbol{A}|\neq 0$，故秩 $\boldsymbol{A}=4$；

(2) $a+3b\neq 0$，且 $a-b=0$ 时，显然秩 $\boldsymbol{A}=1$；

当 $a+3b=0$ 时，$|\boldsymbol{A}|=\begin{vmatrix} 0 & b & b & b \\ 0 & a & b & b \\ 0 & b & a & b \\ 0 & b & b & a \end{vmatrix}=\begin{vmatrix} 0 & 0 & 0 & 0 \\ 0 & a & b & b \\ 0 & b & a & b \\ 0 & b & b & a \end{vmatrix}$

令 $D_3=\begin{vmatrix} a & b & b \\ b & a & b \\ b & b & a \end{vmatrix}=(a+2b)\begin{vmatrix} 1 & b & b \\ 0 & a-b & 0 \\ 0 & 0 & a-b \end{vmatrix}=(a+2b)(a-b)^2$

当 $a+3b=0$ 且 $a+2b\neq 0$，$a-b\neq 0$ 时，有 $D_3\neq 0$，从而秩 $A=3$，但由 $a+3b=0$ 且 $a+2b\neq 0$ 必有 $a-b\neq 0$. 事实上，如 $a=b$，由 $a+3b=4b=0$ 得到 $b=0$，从而 $a=b=0$，于是 $a+2b=0$ 与 $a+2b\neq 0$ 矛盾，故得 $a-b\neq 0$

(3) 当 $a+3b=0$ 且 $a+2b\neq 0$ 时，有秩 $A=3$.

例 32 证明对任意实矩阵 A，秩$(A^{\mathrm{T}}A)=$秩(A).

证明 考察方程组 $Ax=O$ 与 $A^{\mathrm{T}}Ax=O$. 显然 $Ax=O$ 的解均为 $A^{\mathrm{T}}Ax=O$ 的解. 设 α 是 $A^{\mathrm{T}}Ax=O$ 的解，即 $A^{\mathrm{T}}A\alpha=O$，则 $\alpha^{\mathrm{T}}A^{\mathrm{T}}A\alpha=O$，$(A\alpha)^{\mathrm{T}}A\alpha=O$，从而 $A\alpha=O$，即 α 是 $Ax=O$ 的解. 方程组 $Ax=O$ 与 $A^{\mathrm{T}}Ax=O$ 同解，故 $r(A^{\mathrm{T}}A)=r(A)$.

同时有 $r(A)=r(A^{\mathrm{T}})=r(AA^{\mathrm{T}})$.

例 33 若 A，B 为 n 阶矩阵，证明若 $E-AB$ 可逆，则 $E-BA$ 可逆.

证法一 已知 $E-AB$ 可逆，有可逆的充分必要条件有 $|E-AB|\neq 0$，要证 $|E-BA|\neq 0$.

由

$$\begin{pmatrix} E & A \\ B & E \end{pmatrix}\begin{pmatrix} O & E \\ E & O \end{pmatrix}=\begin{pmatrix} A & E \\ E & B \end{pmatrix}$$

$$\begin{pmatrix} E & O \\ -B & E \end{pmatrix}\begin{pmatrix} E & A \\ B & E \end{pmatrix}=\begin{pmatrix} E & A \\ O & E-AB \end{pmatrix}$$

得

$$\begin{vmatrix} A & E \\ E & B \end{vmatrix}=|AB-E|$$

而

$$\begin{pmatrix} O & E \\ E & O \end{pmatrix}\begin{pmatrix} B & E \\ E & A \end{pmatrix}=\begin{pmatrix} E & A \\ B & E \end{pmatrix}$$

$$\begin{pmatrix} E & A \\ B & E \end{pmatrix}\begin{pmatrix} O & E \\ E & O \end{pmatrix}=\begin{pmatrix} A & E \\ E & B \end{pmatrix}$$

从而

$$\begin{pmatrix} A & E \\ E & B \end{pmatrix}=\begin{pmatrix} O & E \\ E & O \end{pmatrix}\begin{pmatrix} B & E \\ E & A \end{pmatrix}\begin{pmatrix} O & E \\ E & O \end{pmatrix}$$

得

$$0\neq\begin{vmatrix} A & E \\ E & B \end{vmatrix}=\begin{vmatrix} B & E \\ E & A \end{vmatrix}=|BA-E|$$

所以

$|E-AB|\neq 0$，即 $E-BA$ 可逆.

证法二 由

$$[E+B(E-AB)^{-1}A](E-BA)$$

$$
\begin{aligned}
&=\boldsymbol{E}-\boldsymbol{BA}+\boldsymbol{B}(\boldsymbol{E}-\boldsymbol{AB})^{-1}\boldsymbol{A}-\boldsymbol{B}(\boldsymbol{E}-\boldsymbol{AB})^{-1}\boldsymbol{ABA}\\
&=\boldsymbol{E}-\boldsymbol{BA}+\boldsymbol{B}(\boldsymbol{E}-\boldsymbol{AB})^{-1}\boldsymbol{A}-\boldsymbol{B}(\boldsymbol{E}-\boldsymbol{AB})^{-1}(\boldsymbol{AB}-\boldsymbol{E}+\boldsymbol{E})\boldsymbol{A}\\
&=\boldsymbol{E}-\boldsymbol{BA}+\boldsymbol{B}(\boldsymbol{E}-\boldsymbol{AB})^{-1}\boldsymbol{A}+\boldsymbol{BA}-\boldsymbol{B}(\boldsymbol{E}-\boldsymbol{AB})^{-1}\boldsymbol{A}\\
&=\boldsymbol{E}
\end{aligned}
$$

从而 $\boldsymbol{E}-\boldsymbol{BA}$ 可逆，且

$$(\boldsymbol{E}-\boldsymbol{BA})^{-1}=\boldsymbol{E}+\boldsymbol{B}(\boldsymbol{E}-\boldsymbol{AB})^{-1}\boldsymbol{A}.$$

例 34 设有三个不同平面的方程 $a_{i1}x+a_{i2}y+a_{i3}z=b_i$，$i=1$，2，3，它们所组成的线性方程组的系数矩阵与增广矩阵的秩都为 2，则这三个平面的位置关系是？

解 【3 个平面方程是否有公共点，也就是方程组 $\boldsymbol{A}x=\boldsymbol{b}$ 是否有解的问题】

设由 3 个平面方程联立所得线性方程组 $\boldsymbol{A}x=\boldsymbol{b}$，则由题设条件知 $\boldsymbol{A}x=\boldsymbol{b}$ 有解，且因其导出组 $\boldsymbol{A}x=0$ 的基础解系所含向量个数为 $3-r(\boldsymbol{A})=3-2=1$，故 $\boldsymbol{A}x=\boldsymbol{b}$ 的通解如下形式：

$$\begin{pmatrix}x\\y\\z\end{pmatrix}=\begin{pmatrix}x_0\\y_0\\z_0\end{pmatrix}+t\begin{pmatrix}x_1\\y_1\\z_1\end{pmatrix}，其中\ t\ 为任意常数.$$

这显然是一个空间直线的方程，故此时 3 个平面必交于一条直线.

例 35 已知齐次线性方程组

$$\begin{cases}(a_1+b)x_1+a_2x_2+a_3x_3+\cdots+a_nx_n=0\\a_1x_1+(a_2+b)x_2+a_3x_3+\cdots+a_nx_n=0\\a_1x_1+a_2x_2+(a_3+b)x_3+\cdots+a_nx_n=0\\\qquad\cdots\\a_1x_1+a_2x_2+a_3x_3+\cdots+(a_n+b)x_n=0\end{cases}$$

其中 $\sum_{i=1}^{n}a_i\neq 0$，试讨论 a_1，a_2，a_3，…，a_n 和 b 满足何种关系时：

(1) 方程组仅有零解；(2) 方程组有非零解，在有非零解时，求此方程组的一个基础解系.

解 【方程的个数与未知量的个数相同，问题转为系数矩阵行列式是否为零，而系数行列式的计算具有明显的特征：所有列对应元素相加后相等，可先将所有列对应的元素相加，然后提出公因式，再将第一行的 -1 倍加到其余各行，即可计算出行列式的值.】

方程组的系数行列式

$$|\boldsymbol{A}|=\begin{vmatrix}a_1+b&a_2&a_3&\cdots&a_n\\a_1&a_2+b&a_3&\cdots&a_n\\a_1&a_2&a_3+b&\cdots&a_n\\\cdots&\cdots&\cdots&\cdots&\cdots\\a_1&a_2&a_3&\cdots&a_n+b\end{vmatrix}=b^{n-1}(b+\sum_{i=1}^{n}a_i)$$

(1) 当 $b\neq0$ 且 $b+\sum_{i=1}^{n}a_i\neq 0$ 时，秩$(\boldsymbol{A})=n$，方程组仅有零解.

(2) 当 $b=0$ 时，原方程组的同解方程组为

$$a_1x_1+a_2x_2+a_3x_3+\cdots+a_nx_n=0$$

由 $\sum_{i=1}^{n} a_i \neq 0$ 可知，$a_i(i=1, \cdots, n)$不全为零. 不妨设 $a_1 \neq 0$，得原方程组的一个基础解系为

$$\boldsymbol{\alpha}_1 = \left(-\frac{a_2}{a_1}, 1, \cdots, 0\right)^{\mathrm{T}}, \boldsymbol{\alpha}_2 = \left(-\frac{a_3}{a_1}, 0, 1, \cdots, 0\right)^{\mathrm{T}}, \cdots, \boldsymbol{\alpha}_n = \left(-\frac{a_n}{a_1}, 0, 0, \cdots, 1\right)^{\mathrm{T}}$$

当 $b = -\sum_{i=1}^{n} a_i$ 时，有 $b \neq 0$，原方程组的系数矩阵可化为

$$\begin{pmatrix} a_1 - \sum_{i=1}^{n} a_i & a_2 & a_3 & \cdots & a_n \\ a_1 & a_2 - \sum_{i=1}^{n} a_i & a_3 & \cdots & a_n \\ a_1 & a_2 & a_3 - \sum_{i=1}^{n} a_i & \cdots & a_n \\ \cdots & \cdots & \cdots & \cdots & \cdots \\ a_1 & a_2 & a_3 & \cdots & a_n - \sum_{i=1}^{n} a_i \end{pmatrix}$$

将第 1 行的 -1 倍加到其余各行，再从第 2 行到第 n 行同除以 $-\sum_{i=1}^{n} a_i$：

$$\rightarrow \begin{pmatrix} a_1 - \sum_{i=1}^{n} a_i & a_2 & a_3 & \cdots & a_n \\ -1 & 1 & 0 & \cdots & 0 \\ -1 & 0 & 1 & \cdots & 0 \\ \cdots & \cdots & \cdots & \cdots & \cdots \\ -1 & 0 & 0 & \cdots & 1 \end{pmatrix}$$

将第 n 行的 $-a_n$ 倍，…，第 2 行的 $-a_2$ 倍都加到第 1 行，再将第一行移到最后一行：

$$\rightarrow \begin{pmatrix} -1 & 1 & 0 & \cdots & 0 \\ -1 & 0 & 1 & \cdots & 0 \\ \cdots & \cdots & \cdots & \cdots & \cdots \\ -1 & 0 & 0 & \cdots & 1 \\ 0 & 0 & 0 & \cdots & 0 \end{pmatrix}$$

由此得原方程组的同解方程组为

$$x_2 = x_1, \ x_3 = x_1, \ \cdots, \ x_n = x_1$$

原方程组的一个基础解系

$$\alpha = (1, 1, \cdots, 1)^{\mathrm{T}}.$$

例 36 设 $\boldsymbol{A} = \begin{pmatrix} 1 & a & 0 & 0 \\ 0 & 1 & a & 0 \\ 0 & 0 & 1 & a \\ a & 0 & 0 & 1 \end{pmatrix}$，$\boldsymbol{b} = \begin{pmatrix} 1 \\ -1 \\ 0 \\ 0 \end{pmatrix}$.

(1) 求 $|\boldsymbol{A}|$；

(2) 已知线性方程组 $\boldsymbol{Ax}=\boldsymbol{b}$ 有无穷多解，求 a，并求 $\boldsymbol{Ax}=\boldsymbol{b}$ 的通解.

(2012 年全国硕士研究生考试数一、数三真题)

解 【(1)计算行列式，由于零元素较多，所以可以选择直接展开；(2) 根据克拉默法则讨论即可.】

(1) 按第一行展开

$$|\boldsymbol{A}|=1\cdot\begin{vmatrix}1&a&0\\0&1&a\\0&0&1\end{vmatrix}-a\cdot\begin{vmatrix}0&a&0\\0&1&a\\a&0&1\end{vmatrix}=1-a^4,$$

(2) 当 $|\boldsymbol{A}|=0$ 时，方程组 $\boldsymbol{Ax}=\boldsymbol{b}$ 有无穷多解，由(1)知 $a=1$ 或 $a=-1$.

当 $a=1$ 时，

$$\begin{pmatrix}1&1&0&0&1\\0&1&1&0&-1\\0&0&1&1&0\\1&0&0&1&0\end{pmatrix}\sim\begin{pmatrix}1&1&0&0&1\\0&1&1&0&-1\\0&0&1&1&0\\0&-1&0&1&-1\end{pmatrix}\sim\begin{pmatrix}1&1&0&0&1\\0&1&1&0&-1\\0&0&1&1&0\\0&0&1&1&-2\end{pmatrix}$$

$$\sim\begin{pmatrix}1&1&0&0&1\\0&1&1&0&-1\\0&0&1&1&0\\0&0&0&0&-2\end{pmatrix}$$

故，$R(\boldsymbol{A})=3$，$R(\widetilde{\boldsymbol{A}})=4$. 方程组无解，舍去.

当 $a=-1$ 时，

$$\begin{pmatrix}1&-1&0&0&1\\0&1&-1&0&-1\\0&0&1&-1&0\\-1&0&0&1&0\end{pmatrix}\sim\begin{pmatrix}1&-1&0&0&1\\0&1&-1&0&-1\\0&0&1&-1&0\\0&-1&0&1&1\end{pmatrix}\sim\begin{pmatrix}1&-1&0&0&1\\0&1&-1&0&-1\\0&0&1&-1&0\\0&0&-1&1&0\end{pmatrix}$$

$$\sim\begin{pmatrix}1&0&0&-1&0\\0&1&0&-1&-1\\0&0&1&-1&0\\0&0&0&0&0\end{pmatrix}$$

故，$R(\boldsymbol{A})=3=R(\widetilde{\boldsymbol{A}})$. 方程组有无穷多解，得方程组通解为

$(0,-1,0,0)^{\mathrm{T}}+k(1,1,1,1)^{\mathrm{T}}$ (k 为任意常数).

例 37 设 $\boldsymbol{A}=\begin{pmatrix}\lambda&1&1\\0&\lambda-1&0\\1&1&\lambda\end{pmatrix}$，$b=\begin{pmatrix}a\\1\\1\end{pmatrix}$. 已知线性方程组 $\boldsymbol{Ax}=\boldsymbol{b}$ 存在 2 个不同的解，(1) 求 λ，a；(2) 求方程组 $\boldsymbol{Ax}=\boldsymbol{b}$ 的通解.

(2010 年全国硕士研究生考试数三真题)

解 【本题(1)因为线性方程组 $\boldsymbol{Ax}=\boldsymbol{b}$ 存在 2 个不同的解，所以系数行列式为零即可得 λ 的值. (2) 对增广矩阵利用初等行变换化为行标准形可求出方程组 $\boldsymbol{Ax}=\boldsymbol{b}$ 的通解.】

(1) 因为线性方程组 $\boldsymbol{Ax}=\boldsymbol{b}$ 存在 2 个不同的解，故 $|\boldsymbol{A}|=0$

即
$$\begin{vmatrix}\lambda&1&1\\0&\lambda-1&0\\1&1&\lambda\end{vmatrix}=(\lambda+1)(\lambda-1)^2=0$$

即 $\lambda=1$ 或 $\lambda=-1$.

当 $\lambda=1$ 时

$$\widetilde{\boldsymbol{A}}=\begin{pmatrix}1&1&1&a\\0&0&0&1\\1&1&1&1\end{pmatrix}\sim\begin{pmatrix}1&1&1&a\\0&0&0&1\\0&0&0&1-a\end{pmatrix}$$

此时 $R(\boldsymbol{A})=1$，$R(\widetilde{\boldsymbol{A}})=2$. 方程组无解，舍去.

当 $\lambda=-1$ 时

$$\widetilde{\boldsymbol{A}}=\begin{pmatrix}-1&1&1&a\\0&-2&0&1\\1&1&-1&1\end{pmatrix}\sim\begin{pmatrix}1&1&1&a\\0&-2&0&1\\0&2&0&1+a\end{pmatrix}\sim\begin{pmatrix}1&1&1&a\\0&-2&0&1\\0&0&0&2+a\end{pmatrix}$$

因为线性方程组 $\boldsymbol{Ax}=\boldsymbol{b}$ 有解，所以 $a=-2$.

(2) 当 $a=-2$，$\lambda=-1$ 时

$$\widetilde{\boldsymbol{A}}\sim\begin{pmatrix}1&0&-1&\frac{3}{2}\\0&1&0&-\frac{1}{2}\\0&0&0&0\end{pmatrix}$$

所以线性方程组 $\boldsymbol{Ax}=\boldsymbol{b}$ 的通解为

$$x=\frac{1}{2}\begin{pmatrix}3\\-1\\0\end{pmatrix}+k\begin{pmatrix}1\\0\\1\end{pmatrix}\text{（}k\text{ 为任意常数）}.$$

例 38 设 n 元线性方程组 $\boldsymbol{Ax}=\boldsymbol{b}$，其中 $\boldsymbol{A}=\begin{pmatrix}2a&1&&0\\a^2&2a&\ddots&\\&\ddots&\ddots&1\\0&&a^2&2a\end{pmatrix}$，$x=(x_1,\cdots,x_n)^{\mathrm{T}}$，$b=(1,0,\cdots,0)^{\mathrm{T}}$.

(1) 证明：行列式 $|\boldsymbol{A}|=(n+1)a^n$；

(2) a 为何值，方程组 $\boldsymbol{Ax}=\boldsymbol{b}$ 有唯一解，求 x_1；

(3) a 为何值，方程组有无穷多解，求通解.

（2010 年全国硕士研究生考试数三真题）

解 【本题是一 n 阶行列式的计算和方程组的求解. 作为“三对角”行列式可用数学归纳法或“三对角”(这些方法留给读者去完成)，也可以直接化为上三角行列式；对于唯一解利用克拉默法则即可.】

(1)

$$|\boldsymbol{A}|=\begin{vmatrix}2a&1&0&\cdots&0&0\\a^2&2a&1&\cdots&0&0\\0&a^2&2a&\cdots&0&0\\\cdots&\cdots&\cdots&\cdots&\cdots&\cdots\\0&0&0&\cdots&2a&1\\0&0&0&\cdots&a^2&2a\end{vmatrix}=\begin{vmatrix}2a&1&0&\cdots&0&0\\0&\frac{3}{2}a&1&\cdots&0&0\\0&a^2&2a&\cdots&0&0\\\cdots&\cdots&\cdots&\cdots&\cdots&\cdots\\0&0&0&\cdots&2a&1\\0&0&0&\cdots&a^2&2a\end{vmatrix}$$

$$=\begin{vmatrix}2a & 1 & 0 & \cdots & 0 & 0\\ 0 & \frac{3}{2}a & 1 & \cdots & 0 & 0\\ 0 & 0 & \frac{4}{3}a & \cdots & 0 & 0\\ \cdots & \cdots & \cdots & \cdots & \cdots & \cdots\\ 0 & 0 & 0 & \cdots & 2a & 1\\ 0 & 0 & 0 & \cdots & a^2 & 2a\end{vmatrix}=\begin{vmatrix}2a & 1 & 0 & \cdots & 0 & 0\\ 0 & \frac{3}{2}a & 1 & \cdots & 0 & 0\\ 0 & 0 & \frac{4}{3}a & \cdots & 0 & 0\\ \cdots & \cdots & \cdots & \cdots & \cdots & \cdots\\ 0 & 0 & 0 & \cdots & \frac{n}{n-1}a & 1\\ 0 & 0 & 0 & \cdots & 0 & \frac{n+1}{n}a\end{vmatrix}$$

$=(n+1)a^n$；

(2) 根据(1)由克拉默法则，$|\boldsymbol{A}|\neq 0$，即 $a\neq 0$ 方程组 $\boldsymbol{Ax}=\boldsymbol{b}$ 有唯一解，且根据克拉默法则

$$D_1=\begin{vmatrix}1 & 1 & 0 & \cdots & 0\\ 0 & 2a & 1 & \cdots & 0\\ 0 & a^2 & 2a & \cdots & 0\\ \cdots & \cdots & \cdots & \cdots & \cdots\\ 0 & 0 & 0 & \cdots & 2a\end{vmatrix}=na^{n-1},\ x_1=\frac{D_1}{|\boldsymbol{A}|}=\frac{n}{(n+1)a}.$$

(3) 当 $a=0$ 时，方程组为 $\begin{pmatrix}0 & 1 & & 0\\ 0 & 0 & \ddots & \\ & \ddots & \ddots & 1\\ 0 & & 0 & 0\end{pmatrix}\begin{pmatrix}x_1\\ x_2\\ \vdots\\ x_n\end{pmatrix}=\begin{pmatrix}1\\ 0\\ \vdots\\ 0\end{pmatrix}$，

由 $R(\boldsymbol{A})=n-1=R(\widetilde{\boldsymbol{A}})$. 方程组有无穷多解，得方程组通解为

$(0,1,0,\cdots,0)^{\mathrm{T}}+k(1,0,0,\cdots,0)^{\mathrm{T}}$($k$ 为任意常数).

七、 本章综合测试

(一) 选择题(本题共 4 小题，每小题 5 分，满分 20 分)

(1)设矩阵 $\boldsymbol{A}=(a_{ij})_{3\times 3}$，满足 $\boldsymbol{A}^*=\boldsymbol{A}^{\mathrm{T}}$，其中 $\boldsymbol{A}^*$ 为 $\boldsymbol{A}$ 的伴随矩阵，$\boldsymbol{A}^{\mathrm{T}}$ 为 $\boldsymbol{A}$ 的转置矩阵，若 a_{11}，a_{12}，a_{13} 为三个相等的正数，则 a_{11} 为

(A) $\frac{\sqrt{3}}{3}$　　(B) 3　　(C) $\frac{1}{3}$　　(D) $\sqrt{3}$

(2) 设 $\boldsymbol{A}$ 为 3 阶矩阵，将 $\boldsymbol{A}$ 的第 2 行加到第 1 行的 $\boldsymbol{B}$，再将 $\boldsymbol{B}$ 的第 1 列的 -1 倍加到第 2 列得 $\boldsymbol{C}$. 记 $\boldsymbol{P}=\begin{bmatrix}1 & 1 & 0\\ 0 & 1 & 0\\ 0 & 0 & 1\end{bmatrix}$，则

(A) $\boldsymbol{C}=\boldsymbol{P}^{-1}\boldsymbol{AP}$　　(B) $\boldsymbol{C}=\boldsymbol{PAP}^{-1}$　　(C) $\boldsymbol{C}=\boldsymbol{P}^{\mathrm{T}}\boldsymbol{AP}$　　(D) $\boldsymbol{C}=\boldsymbol{PAP}^{\mathrm{T}}$

(3) 设 $\boldsymbol{A}$ 为 n 阶非零矩阵，$\boldsymbol{E}$ 为 n 阶单位矩阵，若 $\boldsymbol{A}^2=\boldsymbol{O}$，则

(A) $\boldsymbol{E}-\boldsymbol{A}$ 不可逆，$\boldsymbol{E}+\boldsymbol{A}$ 不可逆　　(B) $\boldsymbol{E}-\boldsymbol{A}$ 不可逆，$\boldsymbol{E}+\boldsymbol{A}$ 可逆

(C) $\boldsymbol{E}-\boldsymbol{A}$ 可逆，$\boldsymbol{E}+\boldsymbol{A}$ 可逆　　(D) $\boldsymbol{E}-\boldsymbol{A}$ 可逆，$\boldsymbol{E}+\boldsymbol{A}$ 不可逆

(4) 设 $\boldsymbol{A}$ 、$\boldsymbol{P}$ 为 3 阶实对称矩阵，且 $P^{\mathrm{T}}AP=\begin{bmatrix}1&0&0\\0&1&0\\0&0&2\end{bmatrix}$. 若 $\boldsymbol{P}=(\alpha_1,\alpha_2,\alpha_3)$，$\boldsymbol{Q}=(\alpha_1+\alpha_2,\alpha_2,\alpha_3)$. 则 $\boldsymbol{Q}^{\mathrm{T}}\boldsymbol{AQ}$=相似于

(A) $\begin{bmatrix}2&1&0\\1&1&0\\0&0&2\end{bmatrix}$　　(B) $\begin{bmatrix}1&1&0\\1&2&0\\0&0&2\end{bmatrix}$

(C) $\begin{bmatrix}2&0&0\\0&1&0\\0&0&2\end{bmatrix}$　　(D) $\begin{bmatrix}1&0&0\\0&2&0\\0&0&2\end{bmatrix}$

(二) 填空题(本题共 4 小题，每小题 5 分，满分 20 分)

(1) 设矩阵 $\boldsymbol{A}=\begin{pmatrix}0&1&0&0\\0&0&1&0\\0&0&0&1\\0&0&0&0\end{pmatrix}$，则 $\boldsymbol{A}^3$ 的秩为__________.

(2) 设矩阵 $\boldsymbol{A}=\begin{pmatrix}2&1\\-1&2\end{pmatrix}$，$\boldsymbol{E}$ 为二阶单位矩阵，矩阵 $\boldsymbol{B}$ 满足 $\boldsymbol{BA}=\boldsymbol{B}+2\boldsymbol{E}$，则 $|\boldsymbol{B}|=$__________.

(3) 设 $\boldsymbol{A}$、$\boldsymbol{B}$ 为 3 阶矩阵，且 $|\boldsymbol{A}|=3$，$|\boldsymbol{B}|=2$，$|\boldsymbol{A}^{-1}+\boldsymbol{B}|=2$，则 $|\boldsymbol{A}+\boldsymbol{B}^{-1}|=$__________.

(4) 设 $\boldsymbol{A}=(a_{ij})$是 3 阶非零矩阵，$|\boldsymbol{A}|$为 $\boldsymbol{A}$ 的行列式，A_{ij} 为 a_{ij} 的代数余子式，若 $a_{ij}+A_{ij}=0(i,j=1,2,3)$则$|\boldsymbol{A}|=$__________.

(三) (本题满分 10 分)设 $\boldsymbol{\alpha}=(a_1,b_1,c_1)^{\mathrm{T}}$，$\boldsymbol{\beta}=(a_2,b_2,c_2)^{\mathrm{T}}$，已知 $\boldsymbol{A}=\boldsymbol{\alpha\beta}^{\mathrm{T}}=\begin{pmatrix}-2&4&-6\\1&-2&3\\-1&2&-3\end{pmatrix}$求 $\boldsymbol{\alpha}^{\mathrm{T}}\boldsymbol{\beta}$.

(四) (本题满分 10 分)求与 $\boldsymbol{A}=\begin{pmatrix}1&1\\0&1\end{pmatrix}$相乘可交换的全体二阶方阵.

(五) (本题满分 10 分)设方程组$\begin{cases}x_1+x_2+x_3=0,\\x_1+2x_2+ax_3=0,\\x_1+4x_2+a^3x_3=0\end{cases}$与方程 $x_1+2x_2+x_3=a-1$ 有公共解，求 a 的值及所有公共解.

(六) (本题满分 10 分)已知矩阵

$$\boldsymbol{A}=\begin{pmatrix}1&0&0\\1&1&0\\1&1&1\end{pmatrix},\ \boldsymbol{B}=\begin{pmatrix}0&1&1\\1&0&1\\1&1&0\end{pmatrix}$$

且矩阵 $\boldsymbol{X}$ 满足

$$\boldsymbol{AXA}+\boldsymbol{BXB}=\boldsymbol{AXB}+\boldsymbol{BXA}+\boldsymbol{E}$$

其中 $\boldsymbol{E}$ 为三阶单位矩阵，求 $\boldsymbol{X}$.

(七)(本题满分 10 分)

设 $\boldsymbol{A}=\begin{pmatrix}1&0&0\\1&0&1\\0&1&0\end{pmatrix}$,

(1) 证明当 $n\geqslant 3$ 时,有 $\boldsymbol{A}^n=\boldsymbol{A}^{n-2}+\boldsymbol{A}^2-\boldsymbol{E}$;

(2) 求 $\boldsymbol{A}^{100}$.

(八)(本题满分 10 分)设 n 阶矩阵 $\boldsymbol{A}$ 的伴随矩阵为 $\boldsymbol{A}^*$,证明:

(1) 若 $|\boldsymbol{A}|=0$,则 $|\boldsymbol{A}^*|=0$;

(2) $|\boldsymbol{A}^*|=|\boldsymbol{A}|^{n-1}$.

八、 测试答案

(一) (1) A (2) B (3) C (4) A.

(二) (1) 1 (2) 2 (3) 3 (4) -1.

(三) $\boldsymbol{\alpha}^{\mathrm{T}}\boldsymbol{\beta}=-7$.

(四) $\begin{pmatrix}x_1&x_2\\0&x_3\end{pmatrix}$($x_1$, x_2, x_3 任意)

(五) $a=1$; $\begin{pmatrix}x_1\\x_2\\x_3\end{pmatrix}=\begin{pmatrix}-1\\0\\1\end{pmatrix}x_3$,其中 x_3 是任意常数.

(六) $\boldsymbol{X}=\begin{pmatrix}1&2&5\\0&1&2\\0&0&1\end{pmatrix}$.

(七) $\boldsymbol{A}^{100}=\begin{pmatrix}1&0&0\\50&1&0\\50&0&1\end{pmatrix}$.

(八) 略

第三章

向量组的线性相关性

一、 本章知识结构图

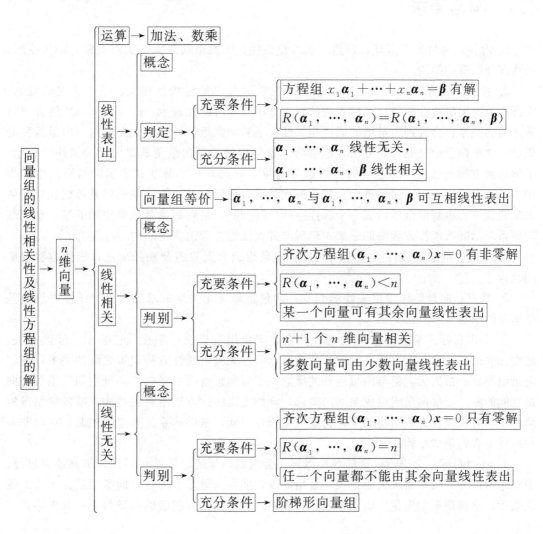

- 向量组的线性相关性及线性方程组的解 → n 维向量 →
  - 运算 → 加法、数乘
  - 线性表出 →
    - 概念
    - 判定 →
      - 充要条件 →
        - 方程组 $x_1\boldsymbol{\alpha}_1+\cdots+x_n\boldsymbol{\alpha}_n=\boldsymbol{\beta}$ 有解
        - $R(\boldsymbol{\alpha}_1, \cdots, \boldsymbol{\alpha}_n)=R(\boldsymbol{\alpha}_1, \cdots, \boldsymbol{\alpha}_n, \boldsymbol{\beta})$
      - 充分条件 → $\boldsymbol{\alpha}_1, \cdots, \boldsymbol{\alpha}_n$ 线性无关，$\boldsymbol{\alpha}_1, \cdots, \boldsymbol{\alpha}_n, \boldsymbol{\beta}$ 线性相关
    - 向量组等价 → $\boldsymbol{\alpha}_1, \cdots, \boldsymbol{\alpha}_n$ 与 $\boldsymbol{\alpha}_1, \cdots, \boldsymbol{\alpha}_n, \boldsymbol{\beta}$ 可互相线性表出
  - 线性相关 →
    - 概念
    - 判别 →
      - 充要条件 →
        - 齐次方程组 $(\boldsymbol{\alpha}_1, \cdots, \boldsymbol{\alpha}_n)\boldsymbol{x}=0$ 有非零解
        - $R(\boldsymbol{\alpha}_1, \cdots, \boldsymbol{\alpha}_n)<n$
        - 某一个向量可有其余向量线性表出
      - 充分条件 →
        - $n+1$ 个 n 维向量相关
        - 多数向量可由少数向量线性表出
  - 线性无关 →
    - 概念
    - 判别 →
      - 充要条件 →
        - 齐次方程组 $(\boldsymbol{\alpha}_1, \cdots, \boldsymbol{\alpha}_n)\boldsymbol{x}=0$ 只有零解
        - $R(\boldsymbol{\alpha}_1, \cdots, \boldsymbol{\alpha}_n)=n$
        - 任一个向量都不能由其余向量线性表出
      - 充分条件 → 阶梯形向量组

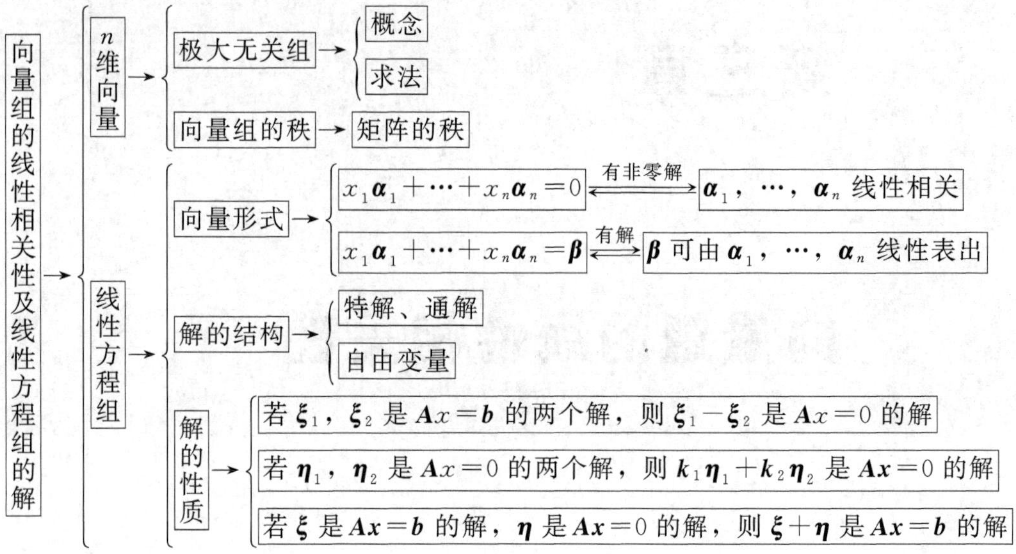

二、 学习要求

1. 内容：向量及其运算；向量组线性相关性；向量组的最大无关组与秩；向量空间；线性方程组解的结构.

2. 要求：理解 n 维向量、向量组、线性表示及向量组线性相关、线性无关的概念；掌握有关向量组线性相关、线性无关的判别方法；理解线性表示、线性无关与线性方程组解之间的关系；会判别向量组的线性相关性；了解向量组等价、最大无关组与向量组秩的概念；掌握向量组秩的计算方法；能够将向量组中的任意向量用其最大无关组线性表示；了解向量空间的概念、向量空间的维数与向量空间的基；了解基在表示向量空间中的作用；了解向量组生成空间的概念；理解齐次线性方程组解的结构、基础解系等概念；了解齐次线性方程组解的全体构成一个线性空间(解空间)，基础解系是该解空间的基；会用基础解系表示齐次线性方程组的通解；理解非齐次线性方程组解的结构与通解求法.

3. 重点：向量组线性相关性的判别；向量组最大无关组及秩的求法；线性方程组解的结构.

4. 难点：向量组线性相关性的判别；向量组最大无关组的求法；齐次线性方程组基础解系的求法.

5. 知识目标：掌握 n 维向量概念；熟悉向量组的概念；掌握线性表示、线性相关、线性无关的概念和判别方法；理解线性表示、线性无关与线性方程组解之间的关系；理解向量组等价、最大无关组与向量组秩的概念；了解向量空间的概念、向量空间的维数与向量空间的基；了解向量组生成空间的概念；理解齐次线性方程组解的结构、基础解系等概念；了解齐次线性方程组解的全体构成一个线性空间，基础解系是解空间的基；理解非齐次线性方程组解的结构.

6. 能力目标：会进行向量的线性运算；会判别向量组的线性相关性，提高抽象思维、逻辑思维能力；会求最大无关组及向量组的秩；能将向量组中的任意向量用最大无关组线性表示；会将简单的向量空间用基表示；能够求齐次线性方程组的基础解系；并能够将齐次线性方程组解用基础解系表示；能够求非齐次线性方程组的特解、对应齐次方程组的基础解系，并能根据非齐次线性方程组解的结构写出通解.

三、 内容提要

（一）向量

1. n 个有序的实数 $a_1, a_2, \cdots, a_n$ 组成的数组 $(a_1, a_2, \cdots, a_n)$ 称为一个 n 维向量.
向量 $\boldsymbol{\alpha}=(a_1, a_2, \cdots, a_n)$ 的模 $|\boldsymbol{\alpha}|=\sqrt{a_1^2+a_2^2+\cdots+a_n^2}$.

单位向量：模等于 1 的向量.

2. 向量的运算

加减运算：设有向量 $\boldsymbol{\alpha}=(a_1, a_2, \cdots, a_n)^{\mathrm{T}}$，$\boldsymbol{\beta}=(b_1, b_2, \cdots, b_n)^{\mathrm{T}}$，则

$$\boldsymbol{\alpha}\pm\boldsymbol{\beta}=(a_1\pm b_1, a_2\pm b_2, \cdots, a_n\pm b_n)^{\mathrm{T}},$$

数 k 与向量 $\boldsymbol{\alpha}$ 的乘积：$k\boldsymbol{\alpha}=(ka_1, ka_2, \cdots, ka_n)^{\mathrm{T}}$.

（二）向量的线性相关性

1. 线性相关性

(1) 给定向量组 $\boldsymbol{\alpha}_1, \boldsymbol{\alpha}_2, \cdots, \boldsymbol{\alpha}_m, \boldsymbol{\beta}$，如果存在数 $k_1, k_2, \cdots, k_m$ 使

$$\boldsymbol{\beta}=k_1\boldsymbol{\alpha}_1+k_2\boldsymbol{\alpha}_2+\cdots+k_m\boldsymbol{\alpha}_m,$$

则称向量 $\boldsymbol{\beta}$ 是向量 $\boldsymbol{\alpha}_1, \boldsymbol{\alpha}_2, \cdots, \boldsymbol{\alpha}_m$ 的一个线性组合，或称向量 $\boldsymbol{\beta}$ 可由向量 $\boldsymbol{\alpha}_1, \boldsymbol{\alpha}_2, \cdots, \boldsymbol{\alpha}_m$ 线性表出(线性表示).

(2) 设有 m 个向量 $\boldsymbol{\alpha}_1, \boldsymbol{\alpha}_2, \cdots, \boldsymbol{\alpha}_m$. 如果存在 m 个不全为零的常数 $k_1, k_2, \cdots, k_m$ 使满足

$$k_1\boldsymbol{\alpha}_1+k_2\boldsymbol{\alpha}_2+\cdots+k_m\boldsymbol{\alpha}_m=0,$$

则称向量 $\boldsymbol{\alpha}_1, \boldsymbol{\alpha}_2, \cdots, \boldsymbol{\alpha}_m$ 是线性相关的，否则，则称 m 个向量是线性无关的.

(3) 设有两组向量 $\boldsymbol{A}$：$\boldsymbol{\alpha}_1, \boldsymbol{\alpha}_2, \cdots, \boldsymbol{\alpha}_m$；$\boldsymbol{B}$：$\boldsymbol{\beta}_1, \boldsymbol{\beta}_2, \cdots, \boldsymbol{\beta}_r$；如果向量组 $\boldsymbol{A}$ 中每一个向量 $\boldsymbol{\alpha}_i(i=1, 2, \cdots, r)$ 都可表示为向量组 $\boldsymbol{B}$ 中的向量的线性组合，则称向量组 $\boldsymbol{A}$ 可有向量组 $\boldsymbol{B}$ 线性表示. 如果向量组 $\boldsymbol{A}$ 与向量组 $\boldsymbol{B}$ 可以相互线性表示，则称向量组 $\boldsymbol{A}$ 与向量组 $\boldsymbol{B}$ 是等价的.

(4) 设向量组 $\boldsymbol{A}_1$ 是向量组中部分向量所组成的. 如果满足

① 向量组 $\boldsymbol{A}_1$ 是线性无关的，

② 向量组 $\boldsymbol{A}$ 可由向量组 $\boldsymbol{A}_1$ 线性表示，

那么称向量组 $\boldsymbol{A}_1$ 为向量组 $\boldsymbol{A}$ 的最大线性无关向量组，简称最大无关组.

(5) 向量组 $\boldsymbol{\alpha}_1, \boldsymbol{\alpha}_2, \cdots, \boldsymbol{\alpha}_m$ 的最大线性无关向量组所含向量的个数称为向量组的秩.

2. 有关线性相关性的定理和结论

设 $\boldsymbol{\alpha}_i=(a_{1i}, a_{2i}, \cdots, a_{ni})^{\mathrm{T}}(i=1\sim m)$

(1) 向量组 $\boldsymbol{\alpha}_1, \boldsymbol{\alpha}_2, \cdots, \boldsymbol{\alpha}_m(m\geqslant 2)$ 线性相关的充分必要条件是其中至少有一个向量可以表示为其余 $m-1$ 个向量的线性组合.

(2) n 维向量$\boldsymbol{\alpha}_1$，$\boldsymbol{\alpha}_2$，…，$\boldsymbol{\alpha}_m$线性相关(线性无关)的充分必要条件是齐次线性方程组

$$\begin{cases} a_{11}x_1+a_{12}x_2+\cdots+a_{1m}x_m=0, \\ a_{21}x_1+a_{22}x_2+\cdots+a_{2m}x_m=0, \\ \cdots\cdots\cdots\cdots\cdots\cdots\cdots\cdots\cdots\cdots \\ a_{n1}x_1+a_{n2}x_2+\cdots+a_{nm}x_m=0 \end{cases}$$

有非零解(仅有零解). 如 $m=n$ 时其线性相关(无关)的充分必要条件是

$$|\boldsymbol{A}|=\begin{vmatrix} a_{11} & a_{12} & \cdots & a_{1n} \\ a_{21} & a_{22} & \cdots & a_{2n} \\ \vdots & \vdots & \vdots & \vdots \\ a_{n1} & a_{n2} & \cdots & a_{nn} \end{vmatrix}=0(\neq 0).$$

(3)设$\boldsymbol{\beta}=(b_1 \quad b_2 \quad \cdots \quad b_n)^{\mathrm{T}}$，向量$\boldsymbol{\beta}$可由向量$\boldsymbol{\alpha}_1$，$\boldsymbol{\alpha}_2$，…，$\boldsymbol{\alpha}_m$ 线性表出的充分必要条件是线性方程组

$$\begin{cases} a_{11}x_1+a_{12}x_2+\cdots+a_{1m}x_m=b_1, \\ a_{21}x_1+a_{22}x_2+\cdots+a_{2m}x_m=b_2, \\ \cdots\cdots\cdots\cdots\cdots\cdots\cdots\cdots\cdots\cdots \\ a_{n1}x_1+a_{n2}x_2+\cdots+a_{nm}x_m=b_n \end{cases}$$

有解

(4) 向量组和它的最大线性无关组等价.

(5) 等价的向量组必有相同的秩.

(6) $m(m>n)$个 n 维向量必线性相关.

(7) 如果向量组$\boldsymbol{\alpha}_1$，$\boldsymbol{\alpha}_2$，…，$\boldsymbol{\alpha}_r$ 可由向量组$\boldsymbol{\beta}_1$，$\boldsymbol{\beta}_2$，…，$\boldsymbol{\beta}_s$ 线性表示，且 $r>s$，那么向量组$\boldsymbol{\alpha}_1$，$\boldsymbol{\alpha}_2$，…，$\boldsymbol{\alpha}_r$ 必然线性相关.

(三) 齐次线性方程组

$$\begin{cases} a_{11}x_1+a_{12}x_2+\cdots+a_{1m}x_m=0, \\ a_{21}x_1+a_{22}x_2+\cdots+a_{2m}x_m=0, \\ \cdots\cdots\cdots\cdots\cdots\cdots\cdots\cdots\cdots\cdots \\ a_{n1}x_1+a_{n2}x_2+\cdots+a_{nm}x_m=0. \end{cases}$$

1. 设齐次线性方程组有一组非零解$\boldsymbol{\xi}_1$，$\boldsymbol{\xi}_2$，…，$\boldsymbol{\xi}_t$，如果满足以下条件：

(1) $\boldsymbol{\xi}_1$，$\boldsymbol{\xi}_2$，…，$\boldsymbol{\xi}_t$ 是线性无关的；

(2) 齐次线性方程组的任一个解都可由$\boldsymbol{\xi}_1$，$\boldsymbol{\xi}_2$，…，$\boldsymbol{\xi}_t$ 线性表示，

则称向量组$\boldsymbol{\xi}_1$，$\boldsymbol{\xi}_2$，…，$\boldsymbol{\xi}_t$ 为齐次线性方程组的一个基础解系

2. 齐次线性方程组的性质

(1) 两个解的和仍是方程组的解；

(2) 一个解的若干倍仍是方程组的解.

3. 齐次线性方程组的有关定理

(1) 如果方程组的系数矩阵的秩为 n，则方程组只有零解；

(2) 如果方程组的系数矩阵的秩 r 小于 n，则方程组有非零解；此时方程组的解有基础解系，其含向量的个数为 $n-r$；

(3) 方程的个数少于未知量的个数时，方程组有非零解；

(4) 如果方程个数等于未知量的个数，方程组有非零解的充分必要条件是 $|\boldsymbol{A}|=0$

(四) 非齐次线性方程组

设有非齐次线性方程组：

$$\begin{cases} a_{11}x_1+a_{12}x_2+\cdots+a_{1n}x_n=b_1, \\ a_{21}x_1+a_{22}x_2+\cdots+a_{2n}x_n=b_2, \\ \cdots\cdots\cdots\cdots\cdots\cdots \\ a_{m1}x_1+a_{m2}x_2+\cdots+a_{mn}x_n=b_m \end{cases}$$

它的导出组为

$$\begin{cases} a_{11}x_1+a_{12}x_2+\cdots+a_{1n}x_n=0, \\ a_{21}x_1+a_{22}x_2+\cdots+a_{2n}x_n=0, \\ \cdots\cdots\cdots\cdots\cdots\cdots \\ a_{m1}x_1+a_{m2}x_2+\cdots+a_{mn}x_n=0. \end{cases}$$

令 $\boldsymbol{A}$ 为非齐次线性方程组的系数矩阵，$\widetilde{\boldsymbol{A}}$ 为其增广矩阵.

1. 解的判定定理

(1) 如果秩 $R(\boldsymbol{A})=R(\widetilde{\boldsymbol{A}})=n$，则方程组有唯一解；

(2) 如果秩 $R(\boldsymbol{A})=R(\widetilde{\boldsymbol{A}})<n$，则方程组有无穷组解；

(3) 如果秩 $R(\boldsymbol{A})\neq R(\widetilde{\boldsymbol{A}})$，则方程组无解

2. 解的性质定理

(1) 设 $\boldsymbol{x}=\boldsymbol{\xi}_1$ 及 $\boldsymbol{x}=\boldsymbol{\xi}_2$ 都是非齐次线性方程组的解，则 $\boldsymbol{x}=\boldsymbol{\xi}_1-\boldsymbol{\xi}_2$ 为它的导出组的解.

(2) 设 $\boldsymbol{x}=\boldsymbol{\xi}$ 是导出组的解，$\boldsymbol{x}=\boldsymbol{\eta}$ 是非齐次线性方程组的解，则 $\boldsymbol{x}=\boldsymbol{\xi}+\boldsymbol{\eta}$ 仍是非齐次线性方程组的解.

3. 解的结构定理

设非齐次线性方程组有无穷多个解，若已知 $\boldsymbol{x}=\boldsymbol{\eta}$ 是它的其中一个解(又称特解)，它的导出组的基础解系为 $\boldsymbol{\xi}_1$，$\boldsymbol{\xi}_2$，…，$\boldsymbol{\xi}_{n-r}$，则非齐次线性方程组的全部解是

$$\boldsymbol{x}=\boldsymbol{\eta}+\lambda_1\boldsymbol{\xi}_1+\lambda_2\boldsymbol{\xi}_2+\cdots+\lambda_{n-r}\boldsymbol{\xi}_{n-r}$$

其中 r 为方程组系数矩阵的秩，λ_1，…，λ_{n-r} 为任意的常数.

4. 线性方程组的解法

方法一对于方程的个数等于未知量的个数的方程组，可用克拉默法则($|\boldsymbol{A}|\neq 0$)

方法二对增广矩阵 $\widetilde{\boldsymbol{A}}$ 作行初等变换，将其化为行最简形矩阵，得到其所对应的阶梯形方程组，利用这个阶梯形方程组与原方程组的同解这一性质来求解.

四、 释疑解难

问题 1　一个向量 $\boldsymbol{\alpha}$ 由 k 个向量 $\boldsymbol{\alpha}_1$，$\boldsymbol{\alpha}_2$，…，$\boldsymbol{\alpha}_k$ 线性表出是怎么定义的？当 $k=1$、

$k=2$ 时有什么实际背景？

答 线性表出定义如下：给定向量组 $\boldsymbol{\alpha}_1$，$\boldsymbol{\alpha}_2$，…，$\boldsymbol{\alpha}_k$，$\boldsymbol{\alpha}$，如果存在数 l_1，l_2，…，l_k 使

$$\boldsymbol{\alpha}=l_1\boldsymbol{\alpha}_1+l_2\boldsymbol{\alpha}_2+\cdots+l_k\boldsymbol{\alpha}_k,$$

则称向量 $\boldsymbol{\alpha}$ 是可由向量 $\boldsymbol{\alpha}_1$，$\boldsymbol{\alpha}_2$，…，$\boldsymbol{\alpha}_k$ 线性表出(线性表示).

平面上两个向量 $\boldsymbol{\alpha}_1$，$\boldsymbol{\alpha}$，若存在着线性表示 $\boldsymbol{\alpha}=l_1\boldsymbol{\alpha}_1$，说明两个向量 $\boldsymbol{\alpha}_1$，$\boldsymbol{\alpha}$ 为共线(即平行)向量，这是 $k=1$ 的情况. 空间里三个向量 $\boldsymbol{\alpha}$，$\boldsymbol{\alpha}_1$，$\boldsymbol{\alpha}_2$，若存在着线性表示 $\boldsymbol{\alpha}=l_1\boldsymbol{\alpha}_1+l_2\boldsymbol{\alpha}_2$，说明三个向量 $\boldsymbol{\alpha}$，$\boldsymbol{\alpha}_1$，$\boldsymbol{\alpha}_2$ 为共面向量，这是 $k=2$ 的情况.

问题 2 一个向量组的线性相关性是怎样定义的？研究向量组的线性相关性有什么意义？

答 设有 m 个向量 $\boldsymbol{\alpha}_1$，$\boldsymbol{\alpha}_2$，…，$\boldsymbol{\alpha}_m$. 如果存在 m 个不全为零的常数 k_1，k_2，…，k_m 使满足

$$k_1\boldsymbol{\alpha}_1+k_2\boldsymbol{\alpha}_2+\cdots+k_m\boldsymbol{\alpha}_m=0,$$

则称向量 $\boldsymbol{\alpha}_1$，$\boldsymbol{\alpha}_2$，…，$\boldsymbol{\alpha}_m$ 是线性相关的，否则，则称 m 个向量是线性无关的.

说明：(1) 这个定义可换句话说，若使等式成立，就必须要求 $k_1=k_2=\cdots=k_m=0$，这时称向量组线性无关；相反就称为线性相关.

(2) 一个向量组就线性相关性而言，是线性相关还是线性无关，二者必居其一.

向量组的线性相关性反映向量间的一种线性关系，向量间除线性关系外，还有非线性关系，在实际问题中存在着大量的线性问题与非线性问题，由于线性问题易于处理，所以人们常常着力研究线性问题，然后把非线性问题加以线性化. 向量组的线性相关性在解方程组等方面有着广泛的应用，因此研究向量组的线性相关性是有实际意义的.

问题 3 向量组的最大线性无关组是怎样定义的？

答 设向量组 $\boldsymbol{A}_1$ 是向量组中部分向量所组成的. 如果(1)向量组 $\boldsymbol{A}_1$ 是线性无关的，(2)向量组 $\boldsymbol{A}$ 可由向量组 $\boldsymbol{A}_1$ 线性表示，那么称向量组 $\boldsymbol{A}_1$ 为向量组 $\boldsymbol{A}$ 的最大线性无关组.

例如 向量组 $\boldsymbol{\alpha}_1=\begin{pmatrix}1\\2\\-1\end{pmatrix}$，$\boldsymbol{\alpha}_2=\begin{pmatrix}2\\-3\\1\end{pmatrix}$，$\boldsymbol{\alpha}_3=\begin{pmatrix}4\\1\\-1\end{pmatrix}$ 中，易验证 $\boldsymbol{\alpha}_1$，$\boldsymbol{\alpha}_2$；$\boldsymbol{\alpha}_2$，$\boldsymbol{\alpha}_3$ 与 $\boldsymbol{\alpha}_1$，$\boldsymbol{\alpha}_3$ 都是它的最大无关组.

说明：(1) 一个向量组的最大无关组不是唯一的，但是其最大无关组所含向量的个数是唯一的(即是一个确定的数). 例如上述向量组中其最大无关组所含向量个数为 2.

(2) 一个由非零向量组组成的向量组必有最大无关组，若向量组线性无关，则此向量组本身就是一个最大无关组；若向量组线性无关，则此向量组中必存在最大无关组.

问题 4 生成空间是怎样定义的？

答 生成空间是描述子空间的一种常用的方法.

设向量组 $\boldsymbol{\alpha}_1$，$\boldsymbol{\alpha}_2$，…，$\boldsymbol{\alpha}_m$ 是 $\boldsymbol{R}^n$ 中的向量，则称由其一切线性组合所成的向量子空间为 $\boldsymbol{\alpha}_1$，$\boldsymbol{\alpha}_2$，…，$\boldsymbol{\alpha}_m$ 的生成空间，记作 $L(\alpha_1, \alpha_2, \cdots, \alpha_m)$ 即

$$L(\alpha_1, \alpha_2, \cdots, \alpha_m)=\{\boldsymbol{\alpha}=k_1\boldsymbol{\alpha}_1+k_2\boldsymbol{\alpha}_2+\cdots+k_m\boldsymbol{\alpha}_m \mid k_1, \cdots, k_m\in R\}.$$

问题 5 齐次方程组 $\boldsymbol{Ax}=\boldsymbol{O}$ 存在非平凡解的充要条件是什么？其通解式中含有几个常数？

答 $\boldsymbol{A}\boldsymbol{x}=\boldsymbol{O}$ 存在非平凡解的充要条件是系数矩阵 $\boldsymbol{A}$ 的秩 $r(\boldsymbol{A})<n$（n 为未知数的个数）. 其通解式中含有 $n-r(\boldsymbol{A})$ 个任意常数.

问题 6 什么叫做齐次方程组的基础解系？其基础解系是唯一的吗？什么是齐次方程组的通解？其通解形式是唯一确定的吗？

答 齐次方程组 $\boldsymbol{A}\boldsymbol{x}=\boldsymbol{O}$ 的 $n-r(\boldsymbol{A})$ 个线性无关的解向量 $\boldsymbol{\alpha}_1$，$\boldsymbol{\alpha}_2$，…，$\boldsymbol{\alpha}_{n-r(\boldsymbol{A})}$ 称为齐次方程组 $\boldsymbol{A}\boldsymbol{x}=\boldsymbol{O}$ 的基础解系. 其基础解系不是唯一确定的.

$\boldsymbol{A}\boldsymbol{x}=\boldsymbol{O}$ 的解中含有 $n-r(\boldsymbol{A})$ 个任意常数，且与基础解系中 $n-r(\boldsymbol{A})$ 个解向量构成线性组合，这样的解称为通解式. 因为 $\boldsymbol{A}x=\boldsymbol{O}$ 的基础解系不唯一，所以 $\boldsymbol{A}\boldsymbol{x}=\boldsymbol{O}$ 的通解形式不唯一确定.

问题 7 非齐次线性方程组 $\boldsymbol{A}\boldsymbol{x}=\boldsymbol{b}$ 有怎么样解的结构定理？非齐次方程组的解的形式是唯一确定的吗？

答 设非齐次线性方程组 $\boldsymbol{A}\boldsymbol{x}=\boldsymbol{b}$ 有无穷多个解，若已知 $\boldsymbol{x}=\boldsymbol{\eta}$ 是 $\boldsymbol{A}x=\boldsymbol{b}$ 的其中一个解（又称特解），而相应的齐次方程组 $\boldsymbol{A}x=\boldsymbol{O}$ 的基础解系为 $\boldsymbol{\xi}_1$，$\boldsymbol{\xi}_2$，…，$\boldsymbol{\xi}_{n-r}$，则非齐次线性方程组 $\boldsymbol{A}x=\boldsymbol{b}$ 的全部解是

$$\boldsymbol{x}=\boldsymbol{\eta}+\lambda_1\boldsymbol{\xi}_1+\lambda_2\boldsymbol{\xi}_2+\cdots+\lambda_{n-r}\boldsymbol{\xi}_{n-r}$$

其中 r 为方程组系数矩阵的秩，λ_1，…，λ_{n-r} 为任意的常数. 因为 $\boldsymbol{\xi}_1$，$\boldsymbol{\xi}_2$，…，$\boldsymbol{\xi}_{n-r}$ 不是唯一确定的，$\boldsymbol{A}x=\boldsymbol{b}$ 的其中一个解也不是唯一的，所以非齐次方程组的解的形式不是唯一确定的.

问题 8 齐次方程组求通解有哪几种方法？

答 求齐次线性方程组通解有三种常用方法. 重点是掌握好初等变换法.

(1) 行列式法 此法是使用克拉默法则去求解.

例 1 求齐次方程组

$$\begin{cases}x_1+2x_2-x_3+x_4=0,\\2x_1-3x_2+x_3-2x_4=0,\\4x_1+x_2-x_3=0\end{cases}$$

的通解.

解 $\boldsymbol{A}=\begin{pmatrix}1&2&-1&1\\2&-3&1&-2\\4&1&-1&0\end{pmatrix}$，因为 $r(\boldsymbol{A})=2<n=4$，所以方程组有非零解.

又因为 $\begin{vmatrix}1&2\\2&-3\end{vmatrix}=-7\neq0$，所以有同解方程组

$$\begin{cases}x_1+2x_2=x_3-x_4,\\2x_1-3x_2=-x_3+2x_4,\end{cases}$$

根据克拉默法则有：

$$x_1=\frac{\begin{vmatrix}x_3-x_4&2\\-x_3+2x_4&-3\end{vmatrix}}{\begin{vmatrix}1&2\\2&-3\end{vmatrix}}=\frac{x_3+x_4}{7},\quad x_2=\frac{\begin{vmatrix}1&x_3-x_4\\2&-x_3+2x_4\end{vmatrix}}{\begin{vmatrix}1&2\\2&-3\end{vmatrix}}=\frac{3x_3-4x_4}{7};$$

通解为$\begin{cases}x_1=k_1+k_2,\\x_2=3k_1-4k_2,\\x_3=7k_1,\\x_4=7k_2,\end{cases}$ 即 $\begin{pmatrix}x_1\\x_2\\x_3\\x_4\end{pmatrix}=k_1\begin{pmatrix}1\\3\\7\\0\end{pmatrix}+k_2\begin{pmatrix}1\\-4\\0\\7\end{pmatrix}$（$k_1$，$k_2$ 为任意常数）.

（2）基础解系法　此法是先求出基础解系 $\boldsymbol{\xi}_1$，$\boldsymbol{\xi}_2$，…，$\boldsymbol{\xi}_{n-r}$，再求出通解

$$\boldsymbol{x}=\lambda_1\boldsymbol{\xi}_1+\lambda_2\boldsymbol{\xi}_2+\cdots+\lambda_{n-r}\boldsymbol{\xi}_{n-r}$$

例 2　求下列齐次线性方程组的通解

$$\begin{cases}x_1-x_2+x_3-x_4=0,\\x_1-x_2-x_3+x_4=0,\\x_1-x_2-2x_3+2x_4=0\end{cases}$$

解　$\boldsymbol{A}=\begin{pmatrix}1&-1&1&-1\\1&-1&-1&1\\1&-1&-2&2\end{pmatrix}$，因为 $r(\boldsymbol{A})=2<n=4$，所以方程组有非零解，其基础解系中向量的个数为 $n-r(\boldsymbol{A})=4-2=2$，因为 $\begin{vmatrix}1&1\\1&-1\end{vmatrix}=-2\neq0$，所以有同解方程组

$$\begin{cases}x_1-x_2+x_3-x_4=0,\\x_1-x_2-x_3+x_4=0\end{cases}$$

解得

$$x_1=x_2,\ x_3=x_4$$

为了使 x_1，x_3 取得整数及获得线性分别取无关的解向量 $x_2=1$，$x_4=0$ 和 $x_2=0$，$x_4=1$，故得齐次线性方程组的基础解系为 $\boldsymbol{\xi}_1=\begin{pmatrix}1\\0\\1\\0\end{pmatrix}$，$\boldsymbol{\xi}_2=\begin{pmatrix}0\\1\\0\\1\end{pmatrix}$，齐次方程组的通解为

$$\boldsymbol{x}=k_1\boldsymbol{\xi}_1+k_2\boldsymbol{\xi}_2\ (k_1、k_2\text{ 为任意常数}).$$

（3）初等变换法 此法就是用初等行变换将系数矩阵化为阶梯形，再通过初等变换化左上角为单位矩阵，一气呵成求出通解.

例 3　求齐次线性方程组

$$\begin{cases}3x_1-5x_2+x_3-2x_4=0,\\2x_1+3x_2-5x_3+x_4=0,\\-x_1+7x_2-4x_3+3x_4=0,\\4x_1+15x_2-7x_3+9x_4=0\end{cases}$$

的一个基础解系，并求它的通解.

解　对方程组的系数矩阵 $\boldsymbol{A}$ 作初等行变换，化为行最简形

$$\boldsymbol{A}=\begin{pmatrix}3&-5&1&-2\\2&3&-5&1\\-1&7&-4&3\\4&15&-7&9\end{pmatrix}\xrightarrow{r_1-r_2}\begin{pmatrix}1&-8&6&-3\\2&3&-5&1\\-1&7&-4&3\\4&15&-7&9\end{pmatrix}\xrightarrow[r_4-4r_1]{\substack{r_2-2r_1\\r_3+r_1}}\begin{pmatrix}1&-8&6&-3\\0&19&-17&7\\0&-1&2&0\\0&47&-31&21\end{pmatrix}$$

$$\xrightarrow{-r_3\leftrightarrow r_2}\begin{pmatrix}1&-8&6&-3\\0&1&-2&0\\0&19&-17&7\\0&47&-31&21\end{pmatrix}\xrightarrow[r_4-47r_2]{r_3-19r_2}\begin{pmatrix}1&-8&6&-3\\0&1&-2&0\\0&0&21&7\\0&0&63&21\end{pmatrix}\xrightarrow[r_3\times\frac{1}{21}]{r_4-3r_3}\begin{pmatrix}1&-8&6&-3\\0&1&-2&0\\0&0&1&\frac{1}{3}\\0&0&0&0\end{pmatrix}$$

$$\xrightarrow[r_1-6r_3]{r_2+2r_3}\begin{pmatrix}1&-8&0&-5\\0&1&0&\frac{2}{3}\\0&0&1&\frac{1}{3}\\0&0&0&0\end{pmatrix}\xrightarrow{r_1+8r_2}\begin{pmatrix}1&0&0&\frac{1}{3}\\0&1&0&\frac{2}{3}\\0&0&1&\frac{1}{3}\\0&0&0&0\end{pmatrix},$$

显然，$r(\boldsymbol{A})=3<4$，所以方程组有基础解系，且含有一个解向量. 而且有同解方程组

$$\begin{cases}x_1+\frac{1}{3}x_4=0,\\x_2+\frac{2}{3}x_4=0,\\x_3+\frac{1}{3}x_4=0.\end{cases}$$

取 x_4 为自由未知量，故得原方程组的解为

$$\begin{cases}x_1=-\frac{1}{3}x_4,\\x_2=-\frac{2}{3}x_4,\\x_3=-\frac{1}{3}x_4,\\x_4=x_4,\end{cases}$$

亦即原方程组的通解为

$$X=\begin{pmatrix}x_1\\x_2\\x_3\\x_4\end{pmatrix}=\begin{pmatrix}-\frac{1}{3}\\-\frac{2}{3}\\-\frac{1}{3}\\1\end{pmatrix}x_4=x_4\boldsymbol{\xi}，(x_4\text{ 取任意数}),$$

其中：$\boldsymbol{\xi}=\begin{pmatrix}-\frac{1}{3}&-\frac{2}{3}&-\frac{1}{3}&1\end{pmatrix}^{\mathrm{T}}$ 是原方程组的一基础解系.

问题 9　非齐次方程组求通解有哪几种方法?

答　非齐次方程组求通解一般有 6 种，重点是掌握好初等变换法.

(1) 等价变形法　　(2) 高斯一若尔消去法　这两种方法在此不讲.

(3) 行列式法　此法就是用克拉默法则进行求解.

例 4 求解线性方程组

$$\begin{cases}x_1+x_2+x_3+x_4=5,\\x_1+2x_2-x_3+4x_4=-2,\\2x_1-3x_2-x_3-5x_4=-2,\\x_1+4x_2+3x_3+16x_4=2.\end{cases}$$

解 因为 $\det\boldsymbol{A}=\begin{vmatrix}1&1&1&1\\1&2&-1&4\\2&-3&-1&-5\\1&4&3&16\end{vmatrix}=-142\neq 0$，所以方程组有唯一解.

$$\det\boldsymbol{A}_1=\begin{vmatrix}5&1&1&1\\-2&2&-1&4\\-2&-3&-1&-5\\2&4&3&16\end{vmatrix}=-142,\ \det\boldsymbol{A}_2=\begin{vmatrix}1&5&1&1\\1&-2&-1&4\\2&-2&-1&-5\\1&2&3&16\end{vmatrix}=-284,$$

$$\det\boldsymbol{A}_3=\begin{vmatrix}1&1&5&1\\1&2&-2&4\\2&-3&-2&-5\\1&4&2&16\end{vmatrix}=-426,\ \det\boldsymbol{A}_4=\begin{vmatrix}1&1&1&5\\1&2&-1&-2\\2&-3&-1&-2\\1&4&3&2\end{vmatrix}=142.$$

于是得

$$x_1=1,\ x_2=2,\ x_3=3,\ x_4=-1.$$

例 5 求解线性方程组

$$\begin{cases}x_1-x_2-x_3+x_4=0,\\x_1-x_2+x_3-3x_4=1,\\x_1-x_2-2x_3+3x_4=-\dfrac{1}{2}.\end{cases}$$

解 因为 $r(\mathbf{A})=r(\widetilde{\mathbf{A}})=2$，所以方程组有无穷多个解，又因为 $\begin{vmatrix}1&-1\\1&1\end{vmatrix}=2\neq 0$，故有同解

方程组 $\begin{cases}x_1-x_3=x_2-x_4,\\x_1+x_3=x_2+3x_4+1.\end{cases}$

则
$$x_1=\frac{\begin{vmatrix}x_2-x_4&-1\\x_2+3x_4+1&1\end{vmatrix}}{\begin{vmatrix}1&-1\\1&1\end{vmatrix}}=\frac{2x_2-4x_4+1}{2}=x_2-2x_4+\frac{1}{2},$$

$$x_3=\frac{\begin{vmatrix}1&x_2-x_4\\1&x_2+3x_4+1\end{vmatrix}}{\begin{vmatrix}1&-1\\1&1\end{vmatrix}}=\frac{4x_4+1}{2}=2x_4+\frac{1}{2};$$

则通解为

$$\begin{pmatrix}x_1\\x_2\\x_3\\x_4\end{pmatrix}=\begin{pmatrix}1\\1\\0\\0\end{pmatrix}x_2+\begin{pmatrix}1\\0\\2\\1\end{pmatrix}x_4+\begin{pmatrix}\frac{1}{2}\\0\\\frac{1}{2}\\0\end{pmatrix}\quad(x_2,\ x_4\text{ 为任意常数})$$

(4) 逆矩阵法　此法就是利用下面结论：$\boldsymbol{Ax}=\boldsymbol{b}$，若 $\det\boldsymbol{A}\neq 0$，则 $\boldsymbol{x}=\boldsymbol{A}^{-1}\boldsymbol{b}$.

例 6　求解线性方程组 $\begin{cases}2x_1+x_2+x_3=1,\\3x_1+x_2+2x_3=0,\\x_1-x_2=2.\end{cases}$

解　设 $\boldsymbol{Ax}=\boldsymbol{b}$，其中 $\boldsymbol{A}=\begin{pmatrix}2&1&1\\3&1&2\\1&-1&0\end{pmatrix}$，$\boldsymbol{X}=\begin{pmatrix}x_1\\x_2\\x_3\end{pmatrix}$，$\boldsymbol{b}=\begin{pmatrix}1\\0\\2\end{pmatrix}$，则

$$\boldsymbol{x}=\boldsymbol{A}^{-1}\boldsymbol{b}=\frac{1}{2}\begin{pmatrix}2&-1&1\\2&-1&-1\\-4&3&-1\end{pmatrix}\begin{pmatrix}1\\0\\2\end{pmatrix}=\frac{1}{2}\begin{pmatrix}4\\0\\-6\end{pmatrix}=\begin{pmatrix}2\\0\\-3\end{pmatrix}$$，即 $x_1=2$，$x_2=0$，$x_3=-3$

说明：此法适用于未知数的个数与方程的个数相等的情况，且系数矩阵的行列式 $\det\boldsymbol{A}\neq 0$.

(5) 特解法　此法是用非齐次方程组的结构定理求解方程组.

例 7　求解方程组 $\begin{cases}x_1-x_2-x_3+x_4=0,\\x_1-x_2+x_3-3x_4=1,\\x_1-x_2-2x_3+3x_4=-\frac{1}{2}.\end{cases}$

解　第一步　用目测法或简单试算法求出非齐次方程组的特解

$$x_1=\frac{1}{2},\ x_2=0,\ x_3=\frac{1}{2},\ x_4=0.$$

第二步　求对应齐次方程组的通解：

因为 $r(\boldsymbol{A})=2$，又因为 $\begin{vmatrix}1&-1\\1&1\end{vmatrix}=2\neq 0$，故有同解方程组 $\begin{cases}x_1-x_3=x_2-x_4,\\x_1+x_3=x_2+3x_4.\end{cases}$ 解得

$\begin{cases}x_1=x_2+x_4,\\x_3=2x_4.\end{cases}$ 即齐次方程组的通解为 $\begin{pmatrix}1\\1\\0\\0\end{pmatrix}x_2+\begin{pmatrix}1\\0\\2\\1\end{pmatrix}x_4$ $(x_2,\ x_4$ 为任意常数)

第三步　故非齐次线性方程组的通解为

$$\begin{pmatrix}x_1\\x_2\\x_3\\x_4\end{pmatrix}=\begin{pmatrix}1\\1\\0\\0\end{pmatrix}x_2+\begin{pmatrix}1\\0\\2\\1\end{pmatrix}x_4+\begin{pmatrix}\frac{1}{2}\\0\\\frac{1}{2}\\0\end{pmatrix}\quad(x_2,\ x_4\text{ 为任意常数}).$$

(6) 初等变换法　此法实质上就是相当于高斯－若尔当消去法. 对增广矩阵 $\widetilde{A}$ 进行初等行变换化为阶梯形，再通过初等变换化左上角为单位阵，就是对方程组进行消元，此法比较方便，不仅可以判断方程组是否有解，而且可以一气呵成求出其通解.

例 8　求解方程组 $\begin{cases}2x_1-x_2+x_3-2x_4=1,\\-x_1+x_2+2x_3+x_4=0,\\x_1-x_2-2x_3+2x_4=12.\end{cases}$

解　对增广矩阵 $\widetilde{A}$ 施行初等行变换：

$$\widetilde{A}=\begin{pmatrix}2&-1&1&-2&1\\-1&1&2&1&0\\1&-1&-2&2&12\end{pmatrix}\xrightarrow[r_3+r_1]{r_1+r_2}\begin{pmatrix}1&0&3&-1&1\\-1&1&2&1&0\\0&0&0&3&12\end{pmatrix}\xrightarrow[r_3\div 3]{r_2+r_1}\begin{pmatrix}1&0&3&-1&1\\0&1&5&0&1\\0&0&0&1&4\end{pmatrix},$$

可见 $r(\boldsymbol{A})=r(\boldsymbol{B})=2$，故方程组有解，且有无穷多个解，

同解方程组为 $$\begin{cases}x_1=-3x_3+5,\\x_2=-5x_3+1,\\x_3=x_3,\\x_4=x_4.\end{cases}$$

故通解为 $$\begin{pmatrix}x_1\\x_2\\x_3\\x_4\end{pmatrix}=\begin{pmatrix}-3\\-5\\1\\0\end{pmatrix}k+\begin{pmatrix}5\\1\\0\\4\end{pmatrix}(k\text{ 为任意常数}).$$

五、 典型例题解析

例 9　已知向量 $\boldsymbol{a}=(2,-3,0,1)^{\mathrm{T}}$，$\boldsymbol{b}=(-4,9,-2,1)^{\mathrm{T}}$.

若(1) $\boldsymbol{a}+\boldsymbol{\beta}=\boldsymbol{b}$，求向量 $\boldsymbol{\beta}$，

(2) 若 $3(\boldsymbol{a}-\boldsymbol{\beta})=5(\boldsymbol{b}+\boldsymbol{\beta})$，求向量 $\boldsymbol{\beta}$.

解　(1) 由 $\boldsymbol{a}+\boldsymbol{\beta}=\boldsymbol{b}$，可解出

$$\boldsymbol{\beta}=\boldsymbol{b}-\boldsymbol{a}=(-4,9,-2,1)^{\mathrm{T}}-(2,-3,0,1)^{\mathrm{T}}=(-6,12,1,0)^{\mathrm{T}}.$$

(2) 由 $3(\boldsymbol{a}-\boldsymbol{\beta})=5(\boldsymbol{b}+\boldsymbol{\beta})$，可解出

$$\boldsymbol{\beta}=\frac{1}{8}(3\boldsymbol{a}-5\boldsymbol{b})=\frac{1}{8}[(6,-9,0,3)^{\mathrm{T}}-(-20,45,-10,5)^{\mathrm{T}}]$$
$$=\left(\frac{13}{4},-\frac{27}{4},\frac{5}{4},-\frac{1}{4}\right)^{\mathrm{T}}.$$

例 10　设 $\boldsymbol{\beta}=(0,4,2,5)^{\mathrm{T}}$，$\boldsymbol{\alpha}_1=(1,2,3,1)^{\mathrm{T}}$，$\boldsymbol{\alpha}_2=(3,1,2,-2)^{\mathrm{T}}$，$\boldsymbol{\alpha}_3=(2,3,1,2)^{\mathrm{T}}$，问 $\boldsymbol{\beta}$ 能否由 $\boldsymbol{\alpha}_1$，$\boldsymbol{\alpha}_2$，$\boldsymbol{\alpha}_3$ 线性表示.

解　【用待定系数法把 $\boldsymbol{\beta}$ 设为 $\boldsymbol{\alpha}_1$，$\boldsymbol{\alpha}_2$，$\boldsymbol{\alpha}_3$ 的线性组合，可列出方程组解出待定系数，若无解，则不能线性表示.】

设 $\boldsymbol{\beta}=k_1\boldsymbol{\alpha}_1+k_2\boldsymbol{\alpha}_2+k_3\boldsymbol{\alpha}_3$，

即
$$\begin{cases}k_1+3k_2+2k_3=0,\\2k_1+k_2+3k_3=4,\\3k_1+2k_2+k_3=2,\\k_1-2k_2+2k_3=5.\end{cases}$$

解得 $k_1=1$，$k_2=-1$，$k_3=1$，所以 $\boldsymbol{\beta}=\boldsymbol{\alpha}_1-\boldsymbol{\alpha}_2+\boldsymbol{\alpha}_3$，即 $\boldsymbol{\beta}$ 能否由 $\boldsymbol{\alpha}_1$，$\boldsymbol{\alpha}_2$，$\boldsymbol{\alpha}_3$ 线性表示.

例 11　设向量 $\boldsymbol{\beta}$ 能由 $\boldsymbol{\alpha}_1$，$\boldsymbol{\alpha}_2$，…，$\boldsymbol{\alpha}_s$ 线性表示，但不能由 $\boldsymbol{\alpha}_1$，$\boldsymbol{\alpha}_2$，…，$\boldsymbol{\alpha}_{s-1}$ 线性表出，证明 $\boldsymbol{\alpha}_s$ 可由 $\boldsymbol{\alpha}_1$，$\boldsymbol{\alpha}_2$，…，$\boldsymbol{\alpha}_{s-1}$，$\boldsymbol{\beta}$ 线性表示.

证明　因为 $\boldsymbol{\beta}$ 能由 $\boldsymbol{\alpha}_1$，$\boldsymbol{\alpha}_2$，…，$\boldsymbol{\alpha}_s$ 线性表示，所以存在数组 k_1，k_2，…，k_s，使得 $\boldsymbol{\beta}=k_1\boldsymbol{\alpha}_1+k_2\boldsymbol{\alpha}_2+\cdots+k_{s-1}\boldsymbol{\alpha}_{s-1}+k_s\boldsymbol{\alpha}_s$. 如果 $k_s=0$，则 $\boldsymbol{\beta}=k_1\boldsymbol{\alpha}_1+k_2\boldsymbol{\alpha}_2+\cdots+k_{s-1}\boldsymbol{\alpha}_{s-1}$. 即 $\boldsymbol{\beta}$ 能由 $\boldsymbol{\alpha}_1$，$\boldsymbol{\alpha}_2$，…，$\boldsymbol{\alpha}_{s-1}$ 线性表示，这与题设矛盾. 故 $k_s\neq0$，于是有
$$\boldsymbol{\alpha}_s=-\frac{k_1}{k_s}\boldsymbol{\alpha}_1-\cdots-\frac{\lambda_{s-1}}{\lambda_s}\boldsymbol{\alpha}_{s-1}+\frac{1}{k_s}\boldsymbol{\beta}.$$
即 $\boldsymbol{\alpha}_s$ 可由 $\boldsymbol{\alpha}_1$，$\boldsymbol{\alpha}_2$，…，$\boldsymbol{\alpha}_{s-1}$，$\boldsymbol{\beta}$ 线性表示.

例 12　设向量组 $\boldsymbol{\alpha}_1$，$\boldsymbol{\alpha}_2$，…，$\boldsymbol{\alpha}_m(m>1)$ 线性无关，且 $\boldsymbol{\beta}=\boldsymbol{\alpha}_1+\boldsymbol{\alpha}_2+\cdots+\boldsymbol{\alpha}_m$. 证明向量组 $\boldsymbol{\beta}-\boldsymbol{\alpha}_1$，$\boldsymbol{\beta}-\boldsymbol{\alpha}_2$，…，$\boldsymbol{\beta}-\boldsymbol{\alpha}_m$ 线性无关.

证明　【利用定义若 $k_1\boldsymbol{\alpha}_1+k_2\boldsymbol{\alpha}_2+\cdots+k_m\boldsymbol{\alpha}_m=0$ 必有 $k_i=0(i=1\sim m)$ 则 $\boldsymbol{\alpha}_1$，$\boldsymbol{\alpha}_2$，…，$\boldsymbol{\alpha}_m$ 线性无关】

设数组 k_1，k_2，…，k_m，使得 $k_1(\boldsymbol{\beta}-\boldsymbol{\alpha}_1)+k_2(\boldsymbol{\beta}-\boldsymbol{\alpha}_2)+\cdots+k_s(\boldsymbol{\beta}-\boldsymbol{\alpha}_s)=0$. 即
$$(k_2+\cdots+k_m)\boldsymbol{\alpha}_1+(k_1+k_3+\cdots+k_m)\boldsymbol{\alpha}_2+\cdots+(k_1+\cdots+k_{m-1})\boldsymbol{\alpha}_m=0.$$
因为 $\boldsymbol{\alpha}_1$，$\boldsymbol{\alpha}_2$，…，$\boldsymbol{\alpha}_m(m>1)$ 线性无关，所以有
$$\begin{cases}k_2+\cdots+k_m=0,\\k_1+k_3+\cdots+k_m=0,\\\qquad\cdots\\k_1+\cdots+k_{m-1}=0.\end{cases}$$
它的系数行列式 $D_m=\begin{vmatrix}0&1&\cdots&1\\1&0&\cdots&1\\\cdots&\cdots&\cdots&\cdots\\1&1&\cdots&0\end{vmatrix}=(-1)^{m-1}(m-1)\neq0.$

所以齐次线性方程组只有零解，即只有 $k_1=k_2=\cdots=k_m=0$. 故 $\boldsymbol{\beta}-\boldsymbol{\alpha}_1$，$\boldsymbol{\beta}-\boldsymbol{\alpha}_2$，…，$\boldsymbol{\beta}-\boldsymbol{\alpha}_m$ 线性无关.

例 13　设 $\boldsymbol{\alpha}_1$，$\boldsymbol{\alpha}_2$，…，$\boldsymbol{\alpha}_n$ 是一组 n 维向量. 证明它们线性无关的充分必要条件是任一 n 维向量都可由它们线性表示.

证明　【等价的向量组具有相同的性质，所以要证 $\boldsymbol{\alpha}_1$，$\boldsymbol{\alpha}_2$，…，$\boldsymbol{\alpha}_n$ 仅需证明其与单位向量组等价即可.】

如 $\boldsymbol{\alpha}_1$，$\boldsymbol{\alpha}_2$，…，$\boldsymbol{\alpha}_n$ 线性无关，对任一 n 维向量 $\boldsymbol{\beta}$，则 $\boldsymbol{\alpha}_1$，$\boldsymbol{\alpha}_2$，…，$\boldsymbol{\alpha}_n$，$\boldsymbol{\beta}$ 线性相关，所以 $\boldsymbol{\beta}$ 可由 $\boldsymbol{\alpha}_1$，$\boldsymbol{\alpha}_2$，…，$\boldsymbol{\alpha}_n$ 线性表示.

如任一 n 维向量都可由 $\boldsymbol{\alpha}_1$，$\boldsymbol{\alpha}_2$，…，$\boldsymbol{\alpha}_n$ 线性表示，故单位向量可由 $\boldsymbol{\alpha}_1$，$\boldsymbol{\alpha}_2$，…，$\boldsymbol{\alpha}_n$ 线性表示，即单位向量组 e_1，e_2，…，e_n 与 $\boldsymbol{\alpha}_1$，$\boldsymbol{\alpha}_2$，…，$\boldsymbol{\alpha}_n$ 等价，从而 $\boldsymbol{\alpha}_1$，$\boldsymbol{\alpha}_2$，…，$\boldsymbol{\alpha}_n$

线性无关.

例 14 设 $\boldsymbol{\beta}=(1,2,-t-1)^{\mathrm{T}}$，$\boldsymbol{\alpha}_1=(2-t,2,-2)^{\mathrm{T}}$，$\boldsymbol{\alpha}_2=(2,5-t,-4)^{\mathrm{T}}$，$\boldsymbol{\alpha}_3=(-2,-4,5-t)^{\mathrm{T}}$ 问 t 为何值时，

(1) $\boldsymbol{\beta}$ 可由 $\boldsymbol{\alpha}_1$，$\boldsymbol{\alpha}_2$，$\boldsymbol{\alpha}_3$ 线性表示，且表达式唯一，并写出表达式；

(2) $\boldsymbol{\beta}$ 可由 $\boldsymbol{\alpha}_1$，$\boldsymbol{\alpha}_2$，$\boldsymbol{\alpha}_3$ 线性表示，且表达式不唯一；

(3) $\boldsymbol{\beta}$ 不可由 $\boldsymbol{\alpha}_1$，$\boldsymbol{\alpha}_2$，$\boldsymbol{\alpha}_3$ 线性表示.

解 【(1)利用待定系数法：设 $\boldsymbol{\beta}=k_1\boldsymbol{\alpha}_1+k_2\boldsymbol{\alpha}_2+k_3\boldsymbol{\alpha}_3$ 建立线性方程根据克拉默法则，解出 k_1，k_2，k_3 即可. (2)利用矩阵的初等行变换化为阶梯形，根据其秩来讨论.】

以 $\boldsymbol{\alpha}_1$，$\boldsymbol{\alpha}_2$，$\boldsymbol{\alpha}_3$，$\boldsymbol{\beta}$ 为列向量构造矩阵，并进行初等行变换，

$$(\boldsymbol{\alpha}_1^{\mathrm{T}},\boldsymbol{\alpha}_2^{\mathrm{T}},\boldsymbol{\alpha}_3^{\mathrm{T}},\boldsymbol{\beta}^{\mathrm{T}})=\begin{pmatrix}2-t & 2 & -2 & 1\\ 2 & 5-t & -4 & 2\\ -2 & -4 & 5-t & -1-t\end{pmatrix}\sim\begin{pmatrix}-2 & -4 & 5-t & -1-t\\ 2 & 5-t & -4 & 2\\ 2-t & 2 & -2 & 1\end{pmatrix}(*)$$

$$\sim\begin{pmatrix}-2 & -4 & 5-t & -1-t\\ 0 & 1-t & 1-t & 1-t\\ 1-t & 0 & \frac{1-t}{2} & \frac{1-t}{2}\end{pmatrix}$$

当 $t\neq 1$ 时，变为

$$(*)\sim\begin{pmatrix}-2 & -4 & 5-t & -1-t\\ 0 & 1 & 1 & 1\\ 2 & 0 & 1 & 1\end{pmatrix}\sim\begin{pmatrix}2 & 0 & 1 & 1\\ 0 & 1 & 1 & 1\\ 0 & -4 & 6-t & -t\end{pmatrix}\sim\begin{pmatrix}2 & 0 & 1 & 1\\ 0 & 1 & 1 & 1\\ 0 & 0 & 10-t & 4-t\end{pmatrix}$$

当 $t\neq 1$，$t\neq 10$ 时，$R(\boldsymbol{\alpha}_1,\boldsymbol{\alpha}_2,\boldsymbol{\alpha}_3)=R(\boldsymbol{\alpha}_1,\boldsymbol{\alpha}_2,\boldsymbol{\alpha}_3,\boldsymbol{\beta})=3$，$\boldsymbol{\beta}$ 可由 $\boldsymbol{\alpha}_1$，$\boldsymbol{\alpha}_2$，$\boldsymbol{\alpha}_3$ 线性表示，且表达式唯一，此时

$$\begin{pmatrix}2 & 0 & 1 & 1\\ 0 & 1 & 1 & 1\\ 0 & 0 & 10-t & 4-t\end{pmatrix}\sim\begin{pmatrix}1 & 0 & 0 & \frac{3}{10-t}\\ 0 & 1 & 0 & \frac{6}{10-t}\\ 0 & 0 & 1 & \frac{4-t}{10-t}\end{pmatrix}$$

因而，$\boldsymbol{\beta}=\dfrac{1}{10-t}[3\boldsymbol{\alpha}_1+6\boldsymbol{\alpha}_2+(4-t)\boldsymbol{\alpha}_3]$

当 $t\neq 1$，$t=10$ 时，$R(\boldsymbol{\alpha}_1,\boldsymbol{\alpha}_2,\boldsymbol{\alpha}_3)=2$，$R(\boldsymbol{\alpha}_1,\boldsymbol{\alpha}_2,\boldsymbol{\alpha}_3,\boldsymbol{\beta})=3$，$\boldsymbol{\beta}$ 不能由 $\boldsymbol{\alpha}_1$，$\boldsymbol{\alpha}_2$，$\boldsymbol{\alpha}_3$ 线性表示.

当 $t=1$ 时，$R(\boldsymbol{\alpha}_1,\boldsymbol{\alpha}_2,\boldsymbol{\alpha}_3)=R(\boldsymbol{\alpha}_1,\boldsymbol{\alpha}_2,\boldsymbol{\alpha}_3,\boldsymbol{\beta})=1$，$\boldsymbol{\beta}$ 可由 $\boldsymbol{\alpha}_1$，$\boldsymbol{\alpha}_2$，$\boldsymbol{\alpha}_3$ 线性表示，但表示式不唯一.

例 15 求 $\boldsymbol{\alpha}_1=(1,-1,2,4)^{\mathrm{T}}$，$\boldsymbol{\alpha}_2=(0,3,1,2)^{\mathrm{T}}$，$\boldsymbol{\alpha}_3=(3,0,7,14)^{\mathrm{T}}$，$\boldsymbol{\alpha}_4=(1,-1,2,0)^{\mathrm{T}}$，$\boldsymbol{\alpha}_5=(2,1,5,6)^{\mathrm{T}}$ 的一个最大无关组；并将其余向量表示成最大无关组的为阶梯形，则矩阵的秩就是这个向量组的秩，每个阶梯第一个非零元素所在的列对应的向量组成一个极大无关组. 当把矩阵化为行标准形，其余向量所在列的非零元素即为

组合的系数.】

以 $\boldsymbol{\alpha}_1$，$\boldsymbol{\alpha}_2$，$\boldsymbol{\alpha}_3$，$\boldsymbol{\alpha}_4$，$\boldsymbol{\alpha}_5$ 为列向量构造矩阵，并进行初等行变换，得

$$\begin{pmatrix}1&0&3&1&2\\-1&3&0&-1&1\\2&1&7&2&5\\4&2&14&0&6\end{pmatrix}\sim\begin{pmatrix}1&0&3&1&2\\0&3&3&0&3\\0&1&1&0&1\\0&2&2&-4&-2\end{pmatrix}\sim\begin{pmatrix}1&0&3&1&2\\0&1&1&0&1\\0&0&0&1&1\\0&0&0&0&0\end{pmatrix}(\Delta)$$

故 $R(\boldsymbol{\alpha}_1, \boldsymbol{\alpha}_2, \boldsymbol{\alpha}_3, \boldsymbol{\alpha}_4, \boldsymbol{\alpha}_5)=3$，且 $\boldsymbol{\alpha}_1$，$\boldsymbol{\alpha}_2$，$\boldsymbol{\alpha}_4$ 为一最大无关组.

$$(\Delta)\sim\begin{pmatrix}1&0&3&0&1\\0&1&1&0&1\\0&0&0&1&1\\0&0&0&0&0\end{pmatrix}$$

则

$$\boldsymbol{\alpha}_3=3\boldsymbol{\alpha}_1+\boldsymbol{\alpha}_2$$
$$\boldsymbol{\alpha}_5=\boldsymbol{\alpha}_1+\boldsymbol{\alpha}_2+\boldsymbol{\alpha}_4.$$

例 16 设向量 $\boldsymbol{\alpha}_1=(1, 1, 1, 3)^{\mathrm{T}}$，$\boldsymbol{\alpha}_2=(-1, -3, 5, 1)^{\mathrm{T}}$，$\boldsymbol{\alpha}_3=(3, 2, -1, p+2)^{\mathrm{T}}$，$\boldsymbol{\alpha}_4=(-2, -6, 10, p)^{\mathrm{T}}$，问 p 为何值时

(1) 此向量组线性无关？并将 $\boldsymbol{\alpha}=(4, 1, 6, 10)^{\mathrm{T}}$ 用 $\boldsymbol{\alpha}_1$，$\boldsymbol{\alpha}_2$，$\boldsymbol{\alpha}_3$，$\boldsymbol{\alpha}_4$ 线性表出.

(2) 此向量组线性相关？求秩及一个最大无关组.

解 (1) 首先，$\boldsymbol{\alpha}=k_1\boldsymbol{\alpha}_1+k_2\boldsymbol{\alpha}_2+k_3\boldsymbol{\alpha}_3+k_4\boldsymbol{\alpha}_4$，于是用初等行变换有

$$(\boldsymbol{\alpha}_1^{\mathrm{T}}, \boldsymbol{\alpha}_2^{\mathrm{T}}, \boldsymbol{\alpha}_3^{\mathrm{T}}, \boldsymbol{\alpha}_4^{\mathrm{T}}, \boldsymbol{\alpha})=\begin{pmatrix}1&-1&3&-2&4\\1&-3&2&-6&1\\1&5&-1&10&6\\3&1&p+2&p&10\end{pmatrix}\sim\begin{pmatrix}1&-1&3&-2&4\\0&-2&-1&-4&-3\\0&6&-4&12&2\\0&4&p-7&p+6&-2\end{pmatrix}$$

$$\sim\begin{pmatrix}1&-1&3&-2&4\\0&-2&-1&-4&-3\\0&0&-7&0&-7\\0&0&p-9&p-2&-8\end{pmatrix}\sim\begin{pmatrix}1&-1&3&-2&4\\0&-2&-1&-4&-3\\0&0&1&0&1\\0&0&0&p-2&1-p\end{pmatrix}$$

故 当 $p\neq 2$ 时，$R(\boldsymbol{\alpha}_1, \boldsymbol{\alpha}_2, \boldsymbol{\alpha}_3, \boldsymbol{\alpha}_4)=4$，此向量组线性无关，此时继续进行初等行变换，则有

$$\begin{pmatrix}1&-1&3&-2&4\\0&-2&-1&-4&-3\\0&0&1&0&1\\0&0&0&p-2&1-p\end{pmatrix}\sim\begin{pmatrix}1&-1&0&-2&1\\0&-2&0&-4&-2\\0&0&1&0&1\\0&0&0&1&\dfrac{1-p}{p-2}\end{pmatrix}\sim\begin{pmatrix}1&-1&0&-2&1\\0&1&0&2&1\\0&0&1&0&1\\0&0&0&1&\dfrac{1-p}{p-2}\end{pmatrix}$$

$$\begin{pmatrix}1&0&0&0&2\\0&1&0&2&1\\0&0&1&0&1\\0&0&0&1&\dfrac{1-p}{p-2}\end{pmatrix}\sim\begin{pmatrix}1&0&0&0&2\\0&1&0&0&\dfrac{3p-4}{p-2}\\0&0&1&0&1\\0&0&0&1&\dfrac{1-p}{p-2}\end{pmatrix}$$

由此可得$\boldsymbol{\alpha}=2\boldsymbol{\alpha}_1+\frac{3p-4}{p-2}\boldsymbol{\alpha}_2+\boldsymbol{\alpha}_3+\frac{1-p}{p-2}\boldsymbol{\alpha}_4$.

(2) 当$p=2$时，此时有

$$(\boldsymbol{\alpha}_1^T, \boldsymbol{\alpha}_2^T, \boldsymbol{\alpha}_3^T, \boldsymbol{\alpha}_4^T)\sim\begin{pmatrix}1&-1&3&-2\\0&-2&-1&-4\\0&0&1&0\\0&0&0&0\end{pmatrix}\sim\begin{pmatrix}1&0&0&0\\0&1&0&2\\0&0&1&0\\0&0&0&0\end{pmatrix}$$

即$R(\boldsymbol{\alpha}_1, \boldsymbol{\alpha}_2, \boldsymbol{\alpha}_3, \boldsymbol{\alpha}_4)=3$，此向量组线性相关. 且$\boldsymbol{\alpha}_1$，$\boldsymbol{\alpha}_2$，$\boldsymbol{\alpha}_3$为一最大无关组.

例 17 求由向量$\boldsymbol{\alpha}_1=(1, 2, 1, 0)^T$，$\boldsymbol{\alpha}_2=(1, 1, 1, 2)^T$，$\boldsymbol{\alpha}_3=(3, 4, 3, 4)^T$，$\boldsymbol{\alpha}_4=(1, 1, 2, 1)^T$，$\boldsymbol{\alpha}_5=(4, 5, 6, 4)^T$所生产的向量空间$V$的一组基及其维数.

解 **【设V是由向量组$\boldsymbol{\alpha}_1$，$\boldsymbol{\alpha}_2$，…，$\boldsymbol{\alpha}_m$生成的向量空间，求向量组$\boldsymbol{\alpha}_1$，$\boldsymbol{\alpha}_2$，…，$\boldsymbol{\alpha}_m$的秩和最大无关组就得到V的维数和基.】**

$V=L(\boldsymbol{\alpha}_1, \boldsymbol{\alpha}_2, \boldsymbol{\alpha}_3, \boldsymbol{\alpha}_4, \boldsymbol{\alpha}_5)$，要求$V$的一组基，就是求$\boldsymbol{\alpha}_1$，$\boldsymbol{\alpha}_2$，$\boldsymbol{\alpha}_3$，$\boldsymbol{\alpha}_4$，$\boldsymbol{\alpha}_5$的一个最大无关组，即只要将$A\xrightarrow{\text{初等行变换}}$行阶梯形.

$$(\boldsymbol{\alpha}_1^T, \boldsymbol{\alpha}_2^T, \boldsymbol{\alpha}_3^T, \boldsymbol{\alpha}_4^T, \boldsymbol{\alpha}_5^T)=\begin{pmatrix}1&1&3&1&4\\2&1&4&1&5\\1&1&3&2&6\\0&2&4&1&4\end{pmatrix}\sim\begin{pmatrix}1&1&3&1&4\\0&-1&-2&-1&-3\\0&0&0&1&2\\0&2&4&1&4\end{pmatrix}$$

$$=\sim\begin{pmatrix}1&1&3&1&4\\0&-1&-2&-1&-3\\0&0&0&1&2\\0&0&0&-1&-2\end{pmatrix}\sim\begin{pmatrix}1&1&3&1&4\\0&1&2&1&3\\0&0&0&1&2\\0&0&0&0&0\end{pmatrix}$$

故$\boldsymbol{\alpha}_1$，$\boldsymbol{\alpha}_2$，$\boldsymbol{\alpha}_4$为$\boldsymbol{\alpha}_1$，$\boldsymbol{\alpha}_2$，$\boldsymbol{\alpha}_3$，$\boldsymbol{\alpha}_4$，$\boldsymbol{\alpha}_5$的一个最大无关组，从而就是向量空间V的一组基，其维数为 3.

例 18 验证$\boldsymbol{\alpha}_1=(1, -1, 0)^T$，$\boldsymbol{\alpha}_2=(2, 1, 3)^T$，$\boldsymbol{\alpha}_3=(3, 1, 2)^T$为$\mathbf{R}^3$的一个基，并把$\boldsymbol{\beta}_1=(5, 0, 7)^T$，$\boldsymbol{\beta}_2=(-9, -8, -13)^T$用这个基线性表示.

解 **【要验证一个向量组是某空间的一个基，首先要证明该向量组是线性无关的，然后再证明向量空间$\mathbf{R}^3$中的任一向量均可由该向量线性表示.】**

$$\text{由于}\begin{vmatrix}1&2&3\\-1&1&1\\0&3&2\end{vmatrix}=\begin{vmatrix}1&2&3\\0&3&4\\0&3&2\end{vmatrix}=\begin{vmatrix}1&2&3\\0&3&4\\0&0&-2\end{vmatrix}=-6\neq0$$

故$\boldsymbol{\alpha}_1$，$\boldsymbol{\alpha}_2$，$\boldsymbol{\alpha}_3$线性无关，设$\boldsymbol{\alpha}$是$\mathbf{R}^3$中的任一向量，显然$\boldsymbol{\alpha}_1$，$\boldsymbol{\alpha}_2$，$\boldsymbol{\alpha}_3$，$\boldsymbol{\alpha}$线性相关，因而$\boldsymbol{\alpha}$可由$\boldsymbol{\alpha}_1$，$\boldsymbol{\alpha}_2$，$\boldsymbol{\alpha}_3$线性表示，所以$\boldsymbol{\alpha}_1$，$\boldsymbol{\alpha}_2$，$\boldsymbol{\alpha}_3$为$\mathbf{R}^3$的一个基.

令$\boldsymbol{\beta}_1=x_1\boldsymbol{\alpha}_1+x_2\boldsymbol{\alpha}_2+x_3\boldsymbol{\alpha}_3$，$\boldsymbol{\beta}_2=y_1\boldsymbol{\alpha}_1+y_2\boldsymbol{\alpha}_2+y_3\boldsymbol{\alpha}_3$，于是

$$\begin{pmatrix}1&2&3&5&-9\\-1&1&1&0&-8\\0&3&2&7&-13\end{pmatrix}\sim\begin{pmatrix}1&2&3&5&-9\\0&3&4&5&-17\\0&3&2&7&-13\end{pmatrix}\sim\begin{pmatrix}1&2&3&5&-9\\0&3&4&5&-17\\0&0&-2&2&4\end{pmatrix}$$

$$\sim\begin{pmatrix}1&2&3&5&-9\\0&3&4&5&-17\\0&0&1&-1&-2\end{pmatrix}\sim\begin{pmatrix}1&2&0&8&-3\\0&3&0&9&-9\\0&0&1&-1&-2\end{pmatrix}\sim\begin{pmatrix}1&0&0&2&3\\0&1&0&3&-3\\0&0&1&-1&-2\end{pmatrix}$$

故 $\boldsymbol{\beta}_1=2\boldsymbol{\alpha}_1+3\boldsymbol{\alpha}_2-\boldsymbol{\alpha}_3$，$\boldsymbol{\beta}_2=3\boldsymbol{\alpha}_1-3\boldsymbol{\alpha}_2-2\boldsymbol{\alpha}_3$.

例 19　设向量组 $\boldsymbol{A}$ 的秩为 r_1，向量组 $\boldsymbol{B}$ 的秩为 r_2，若向量组 $\boldsymbol{A}$ 能由向量组 $\boldsymbol{B}$ 线性表示，则 $r_1\leqslant r_2$.

证明　设 $\boldsymbol{A}_1$ 为 $\boldsymbol{A}$ 的最大无关组，$\boldsymbol{B}_1$ 为 $\boldsymbol{B}$ 的最大无关组，则 $\boldsymbol{A}_1$，$\boldsymbol{B}_1$ 所含向量的个数分别为 r_1，r_2，由于向量组 $\boldsymbol{A}$ 能由向量组 $\boldsymbol{B}$ 线性表示，所以向量组 $\boldsymbol{A}_1$ 能由向量组 $\boldsymbol{B}$ 线性表示，又由于向量组 $\boldsymbol{B}$ 可由向量组 $\boldsymbol{B}_1$ 线性表示，所以向量组 $\boldsymbol{A}_1$ 能由向量组 $\boldsymbol{B}_1$ 线性表示，则 $r_1\leqslant r_2$.

例 20　求齐次方程组

$$\begin{cases}x_1+x_2+x_3+x_4+x_5=0,\\2x_1+3x_2+x_3+x_4-3x_5=0,\\3x_1+5x_2+x_3+x_4-7x_5=0,\\4x_1+5x_2+3x_3+3x_4-x_5=0;\end{cases}$$

的一个基础解系及通解.

解　【求齐次线性方程组的基础解系一般用初等变换法 此法就是用初等行变换将系数矩阵化为阶梯形，再通过初等变换化左上角为单位阵，一气呵成求出通解.】

对方程组的系数矩阵 $\boldsymbol{A}$ 进行初等行变换化为阶梯形，系数矩阵

$$\boldsymbol{A}=\begin{pmatrix}1&1&1&1&1\\2&3&1&1&-3\\3&5&1&1&-7\\4&5&3&3&-1\end{pmatrix}\sim\begin{pmatrix}1&1&1&1&1\\0&1&-1&-1&-5\\0&2&-2&-2&-10\\0&1&-1&-1&-5\end{pmatrix}$$

$$\sim\begin{pmatrix}1&1&1&1&1\\0&1&-1&-1&-5\\0&0&0&0&0\\0&0&0&0&0\end{pmatrix}\sim\begin{pmatrix}1&0&2&2&6\\0&1&-1&-1&-5\\0&0&0&0&0\\0&0&0&0&0\end{pmatrix}$$

由于 $R(\boldsymbol{A})=2<n=5$，所以基础解系中含有 $n-R(\boldsymbol{A})=3$ 个解向量. 同解方程组为

$$\begin{cases}x_1+2x_3+2x_4+6x_5=0,\\x_2-x_3-x_4-5x_5=0.\end{cases}\quad 即\begin{cases}x_1=-2x_3-2x_4-6x_5,\\x_2=x_3+x_4+5x_5.\end{cases}\qquad (**)$$

以下求基础解系及通解，有两种办法.

方法 1　先求出基础解系，再求通解. 在方程组(**)中分别令

$$\begin{pmatrix}x_3\\x_4\\x_5\end{pmatrix}=\begin{pmatrix}1\\0\\0\end{pmatrix},\begin{pmatrix}0\\1\\0\end{pmatrix},\begin{pmatrix}0\\0\\1\end{pmatrix}\text{ 可求得 }\begin{pmatrix}x_1\\x_2\end{pmatrix}=\begin{pmatrix}-2\\1\end{pmatrix},\begin{pmatrix}-2\\1\end{pmatrix},\begin{pmatrix}-6\\5\end{pmatrix}$$

从而得基础解系为 $\boldsymbol{\eta}_1=\begin{pmatrix}-2\\1\\1\\0\\0\end{pmatrix}$，$\boldsymbol{\eta}_2=\begin{pmatrix}-2\\1\\0\\1\\0\end{pmatrix}$，$\boldsymbol{\eta}_3=\begin{pmatrix}-6\\5\\0\\0\\1\end{pmatrix}$

故通解为 $\boldsymbol{x}=k_1\boldsymbol{\eta}_1+k_2\boldsymbol{\eta}_2+k_3\boldsymbol{\eta}_3(k_1,\ k_2,\ k_3\in\mathbf{R})$.

方法 2　先求通解，再从中找出基础解系. 由方程组(＊＊)得出通解

$$\begin{cases} x_1=-2x_3-2x_4-6x_5, \\ x_2=x_3+x_4+5x_5, \\ x_3=x_3, \\ x_4=x_4, \\ x_5=x_5. \end{cases}$$

写成向量形式为

$$\boldsymbol{x}=k_1\begin{pmatrix}-2\\1\\1\\0\\0\end{pmatrix}+k_2\begin{pmatrix}-2\\1\\0\\1\\0\end{pmatrix}+k_3\begin{pmatrix}-6\\5\\0\\0\\1\end{pmatrix},\ (k_1,\ k_2,\ k_3\in\mathbf{R})$$

故基础解系为

$$\boldsymbol{\eta}_1=\begin{pmatrix}-2\\1\\1\\0\\0\end{pmatrix},\ \boldsymbol{\eta}_2=\begin{pmatrix}-2\\1\\0\\1\\0\end{pmatrix},\ \boldsymbol{\eta}_3=\begin{pmatrix}-6\\5\\0\\0\\1\end{pmatrix}$$

例 21　设多项式 $f(t)=a_0+a_1t+a_2t^2+\cdots+a_nt^n$，证明：若 $f(t)$有 $n+1$ 个互异的零点，则 $f(t)=0$.

证明　设 $f(t)$的 $n+1$ 个互异的零点为 t_0，t_1，t_2，…，t_n，，则 $f(t_i)=0$.（$i=0$，1，…，n），即

$$a_0+a_1t_i+a_2t_i^2+\cdots+a_nt_i^n=0(i=0,\ 1,\ \cdots,\ n).$$

这可视为以 a_0，a_1，a_2，…，a_n 为未知量的齐次线性方程组

$$\begin{cases} a_0+t_0a_1+t_0^2a_2+\cdots+t_0^na_n=0, \\ a_0+t_1a_1+t_1^2a_2+\cdots+t_1^na_n=0, \\ \qquad\cdots \\ a_0+t_na_1+t_n^2a_2+\cdots+t_n^na_n=0. \end{cases}$$

该方程组的系数行列式为 $n+1$ 阶范德蒙行列式的转置

$$D_{n+1}=\begin{vmatrix} 1 & t_0 & t_0^2 & \cdots & t_0^n \\ 1 & t_1 & t_1^2 & \cdots & t_1^n \\ \vdots & \vdots & \vdots & \vdots & \vdots \\ 1 & t_n & t_n^2 & \cdots & t_n^n \end{vmatrix}=\prod_{n\geqslant i>j\geqslant 0}(t_i-t_j)\neq 0$$

由克拉默法则可知上述方程组只有零解，故

$a_0=a_1=a_2=\cdots=a_n=0$，即 $f(t)=0$.

例 22　求空间的 4 个平面 $a_ix+b_iy+c_iz+d_i=0(i=1,\ 2,\ 3,\ 4)$相交于一点的条件.

解　因为 4 个平面相交于一点，所以方程组

$$\begin{cases}a_1x+b_1y+c_1z+d_1=0,\\a_2x+b_2y+c_2z+d_2=0,\\a_3x+b_3y+c_3z+d_3=0,\\a_4x+b_4y+c_4z+d_4=0.\end{cases}$$

有唯一解.

而从另一角度看，形式上可把$(x, y, z, 1)$看做是四元齐次线性方程组

$$\begin{cases}a_1x_1+b_1x_2+c_1x_3+d_1x_4=0,\\a_2x_1+b_2x_2+c_2x_3+d_2x_4=0,\\a_3x_1+b_3x_2+c_3x_3+d_3x_4=0,\\a_4x_1+b_4x_2+c_4x_3+d_4x_4=0.\end{cases}$$

的一组非零解. 而齐次线性方程组有非零解的充分必要条件是它的系数行列式等于零，由此得空间 4 个平面相交于一点的条件为

$$\begin{vmatrix}a_1 & b_1 & c_1 & d_1\\a_2 & b_2 & c_2 & d_2\\a_3 & b_3 & c_3 & d_3\\a_4 & b_4 & c_4 & d_4\end{vmatrix}=0.$$

例 23 求一个齐次线性方程组，使其基础解系为

$$\boldsymbol{\eta}_1=\begin{pmatrix}1\\2\\1\\0\end{pmatrix}, \boldsymbol{\eta}_2=\begin{pmatrix}-1\\1\\0\\1\end{pmatrix}.$$

解 由题设可知所求方程组中含有 4 个未知量，不妨设

$$a_1x_1+a_2x_2+a_3x_3+a_4x_4=0 \quad (*)$$

把 $\boldsymbol{\eta}_1$，$\boldsymbol{\eta}_2$ 代入得

$$\begin{cases}a_1+2a_2+a_3=0\\-a_1+a_2+a_4=0\end{cases}$$

这是以 a_1，a_2，a_3，a_4 为未知量的齐次线性方程组，其系数矩阵为

$$\begin{pmatrix}1 & 2 & 1 & 0\\-1 & 1 & 0 & 1\end{pmatrix}\sim\begin{pmatrix}1 & 2 & 1 & 0\\0 & 3 & 1 & 1\end{pmatrix}\sim\begin{pmatrix}1 & -1 & 0 & -1\\0 & 3 & 1 & 1\end{pmatrix}.$$

于是

$$\begin{cases}a_1=a_2+a_4\\a_3=-3a_2-a_4\end{cases}$$

所以有

$$\begin{pmatrix}a_1\\a_2\\a_3\\a_4\end{pmatrix}=k_1\begin{pmatrix}1\\1\\-3\\0\end{pmatrix}+k_2\begin{pmatrix}1\\0\\-1\\1\end{pmatrix}$$

取 $k_1=1$，$k_2=0$ 和 $k_1=0$，$k_2=1$ 可得 $\begin{pmatrix}a_1\\a_2\\a_3\\a_4\end{pmatrix}=\begin{pmatrix}1\\1\\-3\\0\end{pmatrix}$ 和 $\begin{pmatrix}1\\0\\-1\\1\end{pmatrix}$

代入式(*)得所求方程组为

$$\begin{cases}x_1+x_2-3x_3=0\\x_1-x_3+x_4=0\end{cases}$$

例 24 求非齐次线性方程组

$$\begin{cases}3x_1+4x_2+2x_3+2x_4-2x_5=2,\\2x_1+3x_2+x_3+x_4-3x_5=0,\\3x_1+5x_2+x_3+x_4-7x_5=-2,\\x_1+x_2+x_3+x_4+x_5=2.\end{cases}$$

的通解.

解 【求非齐次线性方程组的通解一般用初等变换法，此法就是对增广矩阵施行初等行变换化为行标准形.】

对增广矩阵 $\widetilde{\mathbf{A}}$ 施行初等行变换，

$$\widetilde{\mathbf{A}}=\begin{pmatrix}3&4&2&2&-2&2\\2&3&1&1&-3&0\\3&5&1&1&-7&-2\\1&1&1&1&1&2\end{pmatrix}\sim\begin{pmatrix}1&1&1&1&1&2\\0&1&-1&-1&-5&-4\\0&2&-2&-2&-10&-8\\0&1&-1&-1&-5&-4\end{pmatrix}$$

$$\sim\begin{pmatrix}1&1&1&1&1&2\\0&1&-1&-1&-5&-4\\0&0&0&0&0&0\\0&0&0&0&0&0\end{pmatrix}\sim\begin{pmatrix}1&0&2&2&6&6\\0&1&-1&-1&-5&-4\\0&0&0&0&0&0\\0&0&0&0&0&0\end{pmatrix}$$

因 $R(\widetilde{\mathbf{A}})=R(\mathbf{A})=2<4$，所以方程组有无穷多解. 同解方程组为

$$\begin{cases}x_1+2x_3+2x_4+6x_5=6,\\x_2-x_3-x_4-5x_5=-4.\end{cases}\quad\text{即}\begin{cases}x_1=-2x_3-2x_4-6x_5+6,\\x_2=x_3+x_4+5x_5-4.\end{cases}$$

从而有

$$\begin{cases}x_1=-2x_3-2x_4-6x_5+6,\\x_2=x_3+x_4+5x_5-4,\\x_3=x_3,\\x_4=x_4,\\x_5=x_5.\end{cases}$$

故原方程组的通解为 $\boldsymbol{x}=k_1\begin{pmatrix}-2\\1\\1\\0\\0\end{pmatrix}+k_2\begin{pmatrix}-2\\1\\0\\1\\0\end{pmatrix}+k_3\begin{pmatrix}-6\\5\\0\\0\\1\end{pmatrix}+\begin{pmatrix}6\\-4\\0\\0\\0\end{pmatrix}$，$(k_1,\ k_2,\ k_3\in\mathbf{R})$.

例 25　设四元非齐次线性方程组的系数矩阵的秩为 3，已知 $\boldsymbol{\eta}_1$，$\boldsymbol{\eta}_2$，$\boldsymbol{\eta}_3$ 是它的三个解向量，且

$$\boldsymbol{\eta}_1+\boldsymbol{\eta}_2=\begin{pmatrix}1\\2\\2\\1\end{pmatrix},\ \boldsymbol{\eta}_3=\begin{pmatrix}1\\2\\3\\4\end{pmatrix},$$

求该方程组的通解.

解　【利用非齐次线性方程组解的结构定理即可求得通解.】

由题设 $\boldsymbol{A\eta}_i=\boldsymbol{b}(i=1,2,3)$，所以

$$\boldsymbol{A}(\boldsymbol{\eta}_1+\boldsymbol{\eta}_2-2\boldsymbol{\eta}_3)=\boldsymbol{A}(\boldsymbol{\eta}_1+\boldsymbol{\eta}_2)-2\boldsymbol{A\eta}_3=b+b-2b=0$$

于是 $\boldsymbol{\eta}_1+\boldsymbol{\eta}_2-2\boldsymbol{\eta}_3$ 为导出组 $\boldsymbol{Ax}=0$ 的解，又因为 $R(\boldsymbol{A})=3$，则导出组 $\boldsymbol{A}x=0$ 的基础解系所含解向量的个数为 1. 故 $\xi=\boldsymbol{\eta}_1+\boldsymbol{\eta}_2-2\boldsymbol{\eta}_3=(-1,-2,-3,-4)^{\mathrm{T}}$，为方程组 $\boldsymbol{Ax}=0$ 的基础解系，取原方程组的特解 $\boldsymbol{\eta}^*=\boldsymbol{\eta}_3$，则原方程组的通解为

$$x=k\xi+\boldsymbol{\eta}^*=k\begin{pmatrix}-1\\-2\\-4\\-7\end{pmatrix}+\begin{pmatrix}1\\2\\3\\4\end{pmatrix},\ (k\in\mathbf{R}).$$

例 26　设 $\boldsymbol{\eta}^*$ 是非齐次线性方程组 $\boldsymbol{Ax}=\boldsymbol{b}$ 的一个解，$\boldsymbol{\xi}_1$，$\boldsymbol{\xi}_2$，…，$\boldsymbol{\xi}_{n-r}$ 是对应的齐次线性方程组的一个基础解系. 证明

(1) $\boldsymbol{\eta}^*$，$\boldsymbol{\xi}_1$，$\boldsymbol{\xi}_2$，…，$\boldsymbol{\xi}_{n-r}$ 线性无关；

(2) $\boldsymbol{\eta}^*$，$\boldsymbol{\eta}^*+\boldsymbol{\xi}_1$，$\boldsymbol{\eta}^*+\boldsymbol{\xi}_2$，…，$\boldsymbol{\eta}^*+\boldsymbol{\xi}_{n-r}$ 线性无关.

证明　【利用定义若 $k_1\boldsymbol{\alpha}_1+k_2\boldsymbol{\alpha}_2+\cdots+k_m\boldsymbol{\alpha}_m=0$ 必有 $k_i=0(i=1\sim m)$ 则 $\boldsymbol{\alpha}_1$，$\boldsymbol{\alpha}_2$，…，$\boldsymbol{\alpha}_m$ 线性无关】

(1) 设存在一组数 k，k_1，…，k_{n-1}，使得

$$k\boldsymbol{\eta}^*+k_1\boldsymbol{\xi}_1+k_2\boldsymbol{\xi}_2+\cdots+k_{n-1}\boldsymbol{\xi}_{n-r}=0\quad(*)$$

从而有

$$0=k\boldsymbol{A\eta}^*+k_1\boldsymbol{A\xi}_1+\cdots+k_{n-r}\boldsymbol{A\xi}_{n-r}$$

但是 $\boldsymbol{\eta}^*$ 是非齐次线性方程组 $\boldsymbol{Ax}=\boldsymbol{b}$ 的一个解，有 $\boldsymbol{A\eta}^*=\boldsymbol{b}$，$\boldsymbol{\xi}_1$，$\boldsymbol{\xi}_2$，…，$\boldsymbol{\xi}_{n-r}$ 是对应的齐次线性方程组的一个基础解系，即

$$\boldsymbol{A\xi}_i=0(i=1,2,\cdots,n-r).$$

故

$$k\boldsymbol{b}=0\Rightarrow k=0$$

代入(*)式，即 $k_1\boldsymbol{\xi}_1+k_2\boldsymbol{\xi}_2+\cdots+k_{n-1}\boldsymbol{\xi}_{n-r}=0$，又由于 $\boldsymbol{\xi}_1$，$\boldsymbol{\xi}_2$，…，$\boldsymbol{\xi}_{n-r}$ 是对应的齐次线性方程组的一个基础解系，即 $k_i=0(i=1,2,\cdots,n-r)$

即(*)式成立，必有 $k=k_1=\cdots=k_{n-r}=0$.

故 $\boldsymbol{\eta}^*$，$\boldsymbol{\xi}_1$，$\boldsymbol{\xi}_2$，…，$\boldsymbol{\xi}_{n-r}$ 线性无关；

(2) 设存在一组数 k，k_1，…，k_{n-1}，使得

$$k\boldsymbol{\eta}^*+k_1(\boldsymbol{\eta}^*+\boldsymbol{\xi}_1)+k_2(\boldsymbol{\eta}^*+\boldsymbol{\xi}_2)+\cdots+k_{n-1}(\boldsymbol{\eta}^*+\boldsymbol{\xi}_{n-r})=0\qquad(@)$$

等式两边同时左边乘以矩阵 $\boldsymbol{A}$，得

$$k\boldsymbol{A\eta}^*+k_1\boldsymbol{A}(\boldsymbol{\eta}^*+\boldsymbol{\xi}_1)+k_2\boldsymbol{A}(\boldsymbol{\eta}^*+\boldsymbol{\xi}_2)+\cdots+k_{n-1}\boldsymbol{A}(\boldsymbol{\eta}^*+\boldsymbol{\xi}_{n-r})=0$$

整理得

$$(k+k_1+\cdots+k_{n-r})\boldsymbol{A\eta}^*+k_1\boldsymbol{A}\xi_1+k_2\boldsymbol{A}\xi_2+\cdots+k_{n-1}\boldsymbol{A}\xi_{n-r}=0 \quad (\#)$$

又 $\boldsymbol{\eta}^*$ 是非齐次线性方程组 $\boldsymbol{Ax}=\boldsymbol{b}$ 的一个解，有 $\boldsymbol{A}\eta*=\boldsymbol{b}$，$\boldsymbol{\xi}_1$，$\boldsymbol{\xi}_2$，…，$\boldsymbol{\xi}_{n-r}$是对应的齐次线性方程组的一个基础解系，即 $\boldsymbol{A}\xi_i=0(i=1,2,\cdots,n-r)$.

代入(#) 得$(k+k_1+\cdots+k_{n-r})\boldsymbol{b}=0$ 即

$$k+k_1+\cdots+k_{n-r}=0\Rightarrow k=-k_1-\cdots-k_{n-r} \quad (@@)$$

代入(@) 有 $k_1\boldsymbol{\xi}_1+k_2\boldsymbol{\xi}_2+\cdots+k_{n-1}\boldsymbol{\xi}_{n-r}=0$ ，又由于 $\boldsymbol{\xi}_1$，$\boldsymbol{\xi}_2$，…，$\boldsymbol{\xi}_{n-r}$是对应的齐次线性方程组的一个基础解系，即 $k_i=0(i=1,2,\cdots,n-r)$

将 $k_i=0(i=1,2,\cdots,n-r)$代入(@@)得 $k=0$.

即(@)式成立，必有 $k=k_1=\cdots=k_{n-r}=0$.

故 $\boldsymbol{\eta}^*$，$\boldsymbol{\eta}^*+\boldsymbol{\xi}_1$，$\boldsymbol{\eta}^*+\boldsymbol{\xi}_2$，…，$\boldsymbol{\eta}^*+\boldsymbol{\xi}_{n-r}$线性无关.

例 27 设 n 阶矩阵 $\boldsymbol{A}$ 满足 $\boldsymbol{A}^2=\boldsymbol{A}$，$\boldsymbol{E}$ 为 n 阶单位矩阵，证明 $\boldsymbol{R(A)+R(A-E)=n}$.

证明 【因为矩阵的秩就是矩阵行向量组的秩或列向量组的秩，所以可把有关矩阵秩的问题转化为向量组的秩的问题. 其次有其次方程组系数矩阵的秩和基础解系所含向量个数的关系即可.】

因 n 阶矩阵 $\boldsymbol{A}$ 满足 $\boldsymbol{A}^2=\boldsymbol{A}$，所以 $\boldsymbol{A(A-E)}=0$，即 $\boldsymbol{A-E}$ 的列向量为齐次线性方程组 $\boldsymbol{Ax}=0$ 的解向量，这些解向量可以有齐次线性方程组 $\boldsymbol{A}x=0$ 的基础解系线性表示，则 $R(\boldsymbol{A-E})\leqslant n-R(\boldsymbol{A})$，即 $R(\boldsymbol{A-E})+R(\boldsymbol{A})\leqslant n$

另一方面令 $\boldsymbol{A}=(\boldsymbol{\alpha}_1,\boldsymbol{\alpha}_2,\cdots,\boldsymbol{\alpha}_n)$　$\boldsymbol{E}=(\boldsymbol{e}_1,\boldsymbol{e}_2,\cdots,\boldsymbol{e}_n)$，单位向量组 $\boldsymbol{e}_1$，$\boldsymbol{e}_2$，…，$\boldsymbol{e}_n$ 可以有向量组 $\boldsymbol{\alpha}_1$，$\boldsymbol{\alpha}_2$，…，$\boldsymbol{\alpha}_n$，$\boldsymbol{\alpha}_1-\boldsymbol{e}_1$，$\boldsymbol{\alpha}_2-\boldsymbol{e}_2$，…，$\boldsymbol{\alpha}_n-\boldsymbol{e}_n$ 线性表示，故有，

$$R(\boldsymbol{\alpha}_1,\boldsymbol{\alpha}_2,\cdots,\boldsymbol{\alpha}_n,\boldsymbol{\alpha}_1-\boldsymbol{e}_1,\boldsymbol{\alpha}_2-\boldsymbol{e}_2,\cdots,\boldsymbol{\alpha}_n-\boldsymbol{e}_n)\geqslant R(\boldsymbol{e}_1,\boldsymbol{e}_2,\cdots,\boldsymbol{e}_n)=n$$

而 $R(\boldsymbol{A})+R(\boldsymbol{A-E})=R(\boldsymbol{\alpha}_1,\boldsymbol{\alpha}_2,\cdots,\boldsymbol{\alpha}_n)+R(\boldsymbol{\alpha}_1-\boldsymbol{e}_1,\boldsymbol{\alpha}_2-\boldsymbol{e}_2,\cdots,\boldsymbol{\alpha}_n-\boldsymbol{e}_n)\geqslant n$

从而有 $$R(\boldsymbol{A})+R(\boldsymbol{A-E})=n.$$

六、 应用与提高

例 28 若向量组 $\boldsymbol{\alpha}_1$，$\boldsymbol{\alpha}_2$，$\boldsymbol{\alpha}_3$ 线性相关，向量组 $\boldsymbol{\alpha}_2$，$\boldsymbol{\alpha}_3$，$\boldsymbol{\alpha}_4$ 线性无关. 试问 $\boldsymbol{\alpha}_4$ 能否由 $\boldsymbol{\alpha}_1$，$\boldsymbol{\alpha}_2$，$\boldsymbol{\alpha}_3$ 线性表示？并说明理由.

证明 【用待定系数法把 $\boldsymbol{\beta}$ 设为 $\boldsymbol{\alpha}_1$，$\boldsymbol{\alpha}_2$，$\boldsymbol{\alpha}_3$ 的线性组合，可列出方程组解出待定系数，若无解，则不能线性表示.】

不能. 因为向量组 $\boldsymbol{\alpha}_2$，$\boldsymbol{\alpha}_3$，$\boldsymbol{\alpha}_4$ 线性无关，所以 $\boldsymbol{\alpha}_2$，$\boldsymbol{\alpha}_3$ 线性无关. 又向量组 $\boldsymbol{\alpha}_1$，$\boldsymbol{\alpha}_2$，$\boldsymbol{\alpha}_3$ 线性相关，所以向量 $\boldsymbol{\alpha}_1$ 一定有向量组 $\boldsymbol{\alpha}_2$，$\boldsymbol{\alpha}_3$ 唯一线性表示，从而向量组 $\boldsymbol{\alpha}_1$，$\boldsymbol{\alpha}_2$，$\boldsymbol{\alpha}_3$ 与向量组 $\boldsymbol{\alpha}_2$，$\boldsymbol{\alpha}_3$ 等价. 又向量组 $\boldsymbol{\alpha}_2$，$\boldsymbol{\alpha}_3$，$\boldsymbol{\alpha}_4$ 线性无关，所以 $\boldsymbol{\alpha}_4$ 不能由 $\boldsymbol{\alpha}_1$，$\boldsymbol{\alpha}_2$，$\boldsymbol{\alpha}_3$ 线性表示.

例 29 已知 $\boldsymbol{\alpha}_1=(1,-1,1)^{\mathrm{T}}$，$\boldsymbol{\alpha}_2=(1,t,-1)^{\mathrm{T}}$，$\boldsymbol{\alpha}_3=(t,1,2)^{\mathrm{T}}$，$\boldsymbol{\beta}=(4,t^2,-4)^{\mathrm{T}}$. 若 $\boldsymbol{\beta}$ 可以由 $\boldsymbol{\alpha}_1$，$\boldsymbol{\alpha}_2$，$\boldsymbol{\alpha}_3$ 线性表示且表示法不唯一，求 t 及 $\boldsymbol{\beta}$ 的表达.

解 【$\boldsymbol{\alpha}_1$，$\boldsymbol{\alpha}_2$，$\boldsymbol{\alpha}_3$ 是 3 维向量，如果它们线性无关，则 $\boldsymbol{\beta}$ 一定能由 $\boldsymbol{\alpha}_1$，$\boldsymbol{\alpha}_2$，$\boldsymbol{\alpha}_3$ 唯一线性表示. 题目是线性表示且表示法不唯一，这表明只需要证明 $\boldsymbol{\alpha}_1$，$\boldsymbol{\alpha}_2$，$\boldsymbol{\alpha}_3$ 线性相关】

$$(\boldsymbol{\alpha}_1^{\mathrm{T}},\boldsymbol{\alpha}_2^{\mathrm{T}},\boldsymbol{\alpha}_3^{\mathrm{T}},\boldsymbol{\beta})=\begin{pmatrix}1&1&t&4\\-1&t&1&t^2\\1&-1&2&-4\end{pmatrix}\sim\begin{pmatrix}1&1&t&4\\0&t+1&1+t&t^2+4\\0&-2&2-t&-8\end{pmatrix}$$

$$\sim\begin{pmatrix}1&1&t&4\\0&t+1&1+t&t^2+4\\0&-2&2-t&-8\end{pmatrix}\begin{pmatrix}1&1&t&4\\0&1&\frac{t}{2}-1&4\\0&0&(t+1)(2-\frac{t}{2})&t^2-4t\end{pmatrix}\qquad(\#)$$

故当 $t=-1$ 或者 $t=4$ 时，$R(\boldsymbol{\alpha}_1,\boldsymbol{\alpha}_2,\boldsymbol{\alpha}_3)=2$，即 $\boldsymbol{\alpha}_1$，$\boldsymbol{\alpha}_2$，$\boldsymbol{\alpha}_3$ 线性相关.

当 $t=-1$ 时，$R(\boldsymbol{\alpha}_1,\boldsymbol{\alpha}_2,\boldsymbol{\alpha}_3)=2$，$R(\boldsymbol{\alpha}_1,\boldsymbol{\alpha}_2,\boldsymbol{\alpha}_3,\boldsymbol{\beta})=3$，此时 $\boldsymbol{\beta}$ 不可以由 $\boldsymbol{\alpha}_1$，$\boldsymbol{\alpha}_2$，$\boldsymbol{\alpha}_3$ 线性表示，

当 $t=4$ 时，$R(\boldsymbol{\alpha}_1,\boldsymbol{\alpha}_2,\boldsymbol{\alpha}_3)=2=R(\boldsymbol{\alpha}_1,\boldsymbol{\alpha}_2,\boldsymbol{\alpha}_3,\boldsymbol{\beta})$，此时 $\boldsymbol{\beta}$ 可以由 $\boldsymbol{\alpha}_1$，$\boldsymbol{\alpha}_2$，$\boldsymbol{\alpha}_3$ 线性表示，

有(#)式
$$\begin{pmatrix}1&1&4&4\\0&1&1&4\\0&0&0&0\end{pmatrix}\sim\begin{pmatrix}1&0&3&0\\0&1&1&4\\0&0&0&0\end{pmatrix}$$

即　$\boldsymbol{\beta}=4\boldsymbol{\alpha}_2$.

例 30　设 $\boldsymbol{\alpha}_1$，$\boldsymbol{\alpha}_2$，$\boldsymbol{\alpha}_3$ 均为 3 维向量，则对任意常数 k，l，向量组 $\boldsymbol{\alpha}_1+k\boldsymbol{\alpha}_3$，$\boldsymbol{\alpha}_2+l\boldsymbol{\alpha}_3$ 线性无关是向量组 $\boldsymbol{\alpha}_1$，$\boldsymbol{\alpha}_2$，$\boldsymbol{\alpha}_3$ 线性无关的

(A) 必要非充分条件　　(B) 充分非必要条件

(C) 充分必要条件　　(D) 既非充分又非必要条件

(2014 年全国硕士研究生统一考试数一、三真题)

解　【由于向量都是抽象的，所以要判断向量组是否无关必须利用其定义或者性质】

$$(\boldsymbol{\alpha}_1+k\boldsymbol{\alpha}_3,\boldsymbol{\alpha}_2+l\boldsymbol{\alpha}_3)=(\boldsymbol{\alpha}_1,\boldsymbol{\alpha}_2,\boldsymbol{\alpha}_3)\begin{pmatrix}1&0\\0&1\\k&l\end{pmatrix}.$$

若向量组 $\boldsymbol{\alpha}_1$，$\boldsymbol{\alpha}_2$，$\boldsymbol{\alpha}_3$ 线性无关，则$(\boldsymbol{\alpha}_1,\boldsymbol{\alpha}_2,\boldsymbol{\alpha}_3)$是三阶可逆矩阵，故 $R(\boldsymbol{\beta}_1,\boldsymbol{\beta}_2)=R\begin{pmatrix}1&0\\0&1\\k&l\end{pmatrix}=2$，即 $\boldsymbol{\alpha}_1+k\boldsymbol{\alpha}_3$，$\boldsymbol{\alpha}_2+l\boldsymbol{\alpha}_3$ 线性无关.

反之，设 $\boldsymbol{\alpha}_1$，$\boldsymbol{\alpha}_2$ 线性无关，$\boldsymbol{\alpha}_3=0$，则对于任意常数 k，l，必有 $\boldsymbol{\alpha}_1+k\boldsymbol{\alpha}_3$，$\boldsymbol{\alpha}_2+l\boldsymbol{\alpha}_3$ 线性无关，但 $\boldsymbol{\alpha}_1$，$\boldsymbol{\alpha}_2$，$\boldsymbol{\alpha}_3$ 线性相关.

所以 $\boldsymbol{\alpha}_1+k\boldsymbol{\alpha}_3$，$\boldsymbol{\alpha}_2+l\boldsymbol{\alpha}_3$ 线性无关是向量组 $\boldsymbol{\alpha}_1$，$\boldsymbol{\alpha}_2$，$\boldsymbol{\alpha}_3$ 线性无关的必要非充分条件.

例 31　设向量组 $\boldsymbol{\alpha}_1=(1,0,1)^{\mathrm{T}}$，$\boldsymbol{\alpha}_2=(0,1,1)^{\mathrm{T}}$，$\boldsymbol{\alpha}_3=(1,3,5)^{\mathrm{T}}$ 不能由向量组 $\boldsymbol{\beta}_1=(1,1,1)^{\mathrm{T}}$，$\boldsymbol{\beta}_2=(1,2,3)^{\mathrm{T}}$，$\boldsymbol{\beta}_3=(3,4,a)^{\mathrm{T}}$ 线性表示.

(1) 求 a 的值，(2) 将 $\boldsymbol{\beta}_1$，$\boldsymbol{\beta}_2$，$\boldsymbol{\beta}_3$ 用 $\boldsymbol{\alpha}_1$，$\boldsymbol{\alpha}_2$，$\boldsymbol{\alpha}_3$ 线性表示.

(2011 年全国硕士研究生统一考试数一、三真题)

解　【由向量组之间的线性表示定理可知 $\boldsymbol{\beta}_1$，$\boldsymbol{\beta}_2$，$\boldsymbol{\beta}_3$ 一定线性相关，从而可求得 a，求一个向量与另一个向量组之间的线性表示实际上就是求非齐次方程组的解.】

(1) 易知向量组 $\boldsymbol{\alpha}_1$，$\boldsymbol{\alpha}_2$，$\boldsymbol{\alpha}_3$ 线性无关，又向量组 $\boldsymbol{\alpha}_1$，$\boldsymbol{\alpha}_2$，$\boldsymbol{\alpha}_3$ 不能由向量组 $\boldsymbol{\beta}_1$，$\boldsymbol{\beta}_2$，$\boldsymbol{\beta}_3$ 线性表示，故 $\boldsymbol{\beta}_1$，$\boldsymbol{\beta}_2$，$\boldsymbol{\beta}_3$ 线性相关. 于是，行列式 $|\boldsymbol{\beta}_1,\boldsymbol{\beta}_2,\boldsymbol{\beta}_3|=0$，即

$$\begin{vmatrix} 1 & 1 & 3 \\ 1 & 2 & 4 \\ 1 & 3 & a \end{vmatrix}=0$$

解之得 $a=5$.

(2) 对矩阵 $\boldsymbol{A}=(\boldsymbol{\alpha}_1, \boldsymbol{\alpha}_2, \boldsymbol{\alpha}_3, \boldsymbol{\beta}_1, \boldsymbol{\beta}_2, \boldsymbol{\beta}_3)$ 作初等变换得,

$$\boldsymbol{A}=\begin{pmatrix} 1 & 0 & 1 & 1 & 1 & 3 \\ 0 & 1 & 3 & 1 & 2 & 4 \\ 1 & 1 & 5 & 1 & 3 & 5 \end{pmatrix} \sim \begin{pmatrix} 1 & 0 & 1 & 1 & 1 & 3 \\ 0 & 1 & 3 & 1 & 2 & 4 \\ 0 & 1 & 4 & 0 & 2 & 2 \end{pmatrix} \sim \begin{pmatrix} 1 & 0 & 1 & 1 & 1 & 3 \\ 0 & 1 & 3 & 1 & 2 & 4 \\ 0 & 0 & 1 & -1 & 0 & -2 \end{pmatrix}$$

$$\sim \begin{pmatrix} 1 & 0 & 0 & 2 & 1 & 5 \\ 0 & 1 & 0 & 4 & 2 & 10 \\ 0 & 0 & 1 & -1 & 0 & -2 \end{pmatrix}$$

故 $\boldsymbol{\beta}_1=2\boldsymbol{\alpha}_1+4\boldsymbol{\alpha}_2-\boldsymbol{\alpha}_3$, $\boldsymbol{\beta}_2=\boldsymbol{\alpha}_1+2\boldsymbol{\alpha}_2$, $\boldsymbol{\beta}_3=5\boldsymbol{\alpha}_1+10\boldsymbol{\alpha}_2-2\boldsymbol{\alpha}_3$.

例 32 设 $\boldsymbol{\alpha}_1=\begin{pmatrix} 0 \\ 0 \\ c_1 \end{pmatrix}$, $\boldsymbol{\alpha}_2=\begin{pmatrix} 0 \\ 1 \\ c_2 \end{pmatrix}$, $\boldsymbol{\alpha}_3=\begin{pmatrix} 1 \\ -1 \\ c_3 \end{pmatrix}$, $\boldsymbol{\alpha}_4=\begin{pmatrix} -1 \\ 1 \\ c_4 \end{pmatrix}$, 其中 c_1, c_2, c_3, c_4 为任意常数, 则下列向量组线性相关的是(　　).

A. $\boldsymbol{\alpha}_1, \boldsymbol{\alpha}_2, \boldsymbol{\alpha}_3$　　B. $\boldsymbol{\alpha}_1, \boldsymbol{\alpha}_2, \boldsymbol{\alpha}_4$　　C. $\boldsymbol{\alpha}_1, \boldsymbol{\alpha}_3, \boldsymbol{\alpha}_4$　　D. $\boldsymbol{\alpha}_2, \boldsymbol{\alpha}_3, \boldsymbol{\alpha}_4$

(2012 年全国硕士研究生统一考试数一、三真题)

解 显然 $|\boldsymbol{\alpha}_1, \boldsymbol{\alpha}_3, \boldsymbol{\alpha}_4|=\begin{vmatrix} 0 & 1 & -1 \\ 0 & -1 & 1 \\ c_1 & c_3 & c_4 \end{vmatrix}=0$ 所以 $\boldsymbol{\alpha}_1, \boldsymbol{\alpha}_3, \boldsymbol{\alpha}_4$ 线性相关.

例 33 设 $\boldsymbol{A}=\begin{pmatrix} 1 & -1 & -1 \\ -1 & 1 & 1 \\ 0 & -4 & -2 \end{pmatrix}$, $\boldsymbol{\xi}_1=\begin{pmatrix} -1 \\ 1 \\ -2 \end{pmatrix}$. (1) 求满足 $\boldsymbol{A\xi}_2=\boldsymbol{\xi}_1$ 的 $\boldsymbol{\xi}_2$, $\boldsymbol{A}^2\boldsymbol{\xi}_3=\boldsymbol{\xi}_1$ 的 $\boldsymbol{\xi}_3$; (2)对(1)中的任意向量 $\boldsymbol{\xi}_2, \boldsymbol{\xi}_3$, 证明: $\boldsymbol{\xi}_1, \boldsymbol{\xi}_2, \boldsymbol{\xi}_3$ 线性无关.

(2009 年全国硕士研究生统一考试数一、三真题)

解 【主要是矩阵的运算, 非齐次方程组解的结构以及向量组线性无关的判定】

法一 (1) 解方程 $\boldsymbol{A\xi}_2=\boldsymbol{\xi}_1$

$$(\boldsymbol{A}, \boldsymbol{\xi}_1)=\begin{pmatrix} 1 & -1 & -1 & -1 \\ -1 & 1 & 1 & 1 \\ 0 & -4 & -2 & -2 \end{pmatrix} \sim \begin{pmatrix} 1 & -1 & -1 & -1 \\ 0 & 0 & 0 & 0 \\ 0 & -4 & -2 & -2 \end{pmatrix} \sim \begin{pmatrix} 1 & -1 & -1 & -1 \\ 0 & 2 & 1 & 1 \\ 0 & 0 & 0 & 0 \end{pmatrix}$$

$$\sim \begin{pmatrix} 1 & 1 & 0 & 0 \\ 0 & 2 & 1 & 1 \\ 0 & 0 & 0 & 0 \end{pmatrix}$$

得　同解方程组 $\begin{cases} x_1=-x_2, \\ x_3=-2x_2+1. \end{cases}$

从而有
$$\boldsymbol{\xi}_2=k_1\begin{pmatrix} -1 \\ 1 \\ -2 \end{pmatrix}+\begin{pmatrix} 0 \\ 0 \\ 1 \end{pmatrix}(k_1 \text{ 为任意常数})$$

$$A^2=\begin{pmatrix}2&2&0\\-2&-2&0\\4&4&0\end{pmatrix}$$

$$(A^2,\ \boldsymbol{\xi}_1)=\begin{pmatrix}2&2&0&-1\\-2&-2&0&1\\4&4&0&-2\end{pmatrix}\sim\begin{pmatrix}1&1&0&-\frac{1}{2}\\0&0&0&0\\0&0&0&0\end{pmatrix}$$

解得
$$\boldsymbol{\xi}_3=k_2\begin{pmatrix}-1\\1\\0\end{pmatrix}+k_3\begin{pmatrix}0\\0\\1\end{pmatrix}+\begin{pmatrix}-\frac{1}{2}\\0\\0\end{pmatrix}(k_2,\ k_3\text{ 为任意常数})$$

(2) 由于 $|\boldsymbol{\xi}_1,\ \boldsymbol{\xi}_2,\ \boldsymbol{\xi}_3|=\begin{vmatrix}-1&k_1&-k_2-\frac{1}{2}\\1&-k_1&k_2\\2&2k_1+1&k_3\end{vmatrix}=-\frac{1}{2}\neq 0$，

故 $\boldsymbol{\xi}_1$，$\boldsymbol{\xi}_2$，$\boldsymbol{\xi}_3$ 线性无关.

法二　(1)解方程 $\boldsymbol{A\xi}_2=\boldsymbol{\xi}_1$

$$(\boldsymbol{A},\ \boldsymbol{\xi}_1)=\begin{pmatrix}1&-1&-1&-1\\-1&1&1&1\\0&-4&-2&-2\end{pmatrix}\sim\begin{pmatrix}1&-1&-1&-1\\0&0&0&0\\0&-4&-2&-2\end{pmatrix}\sim\begin{pmatrix}1&-1&-1&-1\\0&1&\frac{1}{2}&\frac{1}{2}\\0&0&0&0\end{pmatrix}$$

$$\sim\begin{pmatrix}1&0&-\frac{1}{2}&-\frac{1}{2}\\0&1&\frac{1}{2}&\frac{1}{2}\\0&0&0&0\end{pmatrix}$$

得　同解方程组
$$\begin{cases}x_1=\frac{1}{2}x_3-\frac{1}{2},\\x_2=-\frac{1}{2}x_3+\frac{1}{2}.\end{cases}$$

从而有
$$\boldsymbol{\xi}_2=k_1\begin{pmatrix}\frac{1}{2}\\-\frac{1}{2}\\1\end{pmatrix}+\begin{pmatrix}-\frac{1}{2}\\\frac{1}{2}\\0\end{pmatrix}(k_1\text{ 为任意常数})$$

$$\boldsymbol{A}^2=\begin{pmatrix}2&2&0\\-2&-2&0\\4&4&0\end{pmatrix}$$

$$(\boldsymbol{A}^2,\ \boldsymbol{\xi}_1)=\begin{pmatrix}2&2&0&-1\\-2&-2&0&1\\4&4&0&-2\end{pmatrix}\sim\begin{pmatrix}1&1&0&-\frac{1}{2}\\0&0&0&0\\0&0&0&0\end{pmatrix}$$

解得 $$\boldsymbol{\xi}_3=k_2\begin{pmatrix}-1\\1\\0\end{pmatrix}+k_3\begin{pmatrix}0\\0\\1\end{pmatrix}+\begin{pmatrix}-\frac{1}{2}\\0\\0\end{pmatrix}(k_2,\ k_3\text{ 为任意常数})$$

(3) 设存在数 k_1，k_2，k_3，使得

$$k_1\boldsymbol{\xi}_1+k_2\boldsymbol{\xi}_2+k_3\boldsymbol{\xi}_3=0 \tag{\#}$$

由题设可得 $\boldsymbol{A\xi}_1=0$.

(#)式两端左乘 $\boldsymbol{A}$ 得 $k_2\boldsymbol{A\xi}_2+k_3\boldsymbol{A\xi}_3=0$，即

$$k_2\boldsymbol{\xi}_1+k_3\boldsymbol{A\xi}_3=0 \tag{@}$$

(@)式两端左乘 $\boldsymbol{A}$ 得 $k_3\boldsymbol{\xi}_1=0$，故 $k_3=0$，

将 $k_3=0$ 代入(@)式得 $k_2\boldsymbol{\xi}_1=0$，故 $k_2=0$，将 $k_2=0$，$k_3=0$ 代入(#)式得 $k_1=0$，从而 $\boldsymbol{\xi}_1$，$\boldsymbol{\xi}_2$，$\boldsymbol{\xi}_3$ 线性无关.

例 34 设 4 维向量 $\boldsymbol{\alpha}_1=(1+a,1,1,1)^{\mathrm{T}}$，$\boldsymbol{\alpha}_2=(2,2+a,2,2)^{\mathrm{T}}$，$\boldsymbol{\alpha}_3=(3,3,3+a,3)^{\mathrm{T}}$ $\boldsymbol{\alpha}_4=(4,4,4,4+a)^{\mathrm{T}}$ 问 a 为何值时，$\boldsymbol{\alpha}_1$，$\boldsymbol{\alpha}_2$，$\boldsymbol{\alpha}_3$，$\boldsymbol{\alpha}_4$ 线性相关？当线性相关时，求其一个极大线性无关组，并将其余向量用该极大线性无关组线性表示.

解 **【要判断一个向量组是否线性相关有两种方法，直接利用定义或利用初等行变换来判断该向量组的秩是否小于该向量组中向量的个数.】**

$$|\boldsymbol{\alpha}_1,\boldsymbol{\alpha}_2,\boldsymbol{\alpha}_3,\boldsymbol{\alpha}_4|=\begin{vmatrix}1+a&2&3&4\\1&2+a&3&4\\1&2&3+a&4\\1&2&3&4+a\end{vmatrix}=(10+a)\begin{vmatrix}1&2&3&4\\1&2+a&3&4\\1&2&3+a&4\\1&2&3&4+a\end{vmatrix}$$

$$=(10+a)\begin{vmatrix}1&2&3&4\\0&a&0&0\\0&0&a&0\\0&0&0&a\end{vmatrix}=(10+a)a^3=0$$

当 $a=0$ 或 $a=-10$ 时，$\boldsymbol{\alpha}_1$，$\boldsymbol{\alpha}_2$，$\boldsymbol{\alpha}_3$，$\boldsymbol{\alpha}_4$ 线性相关.

(1) 当 $a=0$ 时，$\boldsymbol{\alpha}_1$ 为 $\boldsymbol{\alpha}_1$，$\boldsymbol{\alpha}_2$，$\boldsymbol{\alpha}_3$，$\boldsymbol{\alpha}_4$ 的一个极大无关向量组，且

$$\boldsymbol{\alpha}_2=2\boldsymbol{\alpha}_1,\ \boldsymbol{\alpha}_3=3\boldsymbol{\alpha}_1,\ \boldsymbol{\alpha}_4=4\boldsymbol{\alpha}_1.$$

(2) 当 $a=-10$ 时，

$$(\boldsymbol{\alpha}_1,\boldsymbol{\alpha}_2,\boldsymbol{\alpha}_3,\boldsymbol{\alpha}_4)\sim\begin{pmatrix}-9&2&3&4\\1&-8&3&4\\1&2&-7&4\\1&2&3&-6\end{pmatrix}\sim\begin{pmatrix}1&2&3&-6\\0&-10&0&10\\0&0&-10&10\\0&20&30&-50\end{pmatrix}$$

$$\sim\begin{pmatrix}1&2&3&-6\\0&-10&0&10\\0&0&-10&10\\0&0&30&-30\end{pmatrix}\sim\begin{pmatrix}1&2&3&-6\\0&1&0&-1\\0&0&1&-1\\0&0&0&0\end{pmatrix}\sim\begin{pmatrix}1&0&0&-1\\0&1&0&-1\\0&0&1&-1\\0&0&0&0\end{pmatrix}$$

故 $\boldsymbol{\alpha}_1$，$\boldsymbol{\alpha}_2$，$\boldsymbol{\alpha}_3$ 为 $\boldsymbol{\alpha}_1$，$\boldsymbol{\alpha}_2$，$\boldsymbol{\alpha}_3$，$\boldsymbol{\alpha}_4$ 的一个极大无关向量组，且 $\boldsymbol{\alpha}_4=\boldsymbol{\alpha}_1-\boldsymbol{\alpha}_2-\boldsymbol{\alpha}_3$.

例 35 设 $\boldsymbol{A}=(\alpha_1,\alpha_2,\alpha_3,\alpha_4)$，若$(1,0,1,0)^{\mathrm{T}}$ 是方程 $\boldsymbol{AX}=\boldsymbol{O}$ 的一个基础解系，

则 $A^*X=O$ 的基础解系可为

(A) α_1，α_2　　(B) α_1，α_3　　(C) α_1，α_2，α_3　　(D) α_2，α_3，α_4

（2011 年全国硕士研究生统一考试数一、三真题）

解 【伴随矩阵的性质和基础解系的概念】

因为$(1，0，1，0)^{\mathrm{T}}$ 是方程 $AX=O$ 的一个基础解系，故 $R(A)=3$，$R(A^*)=1$，于是的基础解系含线性无关的向量的个数为 3.

又$(1，0，1，0)^{\mathrm{T}}$ 是方程 $AX=O$ 的一个基础解系，从而 $\alpha_1+\alpha_3=0$.

由 $A^*A=|A|E=0$ 得 α_1，α_2，α_3，α_4 均为 $A^*X=O$ 的解.

故 α_2，α_3，α_4 可作为 $A^*X=O$ 的基础解系.

例 36 设 $A=\begin{pmatrix}1 & -2 & 3 & -4\\0 & 1 & -1 & 1\\1 & 2 & 0 & -3\end{pmatrix}$，$E$ 为三阶单位矩阵，

(1) 求方程组 $Ax=O$ 的一个基础解系；

(2) 求满足 $AB=E$ 的所有矩阵 B.

（2014 年全国硕士研究生统一考试数一、三真题）

解 【齐次方程组的基础解系的求法一般对系数矩阵进行行初等变换化为阶梯形，然后得到同解方程组；第二问就是利用初等变换法求非齐次方程组的通解】

(1) 对矩阵 A 作初等行变换

$$A=\begin{pmatrix}1 & -2 & 3 & -4\\0 & 1 & -1 & 1\\1 & 2 & 0 & -3\end{pmatrix}\sim\begin{pmatrix}1 & -2 & 3 & -4\\0 & 1 & -1 & 1\\0 & 4 & -3 & 1\end{pmatrix}\sim\begin{pmatrix}1 & -2 & 3 & -4\\0 & 1 & -1 & 1\\0 & 0 & 1 & -3\end{pmatrix}$$

$$\sim\begin{pmatrix}1 & 0 & 0 & 1\\0 & 1 & 0 & -2\\0 & 0 & 1 & -3\end{pmatrix}$$

则齐次方程组 $Ax=O$ 的一个基础解系为 $\alpha=\begin{pmatrix}-1\\2\\3\\1\end{pmatrix}$.

(2) 对矩阵$(A\quad E)$作初等行变换

$$(A\quad E)=\begin{pmatrix}1 & -2 & 3 & -4 & 1 & 0 & 0\\0 & 1 & -1 & 1 & 0 & 1 & 0\\1 & 2 & 0 & -3 & 0 & 0 & 1\end{pmatrix}\sim\begin{pmatrix}1 & -2 & 3 & -4 & 1 & 0 & 0\\0 & 1 & -1 & 1 & 0 & 1 & 0\\0 & 4 & -3 & 1 & -1 & 0 & 1\end{pmatrix}$$

$$\sim\begin{pmatrix}1 & -2 & 3 & -4 & 1 & 0 & 0\\0 & 1 & -1 & 1 & 0 & 1 & 0\\0 & 0 & 1 & -3 & -1 & -4 & 1\end{pmatrix}\sim\begin{pmatrix}1 & 0 & 0 & 1 & 2 & 6 & -1\\0 & 1 & 0 & -2 & -1 & -3 & 1\\0 & 0 & 1 & -3 & -1 & -4 & 1\end{pmatrix}$$

记 $A=(e_1，e_2，e_3)$，则

$Ax=e_1$ 的通解为　$x=\begin{pmatrix}2\\-1\\-1\\0\end{pmatrix}+k_1\alpha$，($k_1$ 为任意常数)；

$\boldsymbol{Ax}=\boldsymbol{e}_2$ 的通解为 $\quad \boldsymbol{x}=\begin{pmatrix}6\\-3\\-4\\0\end{pmatrix}+k_2\boldsymbol{\alpha}$，($k_2$ 为任意常数)；

$\boldsymbol{Ax}=\boldsymbol{e}_3$ 的通解为 $\quad \boldsymbol{x}=\begin{pmatrix}-1\\1\\1\\0\end{pmatrix}+k_1\boldsymbol{\alpha}$，($k_3$ 为任意常数).

因此所求矩阵为 $\boldsymbol{x}=\begin{pmatrix}2&6&-1\\-1&-3&1\\-1&-4&1\\0&0&0\end{pmatrix}+(k_1\alpha,\ k_2\alpha,\ k_3\alpha)$($k_1$，$k_2$，$k_3$ 为任意常数).

例 37 设齐次线性方程组 $\begin{cases}a_{11}x_1+a_{12}x_2+\cdots+a_{1n}x_n=0,\\ a_{21}x_1+a_{22}x_2+\cdots+a_{2n}x_n=0,\\ \cdots\\ a_{n-1,1}x_1+a_{n-2,2}x_2+\cdots+a_{n-1,n}x_n=0\end{cases}$ 的系数矩阵记为 $\boldsymbol{A}$，$M_j(j=1,2,\cdots,n)$是矩阵 $\boldsymbol{A}$ 中程组划去第 j 列所得到的行列式，证明：如果 $M_j(j=1,2,\cdots,n)$不全为零，则$(M_1,-M_2,\cdots,(-1)^{n-1}M_n)^{\mathrm{T}}$ 是该方程组的基础解系.

证明 【仔细研究 $M_j(j=1,2,\cdots,n)$和余子式 $M_{nj}(j=1,2,\cdots,n)$、代数余子式 $A_{nj}(j=1,2,\cdots,n)$的关系 $M_{nj}(j=1,2,\cdots,n)$；行列式展开式以及基础解系的性质即可.】

令 $\boldsymbol{B}=\begin{pmatrix}a_{11}&a_{12}&\cdots&a_{1n}\\a_{21}&a_{22}&\cdots&a_{2n}\\\cdots&\cdots&\cdots&\cdots\\a_{n1}&a_{n2}&\cdots&a_{nn}\end{pmatrix}$

则
$$a_{i1}A_{n1}+a_{i2}A_{n2}+\cdots+a_{in}A_{nn}=\begin{cases}|B| & i=n\\ 0 & i\neq n\end{cases}.$$

且
$$A_{nj}=(-1)^{n+j}M_{nj}$$

其中
$$M_{nj}=\begin{pmatrix}a_{11}&a_{12}&\cdots&a_{1(j-1)}&a_{1(j+1)}&\cdots&a_{1n}\\a_{21}&a_{22}&\cdots&a_{1(j-1)}&a_{2(j+1)}&\cdots&a_{2n}\\\cdots&\cdots&\cdots&\cdots&\cdots&\cdots&\cdots\\a_{(n-1)1}&a_{(n-1)2}&\cdots&a_{(n-1)(j-1)}&a_{(n-1)(j+1)}&\cdots&a_{(n-1)n}\end{pmatrix}=M_j$$

即
$$A_{nj}=(-1)^{n+j}M_{nj}=(-1)^{n+j}M_j\ (j=1\sim n)$$

所以当 $i\neq n$ 时

$$a_{i1}A_{n1}+a_{i2}A_{n2}+\cdots+a_{in}A_{nn}=a_{i1}(-1)^{n+1}M_1+a_{i2}(-1)^{n+2}M_2+\cdots+a_{in}(-1)^{n+n}M_n=0.$$

即如果 $M_j(j=1,2,\cdots,n)$不全为零，$(M_1,-M_2,\cdots,(-1)^{n-1}M_n)$是齐次方程组的一个非零解.

如果 $M_j(j=1,2,\cdots,n)$不全为零，则 $R(\boldsymbol{A})=n-1$，齐次方程组的基础解系所含

向量的个数为 1. 所以$(M_1, -M_2, \cdots, (-1)^{n-1}M_n)$是齐次方程组的一个基础解系.

七、 本章综合测试

(一) 选择题(本题共 4 小题，每小题 5 分，满分 20 分)

(1) 设矩阵 $\boldsymbol{A}$，$\boldsymbol{B}$，$\boldsymbol{C}$ 均为 n 阶方阵，若 $\boldsymbol{AB}=\boldsymbol{C}$，且 $\boldsymbol{B}$ 可逆，则(　　).

(A) 矩阵 $\boldsymbol{C}$ 的行向量组与矩阵 $\boldsymbol{A}$ 的行向量组等价

(B) 矩阵 $\boldsymbol{C}$ 的列向量组与矩阵 $\boldsymbol{A}$ 的列向量组等价

(C) 矩阵 $\boldsymbol{C}$ 的行向量组与矩阵 $\boldsymbol{B}$ 的行向量组等价

(D) 矩阵 $\boldsymbol{C}$ 的列向量组与矩阵 $\boldsymbol{B}$ 的列向量组等价

(2) 设向量组 $\boldsymbol{\alpha}_1$，$\boldsymbol{\alpha}_2$，$\boldsymbol{\alpha}_3$ 线性无关，向量 $\boldsymbol{\beta}_1$ 可由 $\boldsymbol{\alpha}_1$，$\boldsymbol{\alpha}_2$，$\boldsymbol{\alpha}_3$ 线性表示，而向量 $\boldsymbol{\beta}_2$ 不能由 $\boldsymbol{\alpha}_1$，$\boldsymbol{\alpha}_2$，$\boldsymbol{\alpha}_3$ 线性表示，则对于任意常数 k，必有(　　).

(A) $\boldsymbol{\alpha}_1$，$\boldsymbol{\alpha}_2$，$\boldsymbol{\alpha}_3$，$k\boldsymbol{\beta}_1+\boldsymbol{\beta}_2$ 线性无关　　(B) $\boldsymbol{\alpha}_1$，$\boldsymbol{\alpha}_2$，$\boldsymbol{\alpha}_3$，$k\boldsymbol{\beta}_1+\boldsymbol{\beta}_2$ 线性相关

(C) $\boldsymbol{\alpha}_1$，$\boldsymbol{\alpha}_2$，$\boldsymbol{\alpha}_3$，$\boldsymbol{\beta}_1+k\boldsymbol{\beta}_2$ 线性无关　　(D) $\boldsymbol{\alpha}_1$，$\boldsymbol{\alpha}_2$，$\boldsymbol{\alpha}_3$，$\boldsymbol{\beta}_1+k\boldsymbol{\beta}_2$ 线性相关

(3) 非齐次线性方程组 $\boldsymbol{Ax}=\boldsymbol{b}$ 中未知个数为 n，方程个数为 m，$R(\boldsymbol{A})=r$，则(　　).

(A) $r=m$ 时，$\boldsymbol{Ax}=\boldsymbol{b}$ 有解　　(B) $r=n$ 时，$\boldsymbol{Ax}=\boldsymbol{b}$ 有唯一解

(C) $m=n$ 时，$\boldsymbol{Ax}=\boldsymbol{b}$ 有唯一解　　(D) $r<n$ 时，$\boldsymbol{Ax}=\boldsymbol{b}$ 有唯一解

(4) 设 $\boldsymbol{A}$ 为 n 阶矩阵，$\boldsymbol{\alpha}$ 是 n 维列向量. 若秩$\begin{pmatrix}\boldsymbol{A} & \boldsymbol{\alpha}\\ \boldsymbol{\alpha}^{\mathrm{T}} & 0\end{pmatrix}=R(\boldsymbol{A})$，则线性方程组(　　).

(A) $\boldsymbol{A}x=\boldsymbol{\alpha}$ 必有无穷多解　　(B) $\boldsymbol{Ax}=\boldsymbol{\alpha}$ 必有唯一解

(C) $\begin{pmatrix}\boldsymbol{A} & \boldsymbol{\alpha}\\ \boldsymbol{\alpha}^{\mathrm{T}} & 0\end{pmatrix}\begin{pmatrix}x\\ y\end{pmatrix}=\boldsymbol{0}$ 仅有零解　　(D) $\begin{pmatrix}\boldsymbol{A} & \boldsymbol{\alpha}\\ \boldsymbol{\alpha}^{\mathrm{T}} & 0\end{pmatrix}\begin{pmatrix}x\\ y\end{pmatrix}=\boldsymbol{0}$ 必有非零解

(二) 填空题(本题共 4 小题，每小题 5 分，满分 20 分)

(1) 设行向量组(2，1，1，1)，(2，1，a，a)，(3，2，1，a)，(4，3，2，1)线性相关，且 $a\neq1$，则 $a=$________.

(2) 设向量组 $\boldsymbol{\alpha}_1=(a, 0, c)$，$\boldsymbol{\alpha}_2=(b, c, 0)$，$\boldsymbol{\alpha}_3=(0, a, b)$线性无关，则 a，b，c 必满足关系式________.

(3) 设 $\boldsymbol{A}$ 为 4×3 的非零矩阵，$\boldsymbol{\eta}_1$，$\boldsymbol{\eta}_2$，$\boldsymbol{\eta}_3$ 是非齐次线性方程组 $\boldsymbol{A}x=\boldsymbol{\beta}$ 的 3 个线性无关的解，k_1，k_2 为任意常数，则 $\boldsymbol{Ax}=\boldsymbol{\beta}$ 的通解为________.

(4) 设非齐次方程组 $\boldsymbol{A}x=\boldsymbol{b}$，对$(\boldsymbol{A}\ \vdots\ \boldsymbol{b})$增广矩阵施行初等行变换得$\begin{pmatrix}1 & 0 & 0 & 2\\ 0 & 1 & 1 & 0\\ 0 & 0 & 1 & 1\end{pmatrix}$，则原方程组的解为________.

(三) (本题满分 10 分)

求向量组 $\boldsymbol{\alpha}_1=(1, t, 1, 1)^{\mathrm{T}}$，$\boldsymbol{\alpha}_2=(1, 0, 1, 1)^{\mathrm{T}}$，$\boldsymbol{\alpha}_3=(1, -1, 1, 1)^{\mathrm{T}}$，$\boldsymbol{\alpha}_4=(0, 1, -1, 1)^{\mathrm{T}}$，$\boldsymbol{\alpha}_5=(-1, 0, 1, 1)^{\mathrm{T}}$ 的秩及一个最大线性无关组，并将其余向量用该最大线性无关组线性表示.

(四) (本题满分 10 分)设 $\boldsymbol{A}$ 为 n 阶矩阵，$\boldsymbol{X}_1$，$\boldsymbol{X}_2$，$\boldsymbol{X}_3$ 是 n 列向量组，且 $\boldsymbol{X}_1\neq0$，$\boldsymbol{AX}_1=\boldsymbol{X}_1$，$\boldsymbol{AX}_2=\boldsymbol{X}_1+\boldsymbol{X}_2$，$\boldsymbol{AX}_3=\boldsymbol{X}_2+\boldsymbol{X}_3$，证明 $\boldsymbol{X}_1$，$\boldsymbol{X}_2$，$\boldsymbol{X}_3$ 线性无关.

(五)（本题满分 15 分）设线性方程组

（Ⅰ）$\begin{cases} x_1+x_2=0, \\ x_2-x_4=0. \end{cases}$　　（Ⅱ）$\begin{cases} -x_1+x_2-x_3=0, \\ x_2-x_3+x_4=0. \end{cases}$

(1) 求方程组(Ⅰ)，(Ⅱ)的基础解系，

(2) 求方程组(Ⅰ)，(Ⅱ)的公共解.

(六)（本题满分 15 分）

已知三阶矩阵 $\boldsymbol{A}$ 与 3 维向量 $\boldsymbol{x}$，使得向量组 $\boldsymbol{x}$，$\boldsymbol{Ax}$，$\boldsymbol{A}^2\boldsymbol{x}$ 线性无关，且满足 $\boldsymbol{A}^3\boldsymbol{x}=3\boldsymbol{Ax}-2\boldsymbol{A}^2\boldsymbol{x}$.

(1) 记 $\boldsymbol{P}=(\boldsymbol{x}, \boldsymbol{Ax}, \boldsymbol{A}^2\boldsymbol{x})$，求三阶矩阵 $\boldsymbol{B}$，使 $\boldsymbol{A}=\boldsymbol{PBP}^{-1}$；

(2) 计算行列式 $|\boldsymbol{A}+\boldsymbol{E}|$.

(七)（本题满分 10 分）若线性方程组 $\begin{cases} a_{11}x_1+a_{12}x_2+\cdots+a_{1n}x_n=0, \\ a_{21}x_1+a_{22}x_2+\cdots+a_{2n}x_n=0, \\ \cdots \\ a_{m1}x_1+a_{m2}x_2+\cdots+a_{mn}x_n=0 \end{cases}$ 的全部解都是方程 $b_1x_1+b_2x_2+\cdots+b_nx_n=0$ 的解，证明：向量 $\boldsymbol{\beta}=(b_1, b_2, \cdots, b_n)$ 可由向量组 $\boldsymbol{\alpha}_i=(a_{i1}, a_{i2}, \cdots, a_{in})(i=1\sim n)$ 线性表示.

八、 测试答案

(一) (1) B　(2) A　(3) B　(4) D

(二) (1) $a=\frac{1}{2}$；(2) $abc\neq0$；(3) $k_1(\boldsymbol{\eta}_2-\boldsymbol{\eta}_1)+k_2(\boldsymbol{\eta}_3-\boldsymbol{\eta}_1)+\boldsymbol{\eta}_1$；

(4) $x_1=2$，$x_2=-1$，$x_3=1$.

(三) $R(\boldsymbol{\alpha}_1, \boldsymbol{\alpha}_2, \boldsymbol{\alpha}_3, \boldsymbol{\alpha}_4, \boldsymbol{\alpha}_5)=4$；$\alpha_4$，$\alpha_2$，$\alpha_3$，$\alpha_5$ 是一个最大线性无关组；$\boldsymbol{\alpha}_1=(1+t)\boldsymbol{\alpha}_2-t\boldsymbol{\alpha}_3$.

(四) 略

(五) (1) 方程组(Ⅰ)的基础解系为 $\begin{pmatrix}-1\\1\\0\\1\end{pmatrix}$，$\begin{pmatrix}0\\0\\1\\0\end{pmatrix}$；(Ⅱ)的基础解系为 $\begin{pmatrix}1\\1\\0\\-1\end{pmatrix}$，$\begin{pmatrix}-1\\0\\1\\1\end{pmatrix}$；

(2) 方程组(Ⅰ)，(Ⅱ)的公共解 $\begin{pmatrix}-1\\1\\2\\1\end{pmatrix}k$，($k$ 是任意常数).

(六) (1) $\boldsymbol{B}=\begin{pmatrix}0&0&0\\1&0&3\\0&1&-2\end{pmatrix}$；(2) $|\boldsymbol{A}+\boldsymbol{E}|=-4$.

(七) 略

第四章

特征值与特征向量

一、 本章知识结构图

- 特征值与特征向量 →
  - 概念(特征值，特征向量，特征方程)
  - 计算(二阶、三阶、四阶、n 阶矩阵)
  - 性质
- 矩阵的对角化 →
  - 一般矩阵 →
    - 相似矩阵及性质
    - 可对角化条件
    - 对角化过程
    - 对角化的应用
  - 实对称矩阵 →
    - 预备知识 →
      - 向量内积、模、正交
      - 正交向量组及性质
      - 施密特正交化
      - 正交矩阵及性质
    - 对角化 →
      - 实对称阵特征值、特征向量性质
      - 实对称阵对角化过程

二、 学习要求

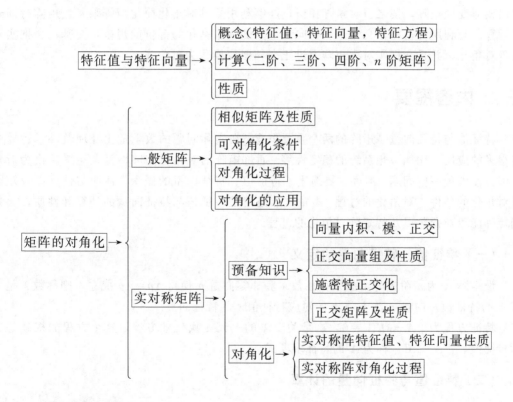

1. 内容：矩阵的特征值与特征向量；相似矩阵；矩阵对角化；向量内积、施密特(Schmidt)正交化方法；正交矩阵；实对称阵的对角化.

2. 要求：理解矩阵的特征值与特征向量的概念、性质，会求矩阵的特征值与特征向量；了解相似矩阵的概念、性质及矩阵对角化的条件；对可对角化矩阵能够作出相似变换矩阵，使之与对角阵相似；会利用矩阵对角化简化矩阵运算；理解向量内积、模、正交、正交向量组、规范正交基、正交矩阵的概念和性质；会利用施密特正交化方法将向量空间的一组基化为等价的规范正交基；理解实对称阵的特征值、特征向量的性质；知道实对称矩阵一定可以对角化，且相似变换矩阵可以为正交矩阵；会把实对称阵对角化；会把实对称矩阵通过正交相似变换化为对角阵.

3. 重点：矩阵特征值、特征向量的定义、性质及计算方法；矩阵可对角化的条件及相似变化矩阵的求法；实对称阵的对角化.

4. 难点：特征值、特征向量的性质；实对称阵特征值、特征向量的性质；矩阵可对角化的条件；利用矩阵对角化简化矩阵运算.

5. 知识目标：理解特征值、特征向量的概念、性质；了解相似矩阵的概念、性质；了解矩阵对角化的条件；理解向量内积、模、正交、正交向量组、规范正交基、正交矩阵的概念和性质；理解实对称阵的特征值、特征向量的性质；知道实对称矩阵一定可以对角化，且相似变换矩阵可以为正交矩阵.

6. 能力目标：会根据定义和性质求方阵的特征值与特征向量；对可对角化矩阵能够作出相似变换矩阵，使之与对角阵相似；能够利用矩阵对角化简化矩阵乘幂、矩阵行列式等运算；会利用施密特正交化方法将向量空间的一组基化为等价的规范正交基；会把实对称阵对角化；并且会把实对称矩阵通过正交相似变换化为对角阵.

三、 内容提要

特征值与特征向量是矩阵的两个重要概念. 在实际问题的数学量化处理及科学计算中有很多的应用，比如演化系统的稳定性等. 通过矩阵的对角化能够将复杂矩阵转换为对角阵以方便处理一些问题. 本章主要阐述了特征值、特征向量的概念、性质与计算以及矩阵可对角化的条件，对角化的过程. 本章重点是清楚特征值与特征向量的计算和性质，会判别矩阵能否对角化以及将矩阵对角化的过程.

（一）特征值、特征向量的定义

设矩阵 $\boldsymbol{A}$ 为 n 阶方阵，如果存在数 λ 和非零向量 $\boldsymbol{p}$ 使得 $\boldsymbol{Ap}=\lambda\boldsymbol{p}$ 成立，则称数 λ 是方阵 $\boldsymbol{A}$ 的特征值，向量 $\boldsymbol{p}$ 为方阵 $\boldsymbol{A}$ 的对应特征值 λ 的特征向量.

特征方程为 $|\boldsymbol{A}-\lambda\boldsymbol{E}|=0$，这是关于 λ 的一元 n 次代数方程，这个方程的根就是 $\boldsymbol{A}$ 的特征值，$|\boldsymbol{A}-\lambda\boldsymbol{E}|$ 称为 $\boldsymbol{A}$ 的特征多项式.

（二）特征值与特征向量的计算

1. 求解 $\boldsymbol{A}$ 的特征方程 $|\boldsymbol{A}-\lambda\boldsymbol{E}|=0$ 的根，得到 $\boldsymbol{A}$ 的互异特征值 λ_1，λ_2，…，λ_s.

2. 对每一个 $\lambda_i(i=1, 2, \cdots, s)$，求解齐次线性方程组 $(\boldsymbol{A}-\lambda_i\boldsymbol{E})\boldsymbol{x}=0$，其非零解向量即是 $\boldsymbol{A}$ 的对应特征值 λ_i 的特征向量，即求出 $(\boldsymbol{A}-\lambda_i\boldsymbol{E})\boldsymbol{x}=0$ 的一个基础解系 $\boldsymbol{\alpha}_{i1}$，$\boldsymbol{\alpha}_{i2}$，…，$\boldsymbol{\alpha}_{it_i}$，那么 $k_{i1}\boldsymbol{\alpha}_{i1}+k_{i2}\boldsymbol{\alpha}_{i2}+\cdots+k_{it_i}\boldsymbol{\alpha}_{it_i}$ 为对应特征值 λ_i 的特征向量，其中 k_{i1}，k_{i2}，…，k_{it_i} 为不全为 0 的常数.

(三) 特征值与特征向量的性质

1. 对应于不同特征值的特征向量组成的向量组线性无关，即若 λ_1，λ_2，…，λ_s 为方阵 $\boldsymbol{A}$ 的不同特征值，$\boldsymbol{\alpha}_1$，$\boldsymbol{\alpha}_2$，…，$\boldsymbol{\alpha}_s$ 分别是它们对应的特征向量，则 $\boldsymbol{\alpha}_1$，$\boldsymbol{\alpha}_2$，…，$\boldsymbol{\alpha}_s$ 线性无关；另外若 $\boldsymbol{\alpha}_{i1}$，$\boldsymbol{\alpha}_{i2}$，…，$\boldsymbol{\alpha}_{ih_i}$ 是对应 $\lambda_i(i=1, 2, \cdots, s)$的线性无关的特征向量，则向量组 $\boldsymbol{\alpha}_{11}$，$\boldsymbol{\alpha}_{12}$，…，$\boldsymbol{\alpha}_{1h_1}$，$\boldsymbol{\alpha}_{21}$，$\boldsymbol{\alpha}_{22}$，…，$\boldsymbol{\alpha}_{2h_2}$，…，$\boldsymbol{\alpha}_{s1}$，$\boldsymbol{\alpha}_{s2}$，…，$\boldsymbol{\alpha}_{sh_s}$ 线性无关.

2. 若 λ_1，λ_2，…，λ_n 为 n 阶方阵 $\boldsymbol{A}=(a_{ij})_{n\times n}$ 的特征值(重根按重数计)，则有

(1) $\lambda_1\lambda_2\cdots\lambda_n=|\boldsymbol{A}|$；

(2) $\lambda_1+\lambda_2+\cdots+\lambda_n=a_{11}+a_{22}+\cdots+a_{nn}$($\boldsymbol{A}$ 的对角线上元素的和，称为 $\boldsymbol{A}$ 的迹记作$\mathrm{tr}(\boldsymbol{A})$).

3. $\boldsymbol{A}$ 与 $\boldsymbol{A}$ 的转置有相同的特征值.

4. 若 λ 为 $\boldsymbol{A}$ 的特征值，则

(1) $k\lambda$ 为 $k\boldsymbol{A}$ 的特征值，k 为常数；

(2) λ^m 为 $\boldsymbol{A}^m$ 的特征值，m 为正整数；

(3) $\varphi(\boldsymbol{A})=k_0\boldsymbol{A}^m+k_1\boldsymbol{A}^{m-1}+\cdots+k_{m-1}\boldsymbol{A}+k_mE$ 为方阵 $\boldsymbol{A}$ 的多项式，则 $\varphi(\lambda)=k_0\lambda^m+k_1\lambda^{m-1}+\cdots+k_{m-1}\lambda+k_m$ 为 $\varphi(\boldsymbol{A})$的特征值.

5. 若 $\boldsymbol{A}$ 可逆且 λ 为 $\boldsymbol{A}$ 的特征值，则

(1) $\lambda\neq0$；

(2) λ^{-1}为 $\boldsymbol{A}$ 的逆矩阵 $\boldsymbol{A}^{-1}$的特征值；

(3) λ^{-m}为矩阵 $\boldsymbol{A}^{-m}$的特征值，m 为正整数；

(4) $|\boldsymbol{A}|/\lambda$ 为 $\boldsymbol{A}$ 的伴随矩阵 $\boldsymbol{A}^*$ 的特征值.

(四) 相似矩阵及性质

1. 相似矩阵的概念

设 $\boldsymbol{A}$，$\boldsymbol{B}$ 为 n 阶方阵，如果存在可逆矩阵 $\boldsymbol{P}$，使得 $\boldsymbol{P}^{-1}\boldsymbol{AP}=\boldsymbol{B}$，则称矩阵 $\boldsymbol{A}$ 相似于矩阵 $\boldsymbol{B}$，记作 $\boldsymbol{A}\sim\boldsymbol{B}$. $\boldsymbol{P}$ 称为相似变换矩阵. 如果方阵 $\boldsymbol{A}$ 与对角阵相似，称 $\boldsymbol{A}$ 能够对角化.

2. 相似矩阵的性质

(1) 如果矩阵 $\boldsymbol{A}$ 与 $\boldsymbol{B}$ 相似，那么 $\boldsymbol{A}$ 与 $\boldsymbol{B}$ 有相同的特征多项式，从而也有相同的特征值；

(2) 相似矩阵有相同的秩；

(3) 如果矩阵 $\boldsymbol{A}$ 与 $\boldsymbol{B}$ 相似，且 $\boldsymbol{A}$ 可逆，那么 $\boldsymbol{B}$ 也可逆，而且 $\boldsymbol{A}^{-1}\sim\boldsymbol{B}^{-1}$.

3. 矩阵可对角化的条件

(1) 如果 n 阶方阵 $\boldsymbol{A}$ 有 n 个互异的特征值，那么 $\boldsymbol{A}$ 能够对角化；

(2) 如果 n 阶方阵 $\boldsymbol{A}$ 有 n 个线性无关的特征向量，那么 $\boldsymbol{A}$ 能够对角化；

(3) 如果方阵 $\boldsymbol{A}$ 的每一个 k 重特征值都有 k 个线性无关的特征向量，那么 $\boldsymbol{A}$ 能够对角化.

4. 矩阵 $\boldsymbol{A}$ 可以对角化时，求相似的对角阵 $\boldsymbol{\Lambda}$ 以及使得 $\boldsymbol{P}^{-1}\boldsymbol{AP}=\boldsymbol{\Lambda}$ 成立的相似变换矩阵 $\boldsymbol{P}$ 的步骤：

(1) 求出 n 阶矩阵 $\boldsymbol{A}$ 的所有特征值 λ_1，λ_2，…，λ_s，他们的重数分别为 k_1，k_2，…，

k_s，且 $k_1+k_2+\cdots+k_s=n$；

(2) 对每一个特征值 $\lambda_i(i=1,2,\cdots,s)$，求出线性方程组 $(\boldsymbol{A}-\lambda_i\boldsymbol{E})\boldsymbol{x}=0$ 的一个基础解系 $\boldsymbol{\alpha}_{i1}，\boldsymbol{\alpha}_{i2}，\cdots，\boldsymbol{\alpha}_{ik_i}$；

(3) 写出相似变换矩阵 $\boldsymbol{P}=(\boldsymbol{\alpha}_{11},\boldsymbol{\alpha}_{12},\cdots,\boldsymbol{\alpha}_{1k_1},\boldsymbol{\alpha}_{21},\boldsymbol{\alpha}_{22},\cdots,\boldsymbol{\alpha}_{2k_2},\cdots,\boldsymbol{\alpha}_{s1},\boldsymbol{\alpha}_{s2},\cdots,\boldsymbol{\alpha}_{sk_s})$，对应的对角阵为 $\boldsymbol{\Lambda}=\mathrm{diag}(\lambda_1,\cdots,\lambda_1,\lambda_2,\cdots,\lambda_2,\cdots,\lambda_s,\cdots,\lambda_s)$，其中有 k_i 个 $\lambda_i(i=1,2,\cdots,s)$.

(五) 向量的内积与正交化

1. 设有向量 $\boldsymbol{\alpha}=(a_1,a_2,\cdots,a_n)^{\mathrm{T}}$，$\boldsymbol{\beta}=(b_1,b_2,\cdots,b_n)^{\mathrm{T}}$，称数 $a_1b_1+a_2b_2+\cdots+a_nb_n$ 为向量 $\boldsymbol{\alpha}$，$\boldsymbol{\beta}$ 的内积，记作 $[\boldsymbol{\alpha},\boldsymbol{\beta}]$. 称 $\|\boldsymbol{\alpha}\|=\sqrt{[\boldsymbol{\alpha},\boldsymbol{\alpha}]}$ 为向量 $\boldsymbol{\alpha}$ 的范数(模或长度). 如果 $[\boldsymbol{\alpha},\boldsymbol{\beta}]=0$，称 $\boldsymbol{\alpha}$，$\boldsymbol{\beta}$ 正交.

2. 两两正交的非零向量组成的向量组称为正交向量组. 正交向量组必定是线性无关的.

3. 施密特(Schmidt)正交化方法

设 $\boldsymbol{\alpha}_1，\boldsymbol{\alpha}_2，\cdots，\boldsymbol{\alpha}_s$ 是线性无关的向量组，可以用下述方法将其转化为与其等价的一组两两正交的向量组：

$$\boldsymbol{\beta}_1=\boldsymbol{\alpha}_1,$$

$$\boldsymbol{\beta}_2=\boldsymbol{\alpha}_2-\frac{[\boldsymbol{\beta}_1,\boldsymbol{\alpha}_2]}{[\boldsymbol{\beta}_1,\boldsymbol{\beta}_1]}\boldsymbol{\beta}_1,$$

$$\boldsymbol{\beta}_3=\boldsymbol{\alpha}_3-\frac{[\boldsymbol{\beta}_1,\boldsymbol{\alpha}_3]}{[\boldsymbol{\beta}_1,\boldsymbol{\beta}_1]}\boldsymbol{\beta}_1-\frac{[\boldsymbol{\beta}_2,\boldsymbol{\alpha}_3]}{[\boldsymbol{\beta}_2,\boldsymbol{\beta}_2]}\boldsymbol{\beta}_2,$$

……

$$\boldsymbol{\beta}_s=\alpha_s-\frac{[\boldsymbol{\beta}_1,\boldsymbol{\alpha}_s]}{[\boldsymbol{\beta}_1,\boldsymbol{\beta}_1]}\boldsymbol{\beta}_1-\frac{[\boldsymbol{\beta}_2,\boldsymbol{\alpha}_s]}{[\boldsymbol{\beta}_2,\boldsymbol{\beta}_2]}\boldsymbol{\beta}_2-\cdots-\frac{[\boldsymbol{\beta}_{s-1},\boldsymbol{\alpha}_s]}{[\boldsymbol{\beta}_{s-1},\boldsymbol{\beta}_{s-1}]}\boldsymbol{\beta}_{s-1}.$$

这样得到的向量组 $\boldsymbol{\beta}_1，\boldsymbol{\beta}_2，\cdots，\boldsymbol{\beta}_s$ 是两两正交的向量组. 进一步地，令

$$\boldsymbol{\eta}_1=\frac{\boldsymbol{\beta}_1}{\|\boldsymbol{\beta}_1\|},\ \boldsymbol{\eta}_2=\frac{\boldsymbol{\beta}_2}{\|\boldsymbol{\beta}_2\|},\ \cdots,\ \boldsymbol{\eta}_s=\frac{\boldsymbol{\beta}_s}{\|\boldsymbol{\beta}_s\|},$$

则向量组 $\boldsymbol{\eta}_1，\boldsymbol{\eta}_2，\cdots，\boldsymbol{\eta}_s$ 是从线性无关向量组 $\boldsymbol{\alpha}_1，\boldsymbol{\alpha}_2，\cdots，\boldsymbol{\alpha}_s$ 得到的两两正交的单位向量组，即一个规范正交组.

(六) 正交矩阵及性质

如果矩阵 $\boldsymbol{A}$ 满足 $\boldsymbol{A}^{\mathrm{T}}\boldsymbol{A}=\boldsymbol{E}$，称 $\boldsymbol{A}$ 为正交矩阵. 正交矩阵是可逆矩阵，其行列式值要么是 1 要么是 -1. 正交矩阵的行(列)向量组都是两两正交的单位向量组.

(七) 实对称阵的对角化

1. 实对称阵的特征值都是实数.

2. 实对称阵的对应不同特征值的特征向量不仅是线性无关的而且还是正交的.

3. 实对称阵一定可以对角化. 即存在可逆矩阵 $\boldsymbol{P}$，使得 $\boldsymbol{P}^{-1}\boldsymbol{A}\boldsymbol{P}=\boldsymbol{\Lambda}$；进一步的，一定存在正交矩阵 $\boldsymbol{Q}$，使得 $\boldsymbol{Q}^{\mathrm{T}}\boldsymbol{A}\boldsymbol{Q}=\boldsymbol{\Lambda}$，这里 $\boldsymbol{\Lambda}$ 为对角阵.

4. 实对称阵对角化的步骤：（$\boldsymbol{P}$ 矩阵的求法与一般矩阵的对角化过程一致，下面是求正交矩阵 $\boldsymbol{Q}$ 的过程）

（1）求出 n 阶矩阵 $\boldsymbol{A}$ 的所有特征值 λ_1，λ_2，…，λ_s，他们的重数分别为 k_1，k_2，…，k_s，且 $k_1+k_2+\cdots+k_s=n$；

（2）对每一个特征值 $\lambda_i(i=1, 2, \cdots, s)$，求出线性方程组 $(\boldsymbol{A}-\lambda_i\boldsymbol{E})x=0$ 的一个基础解系 $\boldsymbol{\alpha}_{i1}$，$\boldsymbol{\alpha}_{i2}$，…，$\boldsymbol{\alpha}_{ik_i}$；

（3）分别将 $\boldsymbol{\alpha}_{i1}$，$\boldsymbol{\alpha}_{i2}$，…，$\boldsymbol{\alpha}_{ik_i}$（$i=1, 2, \cdots s$）正交化，单位化得到 $\boldsymbol{\eta}_{i1}$，$\boldsymbol{\eta}_{i2}$，…，$\boldsymbol{\eta}_{ik_i}$；

（4）令 $\boldsymbol{Q}=(\boldsymbol{\eta}_{11}, \boldsymbol{\eta}_{12}, \cdots, \boldsymbol{\eta}_{1k_1}, \boldsymbol{\eta}_{21}, \boldsymbol{\eta}_{22}, \cdots, \boldsymbol{\eta}_{2k_2}, \cdots, \boldsymbol{\eta}_{s1}, \boldsymbol{\eta}_{s2}, \cdots, \boldsymbol{\eta}_{sk_s})$，对应的对角阵为 $\boldsymbol{\Lambda}=\mathrm{diag}(\lambda_1, \cdots, \lambda_1, \lambda_2, \cdots, \lambda_2, \cdots, \lambda_s, \cdots, \lambda_s)$，其中有 k_i 个 $\lambda_i(i=1, 2, \cdots, s)$.

四、 释疑解难

问题 1　方阵 $\boldsymbol{A}$ 的对应同一特征值的特征向量具有什么特点？

答　设 $\boldsymbol{\alpha}$ 为方阵 $\boldsymbol{A}$ 的对应特征值 λ 的特征向量，那么对不为 0 的数 k，$k\boldsymbol{\alpha}$ 也是 $\boldsymbol{A}$ 的对应特征值 λ 的特征向量. 这是因为 $\boldsymbol{A}(k\boldsymbol{\alpha})=k(\boldsymbol{A\alpha})=k(\lambda\boldsymbol{\alpha})=\lambda(k\boldsymbol{\alpha})$. 同样的，如果 $\boldsymbol{\alpha}_1$，$\boldsymbol{\alpha}_2$ 为方阵 $\boldsymbol{A}$ 的对应特征值 λ 的线性无关的特征向量，那么对不全为 0 的数 k_1，k_2，$k_1\boldsymbol{\alpha}_1+k_2\boldsymbol{\alpha}_2$ 也是 $\boldsymbol{A}$ 的对应特征值 λ 的特征向量. 这是因为

$$\boldsymbol{A}(k_1\boldsymbol{\alpha}_1+k_2\boldsymbol{\alpha}_2)=k_1\boldsymbol{A\alpha}_1+k_2\boldsymbol{A\alpha}_2=\lambda(k_1\boldsymbol{\alpha}_1+k_2\boldsymbol{\alpha}_2).$$

k_1，k_2 需要不全为 0，才能在 $\boldsymbol{\alpha}_1$，$\boldsymbol{\alpha}_2$ 线性无关时，保证 $k_1\boldsymbol{\alpha}_1+k_2\boldsymbol{\alpha}_2$ 是非 0 向量，因为特征向量必须是非 0 向量.

这样一般的我们有，方阵 $\boldsymbol{A}$ 的对应特征值 λ 的特征向量的线性组合，只要是非 0 向量，就还是方阵 $\boldsymbol{A}$ 的对应特征值 λ 的特征向量. 实际上在实对称阵的对角化过程中，得到正交矩阵 $\boldsymbol{Q}$ 的过程中，将对应某特征值的特征向量规范正交化，就利用了这样的性质.

问题 2　假设 λ 为方阵 $\boldsymbol{A}$ 的 k 重特征值，那么对应这个特征值的线性无关的特征向量最多有几个？

答　方阵 $\boldsymbol{A}$ 的 k 重特征值对应的线性无关的特征向量最多有 k 个. 也就是说，对应一个特征值的线性无关的特征向量的个数必定小于等于该特征值的重数.

问题 3　n 阶方阵的线性无关的特征向量最多有多少个？

答　方阵的线性无关的特征向量的个数最多与方阵的阶数一致，也就是 n 阶方阵的线性无关的特征向量最多有 n 个.

问题 4　相似矩阵有相同的特征值，那么对应的特征向量是否也相同？

答　相似矩阵有相同的特征值，但是对应的特征向量不一定相同. 比如以下的两个三阶方阵

$$\boldsymbol{A}=\begin{pmatrix}2&0&0\\1&2&-1\\1&0&1\end{pmatrix}, \boldsymbol{B}=\begin{pmatrix}1&0&0\\0&2&0\\0&0&2\end{pmatrix}$$

是相似的，即存在可逆矩阵 $P=\begin{pmatrix}0&0&1\\1&1&0\\1&0&1\end{pmatrix}$，使得 $P^{-1}AP=B$. A，B 具有相同的特征值 1，2，2. 可以验证 A 的对应特征值 1 的特征向量为 $k(0,1,1)^{T}$，B 的对应特征值 1 的特征向量为 $k(1,0,0)^{T}$，这里 k 为不等于 0 的常数. 可见 A，B 的对应于相同特征值 1 的特征向量是不同的.

实际上，如果 A 与 B 相似，设 $P^{-1}AP=B$，有 $P^{-1}A=BP^{-1}$. 再假设 A 对应特征值 λ 的特征向量为 α，那么 $A\alpha=\lambda\alpha$. 这样就有

$$BP^{-1}\alpha=P^{-1}A\alpha=P^{-1}\lambda\alpha=\lambda(P^{-1}\alpha),$$

即 B 的对应特征值 λ 的特征向量为 $P^{-1}\alpha$.

问题 5 矩阵能够对角化时，相似变换矩阵是唯一的吗？

答 不是唯一的. 比如说对问题 4 中的矩阵 A 能够对角化，B 是其相似的对角阵. 取可逆矩阵 $P=\begin{pmatrix}0&0&1\\1&1&0\\1&0&1\end{pmatrix}$，有 $P^{-1}AP=B$；如果取 $P_1=\begin{pmatrix}0&0&1\\2&1&0\\2&0&1\end{pmatrix}$，仍有 $P^{-1}AP=B$. 实际上由于对应同一特征值的特征向量不唯一，而相似变换矩阵的列向量是对应该特征值的特征向量即可，因此相似变换矩阵是不唯一的.

五、 典型例题解析

例 1 求 $A=\begin{pmatrix}3&-2&-4\\-2&-6&-2\\-4&-2&3\end{pmatrix}$ 的特征值与特征向量.

解 【本题是求解具体的纯数字三阶矩阵的特征值与特征向量，按照先求解特征方程 $|A-\lambda E|=0$ 得到特征值 λ 之后，再对每一个特征值通过求解齐次方程组 $(A-\lambda E)x=0$ 的非零解，就得到对应该特征值 λ 的特征向量. 注意在求如例 1 给出的具体方阵的特征值时，需要求解一个代数方程. 求解代数方程常用的方法是因式分解. 这样在求解 $|A-\lambda E|$ 时，如果能够结合行列式的性质，得到特征多项式的一个因子，会给求解特征值带来方便. 注意在下面解题过程中结合行列式找到一个因子 $7-\lambda$ 的过程.】

先计算 A 的特征方程 $|A-\lambda E|=0$. 即

$$|A-\lambda E|=\begin{vmatrix}3-\lambda&-2&-4\\-2&6-\lambda&-2\\-4&-2&3-\lambda\end{vmatrix}=\begin{vmatrix}7-\lambda&-2&-4\\0&6-\lambda&-2\\\lambda-7&-2&3-\lambda\end{vmatrix}$$

$$=(7-\lambda)\begin{vmatrix}1&-2&-4\\0&6-\lambda&-2\\-1&-2&3-\lambda\end{vmatrix}=(7-\lambda)(\lambda^2-5\lambda-14)$$

$$=-(7-\lambda)^2(\lambda+2)=0$$

这样 A 的特征值为 7(二重)和 -2.

计算对应特征值 7 的特征值，就是要求解线性方程组 $(A-7E)x=0$ 的非零解. 而

$$A-7E=\begin{pmatrix}-4&-2&-4\\-2&-1&-2\\-4&-2&-4\end{pmatrix}\to\begin{pmatrix}2&1&2\\0&0&0\\0&0&0\end{pmatrix},$$

因此$(A-7E)x=0$的一个基础解系为$\alpha_1=\begin{pmatrix}-1\\2\\0\end{pmatrix}$，$\alpha_2=\begin{pmatrix}-1\\0\\1\end{pmatrix}$，于是对应特征值7的特征向量为$k_1\alpha_1+k_2\alpha_2$，这里$k_1$，$k_2$是不全为0的数.

再求对应特征值-2的特征向量，即求$(A+2E)x=0$的非零解. 由于

$$A+2E=\begin{pmatrix}5&2&4\\2&8&2\\4&2&5\end{pmatrix}\to\begin{pmatrix}1&0&-1\\0&2&-1\\0&0&0\end{pmatrix},$$

得到$(A+2E)x=\mathbf{0}$的一个基础解系为$\alpha_3=\begin{pmatrix}2\\1\\2\end{pmatrix}$. 这样对应特征值$-2$的特征向量为$k_3\alpha_3$，这里$k_3\neq0$是常数.

例2　求$A=\begin{pmatrix}3&2&2\\2&3&2\\2&2&3\end{pmatrix}$的特征值与特征向量.

解　**【同上例分析，注意本例各行元素之和为常数对寻找特征多项式一个因子的作用.】**

先求特征方程

$$|A-\lambda E|=\begin{vmatrix}3-\lambda&2&2\\2&3-\lambda&2\\2&2&3-\lambda\end{vmatrix}=\begin{vmatrix}7-\lambda&7-\lambda&7-\lambda\\2&3-\lambda&2\\2&2&3-\lambda\end{vmatrix}$$

$$=(7-\lambda)\begin{vmatrix}1&1&1\\2&3-\lambda&2\\2&2&3-\lambda\end{vmatrix}=(7-\lambda)\begin{vmatrix}1&1&1\\0&1-\lambda&0\\0&0&1-\lambda\end{vmatrix}$$

$$=(7-\lambda)(1-\lambda)^2=0,$$

得到特征值为7和1(二重).

从
$$A-7E=\begin{pmatrix}-4&2&2\\2&-4&2\\2&2&-4\end{pmatrix}\to\begin{pmatrix}1&0&-1\\0&1&-1\\0&0&0\end{pmatrix},$$

得到$(A-7E)x=\mathbf{0}$的一个基础解系为$\alpha_1=\begin{pmatrix}1\\1\\1\end{pmatrix}$. 这样对应特征值7的特征向量为$k_1\alpha_1$，这里$k_1\neq0$是常数.

再从
$$A-E=\begin{pmatrix}2&2&2\\2&2&2\\2&2&2\end{pmatrix}\to\begin{pmatrix}1&1&1\\0&0&0\\0&0&0\end{pmatrix},$$

因此$(\boldsymbol{A}-\boldsymbol{E})\boldsymbol{x}=\boldsymbol{0}$的一个基础解系为$\boldsymbol{\alpha}_2=\begin{pmatrix}-1\\1\\0\end{pmatrix}$，$\boldsymbol{\alpha}_3=\begin{pmatrix}-1\\0\\1\end{pmatrix}$，于是对应特征值1的特征向量为$k_2\boldsymbol{\alpha}_2+k_3\boldsymbol{\alpha}_3$，这里$k_2$，$k_3$是不全为0的数.

例3 求$\boldsymbol{A}=\begin{pmatrix}1&0&2\\0&1&2\\3&-a-2&2a\end{pmatrix}$的特征值与特征向量.

解 【本例在矩阵中含有一个参数，不同于例1，例2的纯数字矩阵. 注意a的取值可能引起特征值和(或)特征向量的变化，在求解过程中根据需要可能要讨论参数的不同取值情况.】

$$\begin{aligned}|\boldsymbol{A}-\lambda\boldsymbol{E}|&=\begin{vmatrix}1-\lambda&0&2\\0&1-\lambda&2\\3&-a-2&2a-\lambda\end{vmatrix}=\begin{vmatrix}1-\lambda&\lambda-1&0\\0&1-\lambda&2\\3&-a-2&2a-\lambda\end{vmatrix}\\&=(1-\lambda)\begin{vmatrix}1&-1&0\\0&1-\lambda&2\\3&-a-2&2a-\lambda\end{vmatrix}\\&=(1-\lambda)[\lambda^2-(2a+1)\lambda+4a-2]\\&=(1-\lambda)(\lambda-2)[\lambda-(2a-1)]=0,\end{aligned}$$

得到$\boldsymbol{A}$的三个特征值分别为1，2，$2a-1$.

从$\boldsymbol{A}-\boldsymbol{E}=\begin{pmatrix}0&0&2\\0&0&2\\3&-a-2&2a-1\end{pmatrix}\to\begin{pmatrix}1&\frac{-(a+2)}{3}&0\\0&0&1\\0&0&0\end{pmatrix}$，得到对应特征值1的特征向量为$k_1\begin{pmatrix}a+2\\3\\0\end{pmatrix}$，这里$k_1$为不为0的常数.

从$\boldsymbol{A}-2\boldsymbol{E}=\begin{pmatrix}-1&0&2\\0&-1&2\\3&-a-2&2a-2\end{pmatrix}\to\begin{pmatrix}1&0&-2\\0&1&-2\\0&0&0\end{pmatrix}$，得到对应特征值2的特征向量为$k_2\begin{pmatrix}2\\2\\1\end{pmatrix}$，这里$k_2$为不为0的常数.

从$\boldsymbol{A}-(2a-1)\boldsymbol{E}=\begin{pmatrix}2-2a&0&2\\0&2-2a&2\\3&-a-2&1\end{pmatrix}\xrightarrow{a\neq1}\begin{pmatrix}1&0&\frac{1}{1-a}\\0&1&\frac{1}{1-a}\\0&0&0\end{pmatrix}$，得到对应特征值$2a-1$的特征向量为$k_3\begin{pmatrix}1\\1\\a-1\end{pmatrix}$，这里$k_3$为不为0的常数，这里需要$a\neq1$.

假如 $a=1$，此时特征值 $2a-1=1$，此时特征值 $2a-1$ 对应的特征向量的就是前面求得的特征值 1 对应的特征向量，此时 1 为二重特征值，但是只有一个线性无关的特征向量.

例 4　求 n 阶矩阵 $\boldsymbol{A}=\begin{pmatrix} n & 2 & \cdots & 2 \\ 2 & n & \cdots & 2 \\ \vdots & \vdots & & \vdots \\ 2 & 2 & \cdots & n \end{pmatrix}$ 的特征值与特征向量.

解　【本例为计算 n 阶矩阵的特征值与特征向量，要注意表示特征多项式的 n 阶行列式的特点，结合 n 阶行列式的求解方法，找到特征多项式的一个因子.】

$$|\boldsymbol{A}-\lambda\boldsymbol{E}|=\begin{vmatrix} n-\lambda & 2 & \cdots & 2 \\ 2 & n-\lambda & \cdots & 2 \\ \vdots & \vdots & & \vdots \\ 2 & 2 & \cdots & n-\lambda \end{vmatrix}=(3n-2-\lambda)\begin{vmatrix} 1 & 1 & \cdots & 1 \\ 2 & n-\lambda & \cdots & 2 \\ \vdots & \vdots & & \vdots \\ 2 & 2 & \cdots & n-\lambda \end{vmatrix}$$

$$=(3n-2-\lambda)\begin{vmatrix} 1 & 1 & \cdots & 1 \\ 0 & n-2-\lambda & \cdots & 0 \\ \vdots & \vdots & & \vdots \\ 0 & 0 & \cdots & n-2-\lambda \end{vmatrix}$$

$$=(3n-2-\lambda)(n-2-\lambda)^{n-1}=0,$$

得到 $\boldsymbol{A}$ 的特征值为 $\lambda_1=3n-2$，$\lambda_2=n-2$($n-1$ 重).

由于 $\boldsymbol{A}$ 的每行元素之和都是 $3n-2$，注意到

$$\boldsymbol{A}\begin{pmatrix} 1 \\ 1 \\ \vdots \\ 1 \end{pmatrix}=\begin{pmatrix} 3n-2 \\ 3n-2 \\ \vdots \\ 3n-2 \end{pmatrix}=(3n-2)\begin{pmatrix} 1 \\ 1 \\ \vdots \\ 1 \end{pmatrix},$$

因此 $\boldsymbol{A}$ 的对应 $3n-2$ 的特征向量为 $k_1\begin{pmatrix} 1 \\ 1 \\ \vdots \\ 1 \end{pmatrix}$，$k_1\neq 0$.

又由于 $\boldsymbol{A}-(n-2)\boldsymbol{E}=\begin{pmatrix} 2 & 2 & \cdots & 2 \\ 2 & 2 & \cdots & 2 \\ \vdots & \vdots & & \vdots \\ 2 & 2 & \cdots & 2 \end{pmatrix}\to\begin{pmatrix} 1 & 1 & \cdots & 1 \\ 0 & 0 & \cdots & 0 \\ \vdots & \vdots & & \vdots \\ 0 & 0 & \cdots & 0 \end{pmatrix}$，得到$[\boldsymbol{A}-(n-2)\boldsymbol{E}]\boldsymbol{x}=\boldsymbol{0}$ 的基础解系为 $\boldsymbol{\alpha}_1=(1,-1,0,\cdots,0)^{\mathrm{T}}$，$\boldsymbol{\alpha}_2=(1,0,-1,\cdots,0)^{\mathrm{T}}$，…，$\boldsymbol{\alpha}_{n-1}=(1,0,0,\cdots,-1)^{\mathrm{T}}$，因此 $\boldsymbol{A}$ 的对应特征值 $n-2$ 的特征向量为 $k_2\boldsymbol{\alpha}_1+k_3\boldsymbol{\alpha}_2+\cdots+k_n\boldsymbol{\alpha}_{n-1}$，这里 k_2，k_3，…，k_n 是不全为 0 的数.

【虽然也可以通过求解线性方程组的基础解系的方法求 $\boldsymbol{A}$ 的对应特征值 $3n-2$ 的特征向量，但是比较繁琐，如果能够利用矩阵的特点结合特征值与特征向量的定义求特征向量，在矩阵为 n 阶时会方便些.】

例 5　设三阶方阵 $\boldsymbol{A}$ 有特征值 1，且满足 $|2\boldsymbol{A}+\boldsymbol{E}|=0$，$|\boldsymbol{A}+2\boldsymbol{E}|=0$，求 $|\boldsymbol{A}^2+$

$A+3E|$，$|A+A^{-1}|$以及$|A^*+A|$，其中A^*为A的伴随矩阵.

解 【本例是要计算一些行列式的值，这里要根据特征值性质以及特征值与行列式的值之间的关系，找到这些方阵的所有特征值.】

由$|2A+E|=0$，根据方阵的行列式的性质有$2^3\left|A+\frac{1}{2}E\right|=0$，也就是$\left|A-(-\frac{1}{2})E\right|=0$，从而$A$有特征值$-\frac{1}{2}$. 从$|A+2E|=0$可得$A$还有特征值$-2$. 这样三阶方阵$A$的3个特征值分别为$1$，$-\frac{1}{2}$，$-2$.

于是三阶方阵A^2+A+3E的3个特征值分别为$1^2+1+3=5$，$(-\frac{1}{2})^2-\frac{1}{2}+3=\frac{11}{4}$以及$(-2)^2-2+3=5$，这样$|A^2+A+3E|=5\times\frac{11}{4}\times5=\frac{275}{4}$.

再根据特征值的性质，$A+A^{-1}$的3个特征值分别为2，$-\frac{5}{2}$，$-\frac{5}{2}$，于是$|A+A^{-1}|=2\times(-\frac{5}{2})\times(-\frac{5}{2})=\frac{25}{2}$.

由$|A|=1$，可以求出A^*的3个特征值分别为1，-2，$-\frac{1}{2}$，这样A^*+A的3个特征值分别为2，$-\frac{5}{2}$，$-\frac{5}{2}$，于是$|A^*+A|=\frac{25}{2}$.

例6 设A为二阶矩阵，α_1，α_2为线性无关的二维列向量，$A\alpha_1=0$，$A\alpha_2=2\alpha_1+\alpha_2$，求$A$的非0特征值.

解 【本例A为一般矩阵，寻找A的特征值一般根据定义.】

由于$A\alpha_1=0=0\cdot\alpha_1$，因此0为$A$的一个特征值. 又由于

$$A(2\alpha_1+\alpha_2)=2A\alpha_1+A\alpha_2=0+A\alpha_2=2\alpha_1+\alpha_2,$$

因此1也是A的特征值，对应的特征向量为$2\alpha_1+\alpha_2$. 由于A为二阶矩阵，最多有两个互异的特征值，于是A的非0特征值为1.

例7 设方阵A满足$A^2+3A+2E=0$，证明A的特征值λ满足$\lambda^2+3\lambda+2=0$.

证明 【本例A为一般矩阵，证明其特征值或特征向量满足某个性质，一般从特征值与特征向量的定义与性质入手.】

假设A的特征值λ对应的特征向量为α，有$A\alpha=\lambda\alpha$. 又$A^2+3A+2E=0$，因此$(A^2+3A+2E)\alpha=O\alpha=0$. 但是

$$(A^2+3A+2E)\alpha=A^2\alpha+3A\alpha+2\alpha=\lambda^2\alpha+3\lambda\alpha+2\alpha=(\lambda^2+3\lambda+2)\alpha,$$

于是$(\lambda^2+3\lambda+2)\alpha=0$. 又由于特征向量$\alpha$为非零向量，就有$\lambda^2+3\lambda+2=0$.

【注意例7证明了A的特征值λ(是任意一个特征值)必须满足$\lambda^2+3\lambda+2=0$，也就是说，当方阵A满足$A^2+3A+2E=0$时，方阵A的特征值只能是$\lambda^2+3\lambda+2=0$的根，即-1或-2，不会有其他的特征值. 但是这两个特征值的重数还得由其他条件来确定. 一般的，设方阵A满足$f(A)=0$，这里$f(A)$是方阵A的多项式，那么方阵A的特征值λ必定是代数方程$f(\lambda)=0$的根.】

例 8　假设 $\boldsymbol{A}$ 是秩为 2 的三阶实对称阵，且 $\boldsymbol{A}^2-5\boldsymbol{A}=\boldsymbol{O}$，求 $\boldsymbol{A}$ 的特征值.

解　根据例 7 的注解，$\boldsymbol{A}$ 的特征值 λ 必定是代数方程 $\lambda^2-5\lambda=0$ 的根，即 $\boldsymbol{A}$ 的特征值只能是 0 和 5. $\boldsymbol{A}$ 是实对称阵，因此 $\boldsymbol{A}$ 与对角阵相似，对角阵对角线上的元素为 $\boldsymbol{A}$ 的特征值. $\boldsymbol{A}$ 的秩为 2，所以对角阵的秩也是 2，即对角阵的对角线上有两个非 0 元，也就是对角阵的对角线上有 2 个 5，1 个 0. 即 $\boldsymbol{A}$ 的特征值为 0，5，5.

例 9　设 $\boldsymbol{\alpha}=(1,1,-1)^{\mathrm{T}}$ 是矩阵 $\boldsymbol{A}=\begin{pmatrix}7&4&-1\\4&7&-1\\-4&-4&a\end{pmatrix}$ 的特征向量，求常数 a 及相应的特征值.

解　【本例是知道了方阵的特征值或特征向量去求解矩阵中的参数，考虑用特征值与特征向量的定义，即从 $\boldsymbol{A\alpha}=\lambda\boldsymbol{\alpha}$ 求 a 及 λ 的值.】

假设 $\boldsymbol{\alpha}$ 是 $\boldsymbol{A}$ 的对应特征值 λ 的特征向量，根据定义有 $\boldsymbol{A\alpha}=\lambda\boldsymbol{\alpha}$，即

$$\begin{pmatrix}7&4&-1\\4&7&-1\\-4&-4&a\end{pmatrix}\begin{pmatrix}1\\1\\-1\end{pmatrix}=\lambda\begin{pmatrix}1\\1\\-1\end{pmatrix},$$

于是 $7+4+1=\lambda$，$-4-4-a=-\lambda$，得到 $a=4$，$\lambda=12$.

例 10　已知 $\boldsymbol{A}=\begin{pmatrix}1&2&1\\-2&-3&0\\0&0&2\end{pmatrix}$，判别 $\boldsymbol{A}$ 能否对角化.

解　【判定一个矩阵能否对角化，有一些结论：(1)如果 n 阶方阵有 n 个互异的特征值，那么该矩阵能够对角化；(2)如果 n 阶方阵的每个 k 重特征值对应有 k 个线性无关的特征向量，那么该矩阵能够对角化. 现在本例给出的是三阶纯数字矩阵，先求其特征值，如果有 3 个互异特征值，那么能够对角化；如果有重特征值，再计算每个重特征值对应的线性无关特征向量个数是否都跟重数一致，如果是，那么就能对角化. 如果有一个特征值对应的线性无关的特征向量个数小于该特征值的重数，那么该矩阵不能对角化.】

从 $|\boldsymbol{A}-\lambda\boldsymbol{E}|=(2-\lambda)(\lambda+1)^2=0$ 得到 $\boldsymbol{A}$ 的特征值为 2，-1(二重). 而

$$\boldsymbol{A}-(-1)\boldsymbol{E}=\boldsymbol{A}+\boldsymbol{E}=\begin{pmatrix}2&2&1\\-2&-2&0\\0&0&3\end{pmatrix}\to\begin{pmatrix}2&2&1\\0&0&1\\0&0&0\end{pmatrix},$$

即 $\boldsymbol{A}+\boldsymbol{E}$ 的秩为 2，因此线性方程组 $(\boldsymbol{A}+\boldsymbol{E})\boldsymbol{x}=\boldsymbol{0}$ 的基础解系中只有 1 个线性无关的向量，也就是说，二重特征值 1 对应的线性无关的特征向量只有 1 个，所以 $\boldsymbol{A}$ 不能对角化.

例 11　已知 $\boldsymbol{A}=\begin{pmatrix}-4&-10&0\\1&3&0\\3&a&1\end{pmatrix}$ 能够对角化，求可逆矩阵 $\boldsymbol{P}$ 及对角阵 $\boldsymbol{\Lambda}$，使得 $\boldsymbol{P}^{-1}\boldsymbol{AP}=\boldsymbol{\Lambda}$.

解　【这是已知一个矩阵能够对角化，求这个矩阵的未知参数. 还是从 k 重特征值都有 k 个线性无关的特征向量去判定. 在判定时实际上是通过分析齐次线性方程组基础解系中的解向量情况，也就是齐次方程组的系数矩阵的秩要满足的条件去求未知参数的值. 对 k 重特征值 λ，在 n 阶矩阵 $\boldsymbol{A}$ 能够对角化时，有 $R(\boldsymbol{A}-\lambda\boldsymbol{E})=n-k$.】

从 $|A-\lambda E|=(2+\lambda)(\lambda-1)^2=0$ 得到 A 的特征值为 -2，1(二重). 既然 A 能够对角化，因此矩阵 A 对应特征值 1 有 2 个线性无关的特征向量，需要 $R(A-E)=1$. 而

$$A-E=\begin{pmatrix}-5 & -10 & 0\\ 1 & 2 & 0\\ 3 & a & 0\end{pmatrix}\to\begin{pmatrix}1 & 2 & 0\\ 0 & a-6 & 0\\ 0 & 0 & 0\end{pmatrix},$$

于是得到 $a=6$.

当 $a=6$ 时，得到 A 的对应特征值 1 的 2 个线性无关的特征向量为 $\alpha_1=\begin{pmatrix}-2\\ 1\\ 0\end{pmatrix}$，$\alpha_2=\begin{pmatrix}0\\ 0\\ 1\end{pmatrix}$. 从 $A+2E=\begin{pmatrix}-2 & -10 & 0\\ 1 & 5 & 0\\ 3 & 6 & 3\end{pmatrix}\to\begin{pmatrix}1 & 0 & 0\\ 0 & 3 & -1\\ 0 & 0 & 0\end{pmatrix}$得到 A 的对应特征值 -2 的特征向量为 $\alpha_3=\begin{pmatrix}0\\ 1\\ 3\end{pmatrix}$. 这样令 $P=\begin{pmatrix}-2 & 0 & 0\\ 1 & 0 & 1\\ 0 & 1 & 3\end{pmatrix}$，$\Lambda=\begin{pmatrix}1 & 0 & 0\\ 0 & 1 & 0\\ 0 & 0 & -2\end{pmatrix}$，就有 $P^{-1}AP=\Lambda$.

例 12 已知 A 是三阶不可逆矩阵，-1 和 2 是 A 的特征值，$B=A^2-A-2E$，求 B 的特征值，并说明 B 能否对角化.

解 【要求出 B 的特征值，这要用到 A 与 B 的关系式. 然后从特征值的情况去判定 B 能否对角化.】

由于 A 不可逆，有 $|A|=|A-0E|=0$，即 A 有特征值 0. 这样三阶方阵 A 的 3 个特征值分别是 0，-1 和 2. 于是 B 的特征值分别为 -2，2，0. 既然三阶方阵 B 有 3 个互异的特征值，因此 B 能够对角化.

例 13 设矩阵 A 与 B 相似，其中

$$A=\begin{pmatrix}-2 & 0 & 0\\ 2 & x & 2\\ 3 & 1 & 1\end{pmatrix},\ B=\begin{pmatrix}-1 & 0 & 0\\ 0 & 2 & 0\\ 0 & 0 & y\end{pmatrix},$$

(1) 求 x 和 y 的值；(2) 求可逆矩阵 P，使得 $P^{-1}AP=B$.

解 【本例是从两个矩阵相似去求矩阵中的参数. 从两个矩阵相似的性质入手，如相似矩阵有相同的特征值，具有相同的迹. 注意 B 已经是对角阵，其特征值就是对角线上的元素. 求矩阵 P 实际上就是求两者的相似变换矩阵. 相似变换矩阵的每一列都是矩阵 A 的特征值对应的线性无关的特征向量. 因此在求出了第一问后，就知道了 A 的特征值，回答第二问还要求出 A 的这些特征值对应的线性无关的特征向量.】

(1) 由于 A 与 B 相似，且 B 为对角阵，那么 A 能够对角化，且 B 的对角线上的元素是 A 的特征值. 从 A 有特征值 -1 知道，$|A+E|=0$，即 $|A+E|=-[2(x+1)-2]=0$，于是 $x=0$. 再从 A 和 B 相似从而有相同的迹得到 $-2+x+1=-1+2+y$. 代入 $x=0$ 得到 $y=-2$.

(2) 由于 A 的 3 个特征值分别为 -1，2，-2，现在分别求出对应这 3 个特征值的特征向量.

$$A+E=\begin{pmatrix}-1&0&0\\2&1&2\\3&1&2\end{pmatrix}\to\begin{pmatrix}1&0&0\\0&1&2\\0&0&0\end{pmatrix}$$，得到对应-1的一个特征向量$\boldsymbol{\alpha}_1=\begin{pmatrix}0\\-2\\1\end{pmatrix}$；

$$A-2E=\begin{pmatrix}-4&0&0\\2&-2&2\\3&1&-1\end{pmatrix}\to\begin{pmatrix}1&0&0\\0&1&-1\\0&0&0\end{pmatrix}$$，得到对应 2 的一个特征向量$\boldsymbol{\alpha}_2=\begin{pmatrix}0\\1\\1\end{pmatrix}$；

$$A+2E=\begin{pmatrix}0&0&0\\2&2&2\\3&1&3\end{pmatrix}\to\begin{pmatrix}1&0&1\\0&1&0\\0&0&0\end{pmatrix}$$，得到对应-2的一个特征向量$\boldsymbol{\alpha}_3=\begin{pmatrix}-1\\0\\1\end{pmatrix}$.

于是令$P=\begin{pmatrix}0&0&-1\\-2&1&0\\1&1&1\end{pmatrix}$，就有$P$可逆，而且$P^{-1}AP=B$.

例 14　将$\boldsymbol{\alpha}_1=(-1,\ 2,\ -1)^{\mathrm{T}}$，$\boldsymbol{\alpha}_2=(0,\ -1,\ 1)^{\mathrm{T}}$规范正交化.

解　【这是给出了具体的向量，要将其规范正交化，按照施密特正交化的方法即可.】

令$\boldsymbol{\beta}_1=\boldsymbol{\alpha}_1$；

$$\boldsymbol{\beta}_2=\boldsymbol{\alpha}_2-\frac{[\boldsymbol{\beta}_1,\ \boldsymbol{\alpha}_2]}{[\boldsymbol{\beta}_1,\ \boldsymbol{\beta}_1]}\boldsymbol{\beta}_1=\begin{pmatrix}0\\-1\\1\end{pmatrix}-\frac{-3}{6}\begin{pmatrix}-1\\2\\-1\end{pmatrix}=\begin{pmatrix}-\frac{1}{2}\\0\\\frac{1}{2}\end{pmatrix}$$，则$\boldsymbol{\beta}_1$，$\boldsymbol{\beta}_2$是$\boldsymbol{\alpha}_1$，$\boldsymbol{\alpha}_2$的正交化.

再令$\boldsymbol{\eta}_1=\dfrac{\boldsymbol{\beta}_1}{\|\boldsymbol{\beta}_1\|}=\dfrac{1}{\sqrt{6}}\begin{pmatrix}-1\\2\\-1\end{pmatrix}$，$\boldsymbol{\eta}_2=\dfrac{\boldsymbol{\beta}_2}{\|\boldsymbol{\beta}_2\|}=\dfrac{1}{\sqrt{2}}\begin{pmatrix}0\\-1\\1\end{pmatrix}$，那么$\boldsymbol{\eta}_1$，$\boldsymbol{\eta}_2$即是$\boldsymbol{\alpha}_1$，$\boldsymbol{\alpha}_2$的规范正交化向量组.

例 15　已知$A=\begin{pmatrix}-1&2&2\\2&-1&-2\\2&-2&-1\end{pmatrix}$，求正交矩阵$Q$和对角阵$\boldsymbol{\Lambda}$，使得$Q^{\mathrm{T}}AQ=\boldsymbol{\Lambda}$.

解　【首先看出A是实对称阵，实对称阵一定能够对角化，其相似变换矩阵可以是可逆矩阵或正交矩阵. 将一个给定的纯数字实对称阵矩阵对角化，先要求出A的特征值，然后求出这些特征值分别对应的线性无关的特征向量. 如果要求的相似变换是可逆矩阵，那么只要将求出的线性无关的特征向量按列排成矩阵即可；如果要求的相似变换矩阵是正交矩阵，就需要把每个重特征值对应的线性无关的特征向量先正交化，而后将这些正交的特征向量再单位化，最后将这些两两正交的单位向量按列排成的矩阵就是要求的正交矩阵.】

先求出A的特征值. 从

$$|A-\lambda E|=\begin{vmatrix}-1-\lambda&2&2\\2&-1-\lambda&-2\\2&-2&-1-\lambda\end{vmatrix}=\begin{vmatrix}1-\lambda&0&1-\lambda\\2&-1-\lambda&-2\\2&-2&-1-\lambda\end{vmatrix}$$
$$=-(1-\lambda)^2(\lambda+5)=0,$$

得到A的特征值为 1(二重)，-5.

由 $A-E=\begin{pmatrix}-2&2&2\\2&-2&-2\\2&-2&-2\end{pmatrix}\to\begin{pmatrix}1&-1&-1\\0&0&0\\0&0&0\end{pmatrix}$，得到对应特征值 1 的两个线性无关特征向量 $\boldsymbol{\alpha}_1=\begin{pmatrix}1\\1\\0\end{pmatrix}$，$\boldsymbol{\alpha}_2=\begin{pmatrix}1\\0\\1\end{pmatrix}$. 从 $A+5E=\begin{pmatrix}4&2&2\\2&4&-2\\2&-2&4\end{pmatrix}\to\begin{pmatrix}1&0&1\\0&1&-1\\0&0&0\end{pmatrix}$，得到对应特征值 -5 的特征向量 $\boldsymbol{\alpha}_3=\begin{pmatrix}-1\\1\\1\end{pmatrix}$. 将对应特征值 1 的特征向量 $\boldsymbol{\alpha}_1$，$\boldsymbol{\alpha}_2$ 正交化，有 $\boldsymbol{\beta}_1=\boldsymbol{\alpha}_1$，$\boldsymbol{\beta}_2=\boldsymbol{\alpha}_2-\dfrac{[\boldsymbol{\beta}_1,\ \boldsymbol{\alpha}_2]}{[\boldsymbol{\beta}_1,\ \boldsymbol{\beta}_1]}\boldsymbol{\beta}_1=\begin{pmatrix}1\\0\\1\end{pmatrix}-\dfrac{1}{2}\begin{pmatrix}1\\1\\0\end{pmatrix}=\begin{pmatrix}\frac{1}{2}\\-\frac{1}{2}\\1\end{pmatrix}$. 再将 $\boldsymbol{\beta}_1$，$\boldsymbol{\beta}_2$ 单位化，

$$\boldsymbol{\eta}_1=\frac{\boldsymbol{\beta}_1}{\|\boldsymbol{\beta}_1\|}=\frac{1}{\sqrt{2}}\begin{pmatrix}1\\1\\0\end{pmatrix}，\boldsymbol{\eta}_2=\frac{\boldsymbol{\beta}_2}{\|\boldsymbol{\beta}_2\|}=\frac{1}{\sqrt{6}}\begin{pmatrix}1\\-1\\2\end{pmatrix}，$$

将 $\boldsymbol{\alpha}_3$ 单位化，$\boldsymbol{\eta}_3=\dfrac{\boldsymbol{\alpha}_3}{\|\boldsymbol{\alpha}_3\|}=\dfrac{1}{\sqrt{3}}\begin{pmatrix}-1\\1\\1\end{pmatrix}$，再令

$$Q=(\boldsymbol{\eta}_1,\ \boldsymbol{\eta}_2,\ \boldsymbol{\eta}_3)=\begin{pmatrix}\frac{1}{\sqrt{2}}&\frac{1}{\sqrt{6}}&-\frac{1}{\sqrt{3}}\\\frac{1}{\sqrt{2}}&-\frac{1}{\sqrt{6}}&\frac{1}{\sqrt{3}}\\0&\frac{2}{\sqrt{6}}&\frac{1}{\sqrt{3}}\end{pmatrix}，$$

就有 Q 为正交阵，且 $Q^{\mathrm{T}}AQ=\Lambda=\begin{pmatrix}1&0&0\\0&1&0\\0&0&-5\end{pmatrix}$.

例 16 设三阶实对称阵 A 的特征值为 $\lambda_1=1$，$\lambda_2=2$，$\lambda_3=-2$，且 $\boldsymbol{\alpha}_1=(1,\ -1,\ 1)^{\mathrm{T}}$ 是 A 的属于特征值 λ_1 的特征向量，记 $B=A^5-4A^3+E$，(1) 证明 $\boldsymbol{\alpha}_1$ 是 B 的特征向量；(2) 求 B 的全部特征值与特征向量；(3) 求矩阵 B.

解 【本例中的 A，B 矩阵是一般矩阵. 第一问的证明从特征值与特征向量的定义入手；第二问根据 A，B 矩阵的关系，利用特征值的性质去求 B 的特征值. 在求 B 的特征向量时，要注意从 A 是实对称阵及 A，B 的关系得到 B 也是实对称阵. 利用实对称阵的特征向量的特点：对应于不同特征值的特征向量是正交的这个结论去求 B 的特征向量；第三问由于 B 为实对称阵因此 B 能够对角化，第二问已经求出 B 的特征值与特征向量，与其相似的对角阵以及相似变换矩阵都可以写出来，就可以求出 B.】

(1) 由于 $B\boldsymbol{\alpha}_1=(A^5-4A^3+E)\boldsymbol{\alpha}_1=(\lambda_1^5-4\lambda_1^3+1)\boldsymbol{\alpha}_1=-2\boldsymbol{\alpha}_1$，于是 $\boldsymbol{\alpha}_1$ 是 B 的对应特

征值−2 的特征向量；

(2) 对 $\boldsymbol{A}$ 的特征值 $\lambda_2=2$，$\lambda_3=-2$，从 $\boldsymbol{B}=\boldsymbol{A}^5-4\boldsymbol{A}^3+\boldsymbol{E}$ 知道 $\lambda_2^5-4\lambda_2^3+1=1$，$\lambda_3^5-4\lambda_3^3+1=1$ 都是 $\boldsymbol{B}$ 的特征值，得到 $\boldsymbol{B}$ 有二重特征值 1. 由于 $\boldsymbol{A}$ 为实对称阵，$\boldsymbol{B}$ 也是实对称阵，根据实对称阵对应不同特征值的特征向量正交知道，$\boldsymbol{B}$ 的对应特征值 1 的特征值向量与对应特征值−2 的特征向量 $\boldsymbol{\alpha}_1$ 正交. 这样设 $\boldsymbol{x}=(x_1, x_2, x_3)^{\mathrm{T}}$ 为 $\boldsymbol{B}$ 的对应特征值 1 的特征向量就有 $\boldsymbol{x}^{\mathrm{T}}\boldsymbol{\alpha}_1=0$，即 $x_1-x_2+x_3=0$，这样得到该方程组的一个基础解系 $\boldsymbol{\alpha}_2=\begin{pmatrix}1\\1\\0\end{pmatrix}$，$\boldsymbol{\alpha}_3=\begin{pmatrix}-1\\0\\1\end{pmatrix}$，它们都是 $\boldsymbol{B}$ 的对应特征值 1 的特征向量. 于是 $\boldsymbol{B}$ 的所有特征向量为：对应−2的特征向量 $k_1\boldsymbol{\alpha}_1$，$k_1\neq0$；对应特征值 1 的特征向量为 $k_2\boldsymbol{\alpha}_2+k_3\boldsymbol{\alpha}_3$，$k_2$，$k_3$ 不全为 0.

(3) 假如令 $\boldsymbol{P}=(\boldsymbol{\alpha}_1, \boldsymbol{\alpha}_2, \boldsymbol{\alpha}_3)=\begin{pmatrix}1&1&-1\\-1&1&0\\1&0&1\end{pmatrix}$，则有 $\boldsymbol{P}^{-1}\boldsymbol{BP}=\begin{pmatrix}-2&0&0\\0&1&0\\0&0&1\end{pmatrix}=\boldsymbol{\Lambda}$，于是 $\boldsymbol{B}=\boldsymbol{P\Lambda P}^{-1}$. 求出 $\boldsymbol{P}^{-1}=\dfrac{1}{3}\begin{pmatrix}1&-1&1\\1&2&1\\-1&1&2\end{pmatrix}$，就有

$$\boldsymbol{B}=\begin{pmatrix}1&1&-1\\-1&1&0\\1&0&1\end{pmatrix}\begin{pmatrix}-2&0&0\\0&1&0\\0&0&1\end{pmatrix}\frac{1}{3}\begin{pmatrix}1&-1&1\\1&2&1\\-1&1&2\end{pmatrix}=\begin{pmatrix}0&1&-1\\1&0&1\\-1&1&0\end{pmatrix}.$$

例 17　设 $\boldsymbol{A}$ 是正交矩阵，若 $|\boldsymbol{A}|=-1$，证明 $\boldsymbol{A}$ 有特征值−1.

证明　【从正交矩阵的定义去证明 $|\boldsymbol{A}+\boldsymbol{E}|=0$，根据特征方程的定义，就有 $\boldsymbol{A}$ 有特征值−1.】

只要证明 $|\boldsymbol{A}+\boldsymbol{E}|=0$，那么 $\boldsymbol{A}$ 有特征值−1. 实际上

$$|\boldsymbol{A}+\boldsymbol{E}|=|\boldsymbol{A}+\boldsymbol{AA}^{\mathrm{T}}|=|\boldsymbol{A}||\boldsymbol{E}+\boldsymbol{A}^{\mathrm{T}}|=-|(\boldsymbol{E}+\boldsymbol{A})^{\mathrm{T}}|=-|\boldsymbol{A}+\boldsymbol{E}|,$$

这样移项就有 $2|\boldsymbol{A}+\boldsymbol{E}|=0$，即 $|\boldsymbol{A}+\boldsymbol{E}|=0$，因此 $\boldsymbol{A}$ 有特征值−1.

六、　应用与提高

例 18　设 $\boldsymbol{A}$ 是三阶矩阵，$\boldsymbol{\alpha}_1$，$\boldsymbol{\alpha}_2$，$\boldsymbol{\alpha}_3$ 是 3 维线性无关的列向量，且

$$\boldsymbol{A\alpha}_1=\boldsymbol{\alpha}_1-\boldsymbol{\alpha}_2+3\boldsymbol{\alpha}_3,\ \boldsymbol{A\alpha}_2=4\boldsymbol{\alpha}_1-3\boldsymbol{\alpha}_2+5\boldsymbol{\alpha}_3,\ \boldsymbol{A\alpha}_3=0,$$

求矩阵 $\boldsymbol{A}$ 的特征值.

解　【这里给出的矩阵 $\boldsymbol{A}$ 为一般矩阵，只说明了 $\boldsymbol{A}$ 跟向量 $\boldsymbol{\alpha}_1$，$\boldsymbol{\alpha}_2$，$\boldsymbol{\alpha}_3$ 的运算关系，要求 $\boldsymbol{A}$ 的特征值. 这时需要先找出矩阵 $\boldsymbol{A}$ 与向量组 $\boldsymbol{\alpha}_1$，$\boldsymbol{\alpha}_2$，$\boldsymbol{\alpha}_3$ 构成的矩阵之间的关系.】

由题意，

$$\boldsymbol{A}(\boldsymbol{\alpha}_1, \boldsymbol{\alpha}_2, \boldsymbol{\alpha}_3)=(\boldsymbol{\alpha}_1-\boldsymbol{\alpha}_2+3\boldsymbol{\alpha}_3, 4\boldsymbol{\alpha}_1-3\boldsymbol{\alpha}_2+5\boldsymbol{\alpha}_3, 0)=(\boldsymbol{\alpha}_1, \boldsymbol{\alpha}_2, \boldsymbol{\alpha}_3)\begin{pmatrix}1&4&0\\-1&-3&0\\3&5&0\end{pmatrix},$$

令 $\boldsymbol{P}=(\boldsymbol{\alpha}_1,\boldsymbol{\alpha}_2,\boldsymbol{\alpha}_3)$，由于 $\boldsymbol{\alpha}_1,\boldsymbol{\alpha}_2,\boldsymbol{\alpha}_3$ 是线性无关的，因此矩阵 $\boldsymbol{P}$ 可逆，从上式得到 $\boldsymbol{P}^{-1}\boldsymbol{A}\boldsymbol{P}=\begin{pmatrix}1&4&0\\-1&-3&0\\3&5&0\end{pmatrix}$，也就是说，$\boldsymbol{A}$ 与 $\boldsymbol{B}=\begin{pmatrix}1&4&0\\-1&-3&0\\3&5&0\end{pmatrix}$ 相似. 可以求出 $\boldsymbol{B}$ 的特征值为 0，-1(二重)，根据相似矩阵有相同的特征值，因此求出 $\boldsymbol{B}$ 的特征值就是 $\boldsymbol{A}$ 的特征值，即 $\boldsymbol{A}$ 的特征值为 0，-1(二重).

例 19 设 $\boldsymbol{A}=\begin{pmatrix}1&1&a\\1&a&1\\a&1&1\end{pmatrix}$，$\boldsymbol{\beta}=\begin{pmatrix}1\\1\\-2\end{pmatrix}$. 已知线性方程组 $\boldsymbol{A}x=\boldsymbol{\beta}$ 有解但不唯一，求(1) a 的值；(2) 正交矩阵 $\boldsymbol{Q}$，使得 $\boldsymbol{Q}^{\mathrm{T}}\boldsymbol{A}\boldsymbol{Q}=\boldsymbol{\Lambda}$，其中 $\boldsymbol{\Lambda}$ 为对角阵.

解 【先从线性方程组 $\boldsymbol{A}x=\boldsymbol{\beta}$ 有解但不唯一，利用非齐次线性方程组解的存在定理就能够得到第一问 a 的值. 由于这里方程组的系数矩阵 $\boldsymbol{A}$ 为 3 阶方阵，讨论方程组解的存在情况时优先考虑用克拉默法则，有多个 a 值再考虑利用系数矩阵与增广矩阵的秩的情况具体判定；解出第一问就得到 $\boldsymbol{A}$ 为纯数字矩阵，按照实对称阵对角化的方法找到正交矩阵就能解决第二问.】

(1) 从线性方程组 $\boldsymbol{A}x=\boldsymbol{\beta}$ 有解但不唯一，结合克拉默法则知道 $|\boldsymbol{A}|=0$. 从

$$|\boldsymbol{A}|=(a+2)(a-1)^2=0$$

解出 $a=1$ 或 $a=-2$.

当 $a=1$ 时，增广矩阵 $(\boldsymbol{A},\boldsymbol{\beta})=\begin{pmatrix}1&1&1&1\\1&1&1&1\\1&1&1&-2\end{pmatrix}\to\begin{pmatrix}1&1&1&1\\0&0&0&-3\\0&0&0&0\end{pmatrix}$，因此 $\boldsymbol{A}\boldsymbol{x}=\boldsymbol{\beta}$ 无解. 当 $a=-2$ 时，增广矩阵 $(\boldsymbol{A},\boldsymbol{\beta})=\begin{pmatrix}1&1&-2&1\\1&-2&1&1\\-2&1&1&-2\end{pmatrix}\to\begin{pmatrix}1&1&-2&1\\0&-3&3&0\\0&0&0&0\end{pmatrix}$，线性方程组 $\boldsymbol{A}\boldsymbol{x}=\boldsymbol{\beta}$ 有解但不唯一. 这样 $a=-2$ 满足题目要求.

(2) 将 $a=-2$ 代入 $\boldsymbol{A}$，求得 $\boldsymbol{A}$ 的 3 个特征值分别为 0，3，-3，取对应的特征向量分别为 $\boldsymbol{\alpha}_1=\begin{pmatrix}1\\1\\1\end{pmatrix}$，$\boldsymbol{\alpha}_2=\begin{pmatrix}-1\\0\\1\end{pmatrix}$，$\boldsymbol{\alpha}_3=\begin{pmatrix}1\\-2\\1\end{pmatrix}$，分别将这 3 个特征向量单位化有

$$\boldsymbol{\eta}_1=\frac{1}{\sqrt{3}}\begin{pmatrix}1\\1\\1\end{pmatrix},\ \boldsymbol{\eta}_2=\frac{1}{\sqrt{2}}\begin{pmatrix}-1\\0\\1\end{pmatrix},\ \boldsymbol{\eta}_3=\frac{1}{\sqrt{6}}\begin{pmatrix}1\\-2\\1\end{pmatrix}.$$

再令

$$\boldsymbol{Q}=(\boldsymbol{\eta}_1,\boldsymbol{\eta}_2,\boldsymbol{\eta}_3)=\begin{pmatrix}\frac{1}{\sqrt{3}}&-\frac{1}{\sqrt{2}}&\frac{1}{\sqrt{6}}\\\frac{1}{\sqrt{3}}&0&-\frac{2}{\sqrt{6}}\\\frac{1}{\sqrt{3}}&\frac{1}{\sqrt{2}}&\frac{1}{\sqrt{6}}\end{pmatrix},$$

就有 $\boldsymbol{Q}$ 为正交阵，且 $\boldsymbol{Q}^{\mathrm{T}}\boldsymbol{AQ}=\boldsymbol{\Lambda}=\begin{pmatrix}0&0&0\\0&3&0\\0&0&-3\end{pmatrix}$.

例 20　设 $\boldsymbol{A}$，$\boldsymbol{B}$ 都是 n 阶方阵，证明 $\boldsymbol{AB}$ 与 $\boldsymbol{BA}$ 有相同的特征值.

证明　【注意如果题目中有方阵 $\boldsymbol{A}$ 可逆的条件，那么从 $\boldsymbol{A}^{-1}(\boldsymbol{AB})\boldsymbol{A}=\boldsymbol{BA}$ 及两个矩阵相似的定义就知道 $\boldsymbol{AB}$ 与 $\boldsymbol{BA}$ 相似，从而有相同的特征值. 问题是题目没有说明 $\boldsymbol{A}$ 是否可逆，因此要利用其他的方法来说明.】

设 λ 是 $\boldsymbol{AB}$ 的特征值，对应的特征向量为 $\boldsymbol{\alpha}$，即是 $(\boldsymbol{AB})\boldsymbol{\alpha}=\lambda\boldsymbol{\alpha}$，且 $\boldsymbol{\alpha}\neq 0$. 下面分两种情况讨论.

第一种情况，如果 $\lambda\neq 0$，此时 $\lambda\boldsymbol{\alpha}\neq 0$. 从 $(\boldsymbol{AB})\boldsymbol{\alpha}=\lambda\boldsymbol{\alpha}$ 左乘 $\boldsymbol{B}$ 有 $\boldsymbol{B}(\boldsymbol{AB})\boldsymbol{\alpha}=\boldsymbol{B}\lambda\boldsymbol{\alpha}$，利用结合律 $(\boldsymbol{BA})(\boldsymbol{B\alpha})=\lambda(\boldsymbol{B\alpha})$. 因此只要证明 $\boldsymbol{B\alpha}\neq 0$，就能说明 λ 也是 $\boldsymbol{BA}$ 的特征值，对应的特征向量为 $\boldsymbol{B\alpha}$. 用反证法. 假如 $\boldsymbol{B\alpha}=0$，那么 $(\boldsymbol{AB})\boldsymbol{\alpha}=\boldsymbol{A}(\boldsymbol{B\alpha})=\mathbf{0}$，这与 $(\boldsymbol{AB})\boldsymbol{\alpha}=\lambda\boldsymbol{\alpha}\neq\mathbf{0}$ 矛盾. 所以 λ 也是 $\boldsymbol{BA}$ 的特征值.

第二种情况，如果 $\lambda=0$，此时 $|\boldsymbol{AB}|=0$. 只要证明 $|\boldsymbol{BA}|=0$ 就能说明 0 也是 $\boldsymbol{BA}$ 的特征值. 实际上由方阵的行列式的性质知道 $|\boldsymbol{AB}|=|\boldsymbol{A}||\boldsymbol{B}|=|\boldsymbol{B}||\boldsymbol{A}|=|\boldsymbol{BA}|$，因此 $|\boldsymbol{BA}|=0$，也就是说 0 也是 $\boldsymbol{BA}$ 的特征值.

例 21　设矩阵 $\boldsymbol{A}=\begin{pmatrix}a&-1&c\\5&b&3\\1-c&0&-a\end{pmatrix}$，其行列式 $|\boldsymbol{A}|=-1$. $\boldsymbol{A}$ 的伴随矩阵 $\boldsymbol{A}^*$ 有一个特征值 λ_0，属于这个特征值的一个特征向量为 $\boldsymbol{\alpha}=(-1,\ -1,\ 1)^{\mathrm{T}}$，求 a，b，c 及 λ_0 的值.

解　【本例中从矩阵 $\boldsymbol{A}$ 给出其伴随矩阵 $\boldsymbol{A}^*$ 的特征值，因此首先要知道 $\boldsymbol{A}$ 的特征值与其伴随矩阵的特征值之间的关系. 要注意的是在一些题目中出现了 $\boldsymbol{A}^*$，往往利用

$$\boldsymbol{AA}^*=\boldsymbol{A}^*\boldsymbol{A}=|\boldsymbol{A}|\boldsymbol{E}$$

将对伴随矩阵 $\boldsymbol{A}^*$ 的运算转化为对 $\boldsymbol{A}$ 的运算. 再注意到题目要求 4 个参数，因此要根据关系找到 4 个方程，通过求解方程组来得到这些参数的值.】

从 $\boldsymbol{A}^*\boldsymbol{\alpha}=\lambda_0\boldsymbol{\alpha}$ 左乘 $\boldsymbol{A}$ 有 $\boldsymbol{AA}^*\boldsymbol{\alpha}=\boldsymbol{A}\lambda_0\boldsymbol{\alpha}$，即 $|\boldsymbol{A}|\boldsymbol{\alpha}=\lambda_0\boldsymbol{A\alpha}$，也就是 $-\boldsymbol{\alpha}=\lambda_0\boldsymbol{A\alpha}$. 代入 $\boldsymbol{A}$ 和 $\boldsymbol{\alpha}$ 有

$$\lambda_0\begin{pmatrix}a&-1&c\\5&b&3\\1-c&0&-a\end{pmatrix}\begin{pmatrix}-1\\-1\\1\end{pmatrix}=-\begin{pmatrix}-1\\-1\\1\end{pmatrix},$$

得到

$$\begin{cases}\lambda_0(-a+1+c)=1\\\lambda_0(-5-b+3)=1\\\lambda_0(-1+c-a)=-1\end{cases},$$

由于 $|\boldsymbol{A}|=-1$，从而 $\boldsymbol{A}$ 可逆，于是 $\boldsymbol{A}^*$ 也可逆，这样 $\lambda_0\neq 0$. 将上述方程组的第一、第三个方程相加得到 $\lambda_0(-2a+2c)=0$，就有 $a=c$. 再从第一个方程就有 $\lambda_0=1$. 代入第二个方程得 $b=-3$. 再将 $a=c$，$\lambda_0=1$，$b=-3$ 代入 $\boldsymbol{A}$，计算 $\boldsymbol{A}$ 的行列式，从 $|\boldsymbol{A}|=-1$ 得到 $a=2$.

例 22 设$A=\begin{pmatrix}3&2&2\\2&3&2\\2&2&3\end{pmatrix}$，$P=\begin{pmatrix}0&1&0\\1&0&1\\0&0&1\end{pmatrix}$，$B=P^{-1}A^*P$，求$B+2E$的特征值与特征向量.

【从题目看，矩阵A和P都是具体的纯数字矩阵，因此可以先求出A^*，再求出P^{-1}，利用矩阵乘法得到矩阵B，然后就得到$B+2E$，再按照求具体数字矩阵的方法求$B+2E$的特征值与特征向量即可，此为解法一；另一方面A为纯数字矩阵，可以求出A的特征值与特征向量，而后根据A与A^*的特征值与特征向量间的关系(如果A可逆，$A\alpha=\lambda\alpha$，那么有$A^*\alpha=(\frac{|A|}{\lambda})\alpha$，即$\frac{|A|}{\lambda}$为$A^*$的特征值，对应的特征向量为$\alpha$)，得到$A^*$的特征值与特征向量. 从$B=P^{-1}A^*P$知道，$B$与$A^*$相似，根据相似矩阵有相同特征值，因此又可以得到$B$的特征值与特征向量(相似矩阵间特征向量的关系见释疑解难问题 4)，最后再根据特征值与特征向量的性质就得到$B+2E$的特征值与特征向量. 此为解法二.】

解法一 先求出$B+2E$，而后求特征值与特征向量.

从$A=\begin{pmatrix}3&2&2\\2&3&2\\2&2&3\end{pmatrix}$，求得$A^*=\begin{pmatrix}5&-2&-2\\-2&5&-2\\-2&-2&5\end{pmatrix}$；从$P=\begin{pmatrix}0&1&0\\1&0&1\\0&0&1\end{pmatrix}$，求得$P^{-1}=\begin{pmatrix}0&1&-1\\1&0&0\\0&0&1\end{pmatrix}$，

于是得$B=P^{-1}A^*P=\begin{pmatrix}7&0&0\\-2&5&-4\\-2&-2&3\end{pmatrix}$，就有$B+2E=\begin{pmatrix}9&0&0\\-2&7&-4\\-2&-2&5\end{pmatrix}$.

再从特征方程$|(B+2E)-\lambda E|=\begin{vmatrix}9-\lambda&0&0\\-2&7-\lambda&-4\\-2&-2&5-\lambda\end{vmatrix}=(9-\lambda)^2(3-\lambda)=0$，得到$B+2E$的特征值为 9(二重)和 3. 从$(B+2E)-9E=\begin{pmatrix}0&0&0\\-2&-2&-4\\-2&-2&-4\end{pmatrix}\to\begin{pmatrix}1&1&2\\0&0&0\\0&0&0\end{pmatrix}$，知道对应特征值 9 的特征向量为$k_1\boldsymbol{\eta}_1+k_2\boldsymbol{\eta}_2=k_1\begin{pmatrix}-1\\1\\0\end{pmatrix}+k_2\begin{pmatrix}-2\\0\\1\end{pmatrix}$；从$(B+2E)-3E=\begin{pmatrix}6&0&0\\-2&4&-4\\-2&-2&2\end{pmatrix}\to\begin{pmatrix}1&0&0\\0&1&-1\\0&0&0\end{pmatrix}$，得到对应特征值 3 的特征向量为$k_3\boldsymbol{\eta}_3=k_3\begin{pmatrix}0\\1\\1\end{pmatrix}$.

解法二 找到$B+2E$的特征值与特征向量与A的特征值与特征向量之间的关系，而后计算.

计算得$|A|=7$，那么A可逆，其特征值不为 0. 设A的特征值为λ，那么A^*对应就有一个特征值$\frac{|A|}{\lambda}$. 从$B=P^{-1}A^*P$知道B与A^*相似，这样B与A^*的特征值相同.

也就是说 λ 是 $\boldsymbol{A}$ 的一个特征值，就有 $\frac{|\boldsymbol{A}|}{\lambda}+2$ 为 $\boldsymbol{B}+2\boldsymbol{E}$ 的特征值.

进一步若设 $\boldsymbol{A\alpha}=\lambda\boldsymbol{\alpha}$，那么 $\boldsymbol{A}^*\boldsymbol{A\alpha}=\boldsymbol{A}^*\lambda\boldsymbol{\alpha}$，即是 $\boldsymbol{A}^*\boldsymbol{\alpha}=(\frac{|\boldsymbol{A}|}{\lambda})\boldsymbol{\alpha}$，又

$$\boldsymbol{B}(\boldsymbol{P}^{-1}\boldsymbol{\alpha})=\boldsymbol{P}^{-1}\boldsymbol{A}^*\boldsymbol{P}(\boldsymbol{P}^{-1}\boldsymbol{\alpha})=\boldsymbol{P}^{-1}\boldsymbol{A}^*\boldsymbol{\alpha}=\boldsymbol{P}^{-1}(\frac{|\boldsymbol{A}|}{\lambda})\boldsymbol{\alpha}=(\frac{|\boldsymbol{A}|}{\lambda})(\boldsymbol{P}^{-1}\boldsymbol{\alpha}),$$

就有 $(\boldsymbol{B}+2\boldsymbol{E})(\boldsymbol{P}^{-1}\boldsymbol{\alpha})=(\frac{|\boldsymbol{A}|}{\lambda}+2)(\boldsymbol{P}^{-1}\boldsymbol{\alpha})$. 这就是说求得了 $\boldsymbol{A}$ 的对应特征值 λ 的特征向量，那么 $\boldsymbol{P}^{-1}\boldsymbol{\alpha}$ 就是 $\boldsymbol{B}+2\boldsymbol{E}$ 的对应特征值 $\frac{|\boldsymbol{A}|}{\lambda}+2$ 的特征向量.

求出 $\boldsymbol{A}$ 的特征值为 1，1，7，对应的特征向量为 $\boldsymbol{\alpha}_1=\begin{pmatrix}-1\\1\\0\end{pmatrix}$，$\boldsymbol{\alpha}_2=\begin{pmatrix}-1\\0\\1\end{pmatrix}$，$\boldsymbol{\alpha}_3=\begin{pmatrix}1\\1\\1\end{pmatrix}$. 且 $\boldsymbol{P}^{-1}=\begin{pmatrix}0&1&-1\\1&0&0\\0&0&1\end{pmatrix}$. 于是 $\boldsymbol{B}+2\boldsymbol{E}$ 的特征值为 9，9，3，对应的特征向量为 $\boldsymbol{\eta}_1=\boldsymbol{P}^{-1}\boldsymbol{\alpha}_1=\begin{pmatrix}1\\-1\\0\end{pmatrix}$，$\boldsymbol{\eta}_2=\boldsymbol{P}^{-1}\boldsymbol{\alpha}_2=\begin{pmatrix}-1\\-1\\1\end{pmatrix}$，$\boldsymbol{\eta}_3=\boldsymbol{P}^{-1}\boldsymbol{\alpha}_3=\begin{pmatrix}0\\1\\1\end{pmatrix}$，就有 $\boldsymbol{B}+2\boldsymbol{E}$ 的对应特征值 9 的特征向量为 $k_1\boldsymbol{\eta}_1+k_2\boldsymbol{\eta}_2=k_1\begin{pmatrix}1\\-1\\0\end{pmatrix}+k_2\begin{pmatrix}-1\\-1\\1\end{pmatrix}$，对应特征值 3 的特征向量为 $k_3\boldsymbol{\eta}_3=k_3\begin{pmatrix}0\\1\\1\end{pmatrix}$.

例 23　已知 $\boldsymbol{A}=\begin{pmatrix}-1&1&0\\-2&2&0\\4&a&1\end{pmatrix}$ 能对角化，求(1)$\boldsymbol{A}^n$；(2)记 $\boldsymbol{\beta}=\begin{pmatrix}0\\1\\3\end{pmatrix}$，求 $\boldsymbol{A}^n\boldsymbol{\beta}$.

解　**【**首先根据 $\boldsymbol{A}$ 能够对角化的条件，可以求出 a 的值. 在求出 a 的值之后，矩阵 $\boldsymbol{A}$ 为纯数字矩阵，第一问要求这种矩阵的 n 次方. 求一个矩阵的 n 次方，在讲矩阵的运算时讲过，可以直接通过数学归纳法来求. 但是对于一个具体的矩阵，有时归纳很难总结出 n 次方的表示式. 求解矩阵的 n 次方，很多时候是通过矩阵的对角化来实现. 实际上，如果 $\boldsymbol{A}$ 能够对角化，那么存在可逆矩阵 $\boldsymbol{P}$ 使得 $\boldsymbol{P}^{-1}A\boldsymbol{P}=\boldsymbol{\Lambda}$，$\boldsymbol{\Lambda}$ 为对角阵，即 $A=\boldsymbol{P\Lambda P}^{-1}$. 这样

$$A^n=\boldsymbol{P\Lambda P}^{-1}\cdot\boldsymbol{P\Lambda P}^{-1}\cdot\cdots\cdot\boldsymbol{P\Lambda P}^{-1}=\boldsymbol{P\Lambda}\cdot\boldsymbol{\Lambda}\cdot\cdots\cdot\boldsymbol{\Lambda P}^{-1}=\boldsymbol{P\Lambda}^n\boldsymbol{P}^{-1}.$$

由于对角阵的 n 次方是容易求的，只要将对角线上的元素分别 n 次方即可. 通过这种方法求矩阵的 n 次方，只要找到对角阵 $\boldsymbol{\Lambda}$ 及相似变换矩阵 $\boldsymbol{P}$(求出 $\boldsymbol{P}$ 的逆矩阵)即可. 对于第二问，求 $\boldsymbol{A}^n\boldsymbol{\beta}$ 时在第一问求出 $\boldsymbol{A}^n$ 的基础上，通过矩阵乘法就可以实现. 但是还可以通过将 $\boldsymbol{\beta}$ 写为 $\boldsymbol{A}$ 的特征向量的线性组合，根据特征值与特征向量的性质求，这种解法有时会更方便.**】**

(1) 从 $|\boldsymbol{A}-\lambda\boldsymbol{E}|=(\lambda-1)^2\lambda=0$ 知道 $\boldsymbol{A}$ 有特征值 0 及二重特征值 1. $\boldsymbol{A}$ 能够对角化需要对应特征值 1 有两个线性无关的特征向量，即 $\boldsymbol{R}(\boldsymbol{A}-\boldsymbol{E})=1$. 而 $\boldsymbol{A}-\boldsymbol{E}=\begin{pmatrix}-2&1&0\\-2&1&0\\4&a&0\end{pmatrix}$，

就得到 $a=-2$.

求出 $\boldsymbol{A}$ 对应特征值 1 的两个线性无关特征向量 $\boldsymbol{\alpha}_1=\begin{pmatrix}1\\2\\0\end{pmatrix}$，$\boldsymbol{\alpha}_2=\begin{pmatrix}0\\0\\1\end{pmatrix}$，以及对应特征值 0 的特征向量 $\boldsymbol{\alpha}_3=\begin{pmatrix}1\\1\\-2\end{pmatrix}$，令 $\boldsymbol{P}=\begin{pmatrix}1&0&1\\2&0&1\\0&1&-2\end{pmatrix}$，有 $\boldsymbol{P}^{-1}\boldsymbol{AP}=\boldsymbol{\Lambda}=\begin{pmatrix}1&0&0\\0&1&0\\0&0&0\end{pmatrix}$. 又 $\boldsymbol{A}=\boldsymbol{P\Lambda P}^{-1}$，于是 $\boldsymbol{A}^n=\boldsymbol{P\Lambda P}^{-1}\boldsymbol{P\Lambda P}^{-1}\cdots\boldsymbol{P\Lambda P}^{-1}=\boldsymbol{P\Lambda}^n\boldsymbol{P}^{-1}$. 求出 $\boldsymbol{P}^{-1}=\begin{pmatrix}-1&1&0\\4&-2&1\\2&-1&0\end{pmatrix}$，就有

$$\boldsymbol{A}^n=\boldsymbol{P\Lambda}^n\boldsymbol{P}^{-1}=\begin{pmatrix}1&0&1\\2&0&1\\0&1&-2\end{pmatrix}\begin{pmatrix}1&0&0\\0&1&0\\0&0&0\end{pmatrix}\begin{pmatrix}-1&1&0\\4&-2&1\\2&-1&0\end{pmatrix}=\begin{pmatrix}-1&1&0\\-2&2&0\\4&-2&1\end{pmatrix}.$$

(2) $\boldsymbol{A}^n\boldsymbol{\beta}=\begin{pmatrix}-1&1&0\\-2&2&0\\4&-2&1\end{pmatrix}\begin{pmatrix}0\\1\\3\end{pmatrix}=\begin{pmatrix}1\\2\\1\end{pmatrix}$.

或者将 $\boldsymbol{\beta}$ 表示为 $\boldsymbol{\alpha}_1$，$\boldsymbol{\alpha}_2$，$\boldsymbol{\alpha}_3$ 的线性组合：$\boldsymbol{\beta}=\boldsymbol{\alpha}_1+\boldsymbol{\alpha}_2-\boldsymbol{\alpha}_3$，那么

$$\boldsymbol{A}^n\boldsymbol{\beta}=\boldsymbol{A}^n(\boldsymbol{\alpha}_1+\boldsymbol{\alpha}_2-\boldsymbol{\alpha}_3)=\boldsymbol{A}^n\boldsymbol{\alpha}_1+\boldsymbol{A}^n\boldsymbol{\alpha}_2-\boldsymbol{A}^n\boldsymbol{\alpha}_3=\lambda_1^n\boldsymbol{\alpha}_1+\lambda_2^n\boldsymbol{\alpha}_2-\lambda_3^n\boldsymbol{\alpha}_3=\boldsymbol{\alpha}_1+\boldsymbol{\alpha}_2=\begin{pmatrix}1\\2\\1\end{pmatrix}.$$

例 24 已知数列 x_n，$y_n(n=0,1,2,\cdots)$满足 $\begin{cases}x_{n+1}=4x_n-5y_n\\y_{n+1}=2x_n-3y_n\end{cases}$，且 $x_0=1$，$y_0=2$，求 x_{100} 及 y_{100}.

解 【这种问题在数学上属于线性差分方程组初值问题的求解问题，也就是给出了两个数列的递推公式，分别满足线性关系，求这两个数列的通项或者数列的某一项的值. 将数列的递推公式转化为矩阵形式，实际上就是求一个矩阵的 n 次方的问题.】

记 $\boldsymbol{A}=\begin{pmatrix}4&-5\\2&-3\end{pmatrix}$，$\boldsymbol{X}_n=\begin{pmatrix}x_n\\y_n\end{pmatrix}$，就得到 $\boldsymbol{X}_n=\boldsymbol{AX}_{n-1}=\boldsymbol{A}^2\boldsymbol{X}_{n-2}=\cdots=\boldsymbol{A}^n\boldsymbol{X}_0$，这里 $\boldsymbol{X}_0=\begin{pmatrix}1\\2\end{pmatrix}$. 于是 $\boldsymbol{X}_{100}=\begin{pmatrix}x_{100}\\y_{100}\end{pmatrix}=\boldsymbol{A}^{100}\boldsymbol{X}_0$，因此只要求出 A^{100} 就可以得到 x_{100} 及 y_{100}.

求出 $\boldsymbol{A}$ 的特征值为 2，-1，特征向量分别为 $\boldsymbol{\alpha}_1=\begin{pmatrix}5\\2\end{pmatrix}$，$\boldsymbol{\alpha}_2=\begin{pmatrix}1\\1\end{pmatrix}$. 这样令 $\boldsymbol{P}=\begin{pmatrix}5&1\\2&1\end{pmatrix}$，就有 $\boldsymbol{P}^{-1}\boldsymbol{AP}=\boldsymbol{\Lambda}=\begin{pmatrix}2&0\\0&-1\end{pmatrix}$. 进一步有

$$\begin{aligned}\boldsymbol{A}^n=\boldsymbol{P\Lambda}^n\boldsymbol{P}^{-1}&=\begin{pmatrix}5&1\\2&1\end{pmatrix}\begin{pmatrix}2^n&0\\0&(-1)^n\end{pmatrix}\frac{1}{3}\begin{pmatrix}1&-1\\-2&5\end{pmatrix}\\&=\frac{1}{3}\begin{pmatrix}5\cdot 2^n-2(-1)^n&-5\cdot 2^n+5(-1)^n\\2\cdot 2^n-2(-1)^n&-2\cdot 2^n+5(-1)^n\end{pmatrix},\end{aligned}$$

则

$$\boldsymbol{X}_{100}=\begin{pmatrix}x_{100}\\y_{100}\end{pmatrix}=\boldsymbol{A}^{100}\boldsymbol{X}_0=\frac{1}{3}\begin{pmatrix}5\cdot2^{100}-2(-1)^{100} & -5\cdot2^{100}+5(-1)^{100}\\2\cdot2^{100}-2(-1)^{100} & -2\cdot2^{100}+5(-1)^{100}\end{pmatrix}\begin{pmatrix}1\\2\end{pmatrix}$$

$$=\frac{1}{3}\begin{pmatrix}8-5\cdot2^{100}\\8-2\cdot2^{100}\end{pmatrix},$$

即 $x_{100}=\frac{8}{3}-\frac{5}{3}\cdot2^{100}$，$y_{100}=\frac{8}{3}-\frac{2}{3}\cdot2^{100}$.

例 25 已知线性方程组 $\begin{cases}x_1+2x_2+x_3=3\\2x_1+(a+4)x_2-5x_3=6\\-x_1-2x_2+ax_3=-3\end{cases}$ 有无穷多解，$\boldsymbol{A}$ 是三阶方阵，且 $\begin{pmatrix}1\\2a\\1\end{pmatrix}$，$\begin{pmatrix}a\\a+3\\a+2\end{pmatrix}$，$\begin{pmatrix}a-2\\-1\\a+1\end{pmatrix}$分别是 $\boldsymbol{A}$ 关于特征值 1，-1，0 的三个特征向量，求矩阵 $\boldsymbol{A}$.

解 【这是一个综合题. 首先要根据线性方程组有无穷多解，求出 a 的值. 由于方程组是 3 个未知量 3 个方程的，即系数矩阵为方阵，考虑先用克拉默法则得到 a 的一些可能值，而后利用非齐次线性方程组解的存在定理，即系数矩阵与增广矩阵间秩的关系得到哪些 a 的值使得方程组有无穷多解. 还要注意给出的 3 个特征向量是对应于不同特征值的，应该线性无关，因此还要验证在方程组有无穷多解的情况下，a 的值要同时保证 3 个特征向量线性无关. 定出了 a 值，就知道 $\boldsymbol{A}$ 的所有特征值与特征向量，且特征值都是互异的，$\boldsymbol{A}$ 能够对角化，再从 $\boldsymbol{P}^{-1}\boldsymbol{AP}=\boldsymbol{\Lambda}$，有 $\boldsymbol{A}=\boldsymbol{P\Lambda P}^{-1}$就求出了 $\boldsymbol{A}$.】

由于线性方程组有无穷多解，因此其系数行列式等于 0. 从

$$\begin{vmatrix}1 & 2 & 1\\2 & a+4 & -5\\-1 & -2 & a\end{vmatrix}=(a+1)a=0,$$

解得 $a=-1$ 或 $a=0$.

当 $a=-1$ 时，由于 $\begin{pmatrix}1 & 2 & 1 & 3\\2 & 3 & -5 & 6\\-1 & -2 & -1 & -3\end{pmatrix}\rightarrow\begin{pmatrix}1 & 2 & 1 & 3\\1 & -1 & -7 & 0\\0 & 0 & 0 & 0\end{pmatrix}$，知道线性方程组有无穷多解；当 $a=0$ 时，$\begin{pmatrix}1 & 2 & 1 & 3\\2 & 4 & -5 & 6\\-1 & 02 & 0 & -3\end{pmatrix}\rightarrow\begin{pmatrix}1 & 2 & 1 & 3\\0 & 0 & -7 & 0\\0 & 0 & 0 & 0\end{pmatrix}$，知道线性方程组也有无穷多解.

又 $\begin{pmatrix}1\\2a\\1\end{pmatrix}$，$\begin{pmatrix}a\\a+3\\a+2\end{pmatrix}$，$\begin{pmatrix}a-2\\-1\\a+1\end{pmatrix}$分别是 $\boldsymbol{A}$ 关于 1，-1，0 这三个互异特征值的三个特征向量，因此线性无关. 当 $a=-1$ 时，三个特征向量为$\begin{pmatrix}1\\-2\\1\end{pmatrix}$，$\begin{pmatrix}-1\\2\\1\end{pmatrix}$，$\begin{pmatrix}-3\\-1\\0\end{pmatrix}$，由于这 3 个向量的行列式为 0，因此这 3 个向量线性相关，故 $a=-1$ 不符合题意. 当 $a=0$ 时，三个特

征向量为$\begin{pmatrix}1\\0\\1\end{pmatrix}$，$\begin{pmatrix}0\\3\\2\end{pmatrix}$，$\begin{pmatrix}-2\\-1\\1\end{pmatrix}$，是线性无关的.

令$\boldsymbol{P}=\begin{pmatrix}1&0&-2\\0&3&-1\\1&2&1\end{pmatrix}$，就有$\boldsymbol{P}^{-1}\boldsymbol{AP}=\begin{pmatrix}1&0&0\\0&-1&0\\0&0&0\end{pmatrix}$. 这样

$$\boldsymbol{A}=\boldsymbol{P}\begin{pmatrix}1&0&0\\0&-1&0\\0&0&0\end{pmatrix}\boldsymbol{P}^{-1}=\begin{pmatrix}-5&4&-6\\3&-3&3\\7&-6&8\end{pmatrix}.$$

七、 本章综合测试

(一) 选择题(本题共 5 小题，每小题 4 分，满分 20 分)

(1) 设λ_1，λ_2是n阶矩阵$\boldsymbol{A}$的互异特征值，$\boldsymbol{\alpha}_1$，$\boldsymbol{\alpha}_2$分别是对应λ_1，λ_2的特征向量，则(　　).

(A) 当$k_1=0$且$k_2=0$时，$\boldsymbol{\alpha}=k_1\boldsymbol{\alpha}_1+k_2\boldsymbol{\alpha}_2$是$\boldsymbol{A}$的特征向量

(B) 当$k_1\neq0$且$k_2\neq0$时，$\boldsymbol{\alpha}=k_1\boldsymbol{\alpha}_1+k_2\boldsymbol{\alpha}_2$是$\boldsymbol{A}$的特征向量

(C) 当$k_1k_2=0$时，$\boldsymbol{\alpha}=k_1\boldsymbol{\alpha}_1+k_2\boldsymbol{\alpha}_2$是$\boldsymbol{A}$的特征向量

(D) 当$k_1=0$且$k_2\neq0$时，$\boldsymbol{\alpha}=k_1\boldsymbol{\alpha}_1+k_2\boldsymbol{\alpha}_2$是$\boldsymbol{A}$的特征向量

(2) n阶矩阵$\boldsymbol{A}$能够对角化的充要条件为(　　).

(A) 有n个互异的特征值　　(B) 有n个线性无关的特征向量

(C) 是n阶实对称阵　　(D) 以上都不对

(3) 与矩阵$\boldsymbol{A}=\begin{pmatrix}1&0&0\\0&1&0\\0&0&2\end{pmatrix}$相似的矩阵是(　　).

(A) $\begin{pmatrix}1&0&1\\0&1&0\\0&0&2\end{pmatrix}$　　(B) $\begin{pmatrix}1&1&0\\0&2&1\\0&0&1\end{pmatrix}$

(C) $\begin{pmatrix}1&1&0\\0&1&0\\0&0&2\end{pmatrix}$　　(D) $\begin{pmatrix}1&0&1\\0&2&1\\0&0&1\end{pmatrix}$

(4) 设$\boldsymbol{A}$为n阶实对称阵，则(　　).

(A) $\boldsymbol{A}$的n个特征向量两两正交

(B) $\boldsymbol{A}$的n个特征向量组成正交矩阵

(C) $\boldsymbol{A}$的k重特征值λ_0有$R(\boldsymbol{A}-\lambda_0\boldsymbol{E})=k$

(D) $\boldsymbol{A}$的k重特征值λ_0对应的特征向量由k个两两正交的单位向量组成

(5) 设$\boldsymbol{A}$为二阶方阵，λ_1，λ_2为其特征值，则$\lim\limits_{n\to\infty}\boldsymbol{A}^n=0$的一个充分条件为(　　).

(A) $|\lambda_1|<1$，$|\lambda_2|=1$　　(B) $|\lambda_1|=1$，$|\lambda_2|<1$

(C) $|\lambda_1|<1$，$|\lambda_2|<1$　　(D)v $|\lambda_1|=1$，$|\lambda_2|=1$

(二) 填空题(本题共 5 小题，每小题 4 分，满分 20 分)

(1) 设 λ_0 是矩阵 $\boldsymbol{A}$ 的特征值，那么矩阵 $\boldsymbol{A}^2-3\boldsymbol{E}$ 必有特征值__________.

(2) 设 $\boldsymbol{A}$ 为三阶不可逆方阵，且 $|\boldsymbol{A}+\boldsymbol{E}|=0$，$|2\boldsymbol{A}+3\boldsymbol{E}|=0$，那么 $|3\boldsymbol{A}+2\boldsymbol{E}|=$__________.

(3) 二阶方阵 $\boldsymbol{A}=\begin{pmatrix}2 & 1\\-1 & 2\end{pmatrix}$ __________(能不能)对角化.

(4) 设 $\boldsymbol{A}$ 为三阶实对称阵，有特征值 1，-1，0，$\boldsymbol{\alpha}_1=(1,\ 0,\ 1)^{\mathrm{T}}$，$\boldsymbol{\alpha}_2=(-1,\ 0,\ 1)^{\mathrm{T}}$ 分别为对应特征值 1，-1 的特征向量，那么对应特征值 0 的特征向量为__________，矩阵 $\boldsymbol{A}$ 为__________.

(5) 如果矩阵 $\boldsymbol{A}=\begin{pmatrix}2 & 0 & 0\\0 & 0 & 1\\0 & 1 & x\end{pmatrix}$ 与矩阵 $\boldsymbol{B}=\begin{pmatrix}2 & 0 & 0\\0 & 3 & 4\\0 & -2 & y\end{pmatrix}$ 相似，那么 $x=$__________，$y=$__________.

(三) 计算题(本题共 3 小题，每小题 15 分，满分 45 分)

(1) 求矩阵 $\boldsymbol{A}=\begin{pmatrix}1 & -1 & 1\\2 & 4 & -2\\-3 & -3 & 5\end{pmatrix}$ 的特征值与特征向量. 说明 $\boldsymbol{A}$ 能不能对角化，如果能够对角化，求可逆矩阵 $\boldsymbol{P}$，使得 $\boldsymbol{P}^{-1}\boldsymbol{AP}=\boldsymbol{\Lambda}$ 为对角阵，写出对角阵.

(2) 已知矩阵 $\boldsymbol{A}=\begin{pmatrix}3 & 2 & -1\\a & -2 & 2\\3 & b & -1\end{pmatrix}$，如果 $\boldsymbol{A}$ 有特征值 λ_0 对应的特征向量为 $\boldsymbol{\alpha}_1=(1,\ -2,\ 3)^{\mathrm{T}}$，求 a，b 及 λ_0 的值.

(3) 求正交矩阵 $\boldsymbol{Q}$，使得 $\boldsymbol{Q}^{\mathrm{T}}\boldsymbol{AQ}=\boldsymbol{\Lambda}$ 为对角阵，这里 $\boldsymbol{A}=\begin{pmatrix}3 & 2 & 4\\2 & 0 & 2\\4 & 2 & 3\end{pmatrix}$.

(四) 证明题(本题共 3 小题，每小题 5 分，满分 15 分)

(1) 设矩阵 $\boldsymbol{A}$ 与 $\boldsymbol{B}$ 相似，证明矩阵 $\boldsymbol{A}^2$ 与 $\boldsymbol{B}^2$ 相似.

(2) 若 $\boldsymbol{A}$ 是正交矩阵，证明 $\boldsymbol{A}$ 的伴随矩阵 $\boldsymbol{A}^*$ 也是正交矩阵.

(3) 若 $\boldsymbol{\alpha}$，$\boldsymbol{\beta}$ 为 3 维列向量，且 $[\boldsymbol{\alpha},\ \boldsymbol{\beta}]=3$，证明矩阵 $\boldsymbol{\beta\alpha}^{\mathrm{T}}$ 有特征值 0 和 3.

八、 测试答案

(一) 选择题

(1) D　(2) B　(3) A　(4) D　(5) C

(二) 填空题

(1) λ_0^2-3　(2) 5　(3) 能　(4) $k(0,\ 1,\ 0)^{\mathrm{T}}$，$k\neq 0$ 为常数；$\boldsymbol{A}=\begin{pmatrix}0 & 0 & 1\\0 & 0 & 0\\1 & 0 & 0\end{pmatrix}$

(5) $x=0$，$y=-3$

（三）计算题

（1）$\lambda_1=\lambda_2=2$，$k_1\begin{pmatrix}-1\\0\\1\end{pmatrix}+k_2\begin{pmatrix}1\\0\\1\end{pmatrix}$，$k_1$，$k_2$ 为不全为 0 的常数，$\lambda_3=6$，$k_3\begin{pmatrix}1\\-2\\3\end{pmatrix}$，$k_3\neq0$ 常数；$\boldsymbol{A}$ 可以对角化，$\boldsymbol{P}=\begin{pmatrix}-1&1&1\\0&0&-2\\1&1&3\end{pmatrix}$，$\boldsymbol{\Lambda}=\begin{pmatrix}2&0&0\\0&2&0\\0&0&6\end{pmatrix}$

（2）$a=-2$，$b=6$，$\lambda_0=-4$

（3）$\boldsymbol{Q}=\begin{pmatrix}-\frac{1}{\sqrt{5}}&-\frac{4}{\sqrt{45}}&\frac{2}{3}\\\frac{2}{\sqrt{5}}&-\frac{2}{\sqrt{45}}&\frac{1}{3}\\0&\frac{5}{\sqrt{45}}&\frac{2}{3}\end{pmatrix}$，$\boldsymbol{Q}^{\mathrm{T}}A\boldsymbol{Q}=\begin{pmatrix}-1&0&0\\0&-1&0\\0&0&8\end{pmatrix}$

（四）（1）略　（2）证明 $\boldsymbol{A}^*(\boldsymbol{A}^*)^{\mathrm{T}}=E$ 成立即可

（3）令 $\boldsymbol{A}=\boldsymbol{\beta\alpha}^{\mathrm{T}}$，有 $\boldsymbol{A}^2=3\boldsymbol{A}$，从而 $\boldsymbol{A}$ 满足 $\boldsymbol{A}^2-3\boldsymbol{A}=0$，那么 $\boldsymbol{A}$ 的特征值 λ 满足 $\lambda^2-3\lambda=0$，得到结论

第五章

二次型

一、 本章知识结构图

- 二次型
  - 矩阵表示
    - 二次型的矩阵
    - 二次型的秩
  - 合同
    - 概念
    - 判定
  - 标准形
    - 概念
    - 方法
      - 配方法
      - 正交变换法
    - 规范形
  - 正定
    - 概念
    - 判定
      - 正惯性指数为 n
      - 顺序主子式都大于 0
      - 特征值都大于 0

二、 学习要求

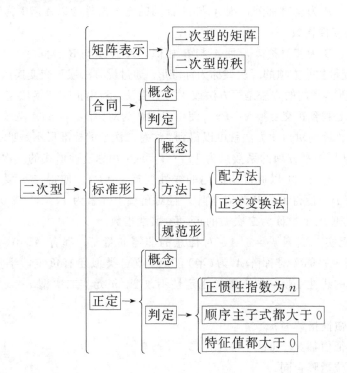

1. 内容：二次型及其矩阵表示；化实二次型为标准形；惯性定理及正定二次型.

2. 要求：了解二次型及其矩阵表示、二次型矩阵、二次型的标准形；了解化实二次型为标准形的方法；了解实二次型正定的概念及判别方法，会判别实二次型是否正定或负定.

3. 重点：实二次型化为标准形的方法，实二次型正定性及其判别法.

4. 难点：二次型化为标准形的方法，惯性定理，判断二次型正定性的理论基础.

5. 知识目标：了解二次型及其矩阵表示、二次型矩阵、实二次型的标准形、实二次型正定的概念及判别正定性的理论.

6. 能力目标：了解化实二次型为标准形的方法，会判别实二次型是否正定或负定.

三、 内容提要

1. n 元实二次型 $f(x_1, x_2, \cdots, x_n)=\sum_{i=1}^{n}\sum_{j=1}^{n}a_{ij}x_ix_j(a_{ij}=a_{ji})$ 是关于变量的二次齐次多项式函数. 记实对称阵 $\boldsymbol{A}=(a_{ij})_{n\times n}$，$x=(x_1, x_2, \cdots, x_n)^{\mathrm{T}}$，可以将二次型写成矩阵形式 $f=\boldsymbol{x}^{\mathrm{T}}\boldsymbol{A}\boldsymbol{x}$，称 $\boldsymbol{A}$ 为二次型 f 的矩阵，$\boldsymbol{A}$ 的秩称为 f 的秩. 在非退化的线性变化 $\boldsymbol{x}=\boldsymbol{P}\boldsymbol{y}$($\boldsymbol{P}$ 可逆)下，二次型 f 的矩阵成为 $\boldsymbol{P}^{\mathrm{T}}\boldsymbol{A}\boldsymbol{P}$.

2. 对 n 阶矩阵 $\boldsymbol{A}$，$\boldsymbol{B}$，如果存在可逆矩阵 $\boldsymbol{P}$，使得 $\boldsymbol{P}^{\mathrm{T}}A\boldsymbol{P}=\boldsymbol{B}$，称 $\boldsymbol{A}$ 与 $\boldsymbol{B}$ 合同. 合同具有自反性、对称性和传递性. 在本章主要是两个实对称阵 $\boldsymbol{A}$，$\boldsymbol{B}$ 的合同，有

(1) 如果 $\boldsymbol{A}$，$\boldsymbol{B}$ 为实对称阵，则 $\boldsymbol{A}$ 与 $\boldsymbol{B}$ 合同的充要条件为以 $\boldsymbol{A}$，$\boldsymbol{B}$ 为矩阵的二次型具有相同的正、负惯性指数.

(2) 如果 $\boldsymbol{A}$，$\boldsymbol{B}$ 为实对称阵，且 $\boldsymbol{A}$ 与 $\boldsymbol{B}$ 相似，那么 $\boldsymbol{A}$ 与 $\boldsymbol{B}$ 合同.

3. 只含有变量的平方项的二次型称为标准形. 通过配方法或正交变换法或初等变换法将二次型化为标准形. 常用的方法是配方法或正交变换法. 利用正交变换法将二次型 $f=\boldsymbol{x}^{\mathrm{T}}\boldsymbol{A}\boldsymbol{x}$ 化为标准形，即是找到正交变换 $\boldsymbol{x}=\boldsymbol{P}\boldsymbol{y}$，使得 $\boldsymbol{P}^{\mathrm{T}}\boldsymbol{A}\boldsymbol{P}$ 为对角阵. 由于 $\boldsymbol{A}$ 为实对称阵，因此 $\boldsymbol{P}$ 的求法按照实对称阵的对角化方法就可以得到. 注意二次型的标准形不是唯一的.

4. 如果标准形中平方项的系数只为 1，-1，或 0，称这种形式的二次型为规范形. 对任意的二次型 $f=\boldsymbol{x}^{\mathrm{T}}\boldsymbol{A}\boldsymbol{x}$ 可以通过非退化的线性变换 $\boldsymbol{x}=\boldsymbol{P}\boldsymbol{y}$，使得二次型化为规范形，即是存在可逆矩阵 $\boldsymbol{P}$，使得 $\boldsymbol{P}^{\mathrm{T}}\boldsymbol{A}\boldsymbol{P}$ 为对角阵，且对角线上元素为 1，-1 或 0. 规范形中系数为 $1(-1)$ 的平方项的个数称为二次型的正(负)惯性指数.

5. 如果 n 元实二次型 $f=x^{\mathrm{T}}\boldsymbol{A}x$ 对任意的非零向量 x，都有 $f>0(f\geqslant 0)$，称 f 为(半)正定二次型，并称实对称阵 $\boldsymbol{A}$ 为(半)正定矩阵. 类似还有负定，半负定二次型的概念. 经过非退化的线性变换，二次型的正定性不改变. n 元实二次型 $f=\boldsymbol{x}^{\mathrm{T}}\boldsymbol{A}\boldsymbol{x}$ 为正定的充要条件为

(1) f 的正惯性指数为 n；

(2) $\boldsymbol{A}$ 的特征值都大于 $\boldsymbol{0}$；

(3) $\boldsymbol{A}$ 与单位矩阵合同；

(4) $\boldsymbol{A}$ 的各阶顺序主子式都大于 $\boldsymbol{0}$.

四、 释疑解难

问题 1 两个实对称阵 $\boldsymbol{A}$，$\boldsymbol{B}$ 的相似与合同有何不同?

答 矩阵 $\boldsymbol{A}$，$\boldsymbol{B}$ 相似指的是存在可逆矩阵 $\boldsymbol{P}$，使得 $\boldsymbol{P}^{-1}\boldsymbol{A}\boldsymbol{P}=\boldsymbol{B}$. 两个矩阵合同，指的

是存在可逆矩阵 $\boldsymbol{Q}$，使得 $\boldsymbol{Q}^{\mathrm{T}}\boldsymbol{A}\boldsymbol{Q}=\boldsymbol{B}$. 当 $\boldsymbol{A}$，$\boldsymbol{B}$ 两个矩阵相似时，它们有相同的特征值；当 $\boldsymbol{A}$，$\boldsymbol{B}$ 两个矩阵合同时，它们有相同的正、负惯性指数. 因此在 $\boldsymbol{A}$，$\boldsymbol{B}$ 为实对称阵时，$\boldsymbol{A}$，$\boldsymbol{B}$ 相似，它们也就合同；但是如果 $\boldsymbol{A}$，$\boldsymbol{B}$ 合同了，只是有相同的正负惯性指数，不一定特征值相同，这样 $\boldsymbol{A}$，$\boldsymbol{B}$ 不一定相似.

问题 2　如何将给定的二次型通过非退化的线性变换化为标准形与规范形？

答　将二次型化为标准形常用配方法和正交变换法. 配方法的具体过程参考教材中的过程和方法. 由于实二次型的矩阵为实对称阵，因此可以按照将实对称阵对角化的方法将二次型的矩阵通过正交变换化为对角阵，而对角阵对应的二次型就是标准形. 再将二次型转化为标准形后，此时的二次型中只有变量的平方项，再通过一次变换，就可以将这些平方项的系数转化为 1 或 -1. 一般的，如果在标准形中平方项的系数大于 0(小于 0)的有几个，在规范形中平方项系数为 1(-1)的就有相应的个数. 这些个数对应的就是二次型的正(负)惯性指数. 注意二次型的标准形不唯一，但是二次型的规范形是唯一的.

问题 3　为什么二次型的标准形不唯一，但是规范形是唯一的？

答　我们知道，二次型的标准形可以通过配方法得到. 采用不同的配方过程，得到的标准形有可能不一样. 比如对 2 元二次型 $x_1^2+2x_1x_2$ 可以直接配方法为$(x_1+x_2)^2-x_2^2$，得到标准形为 $y_1^2-y_2^2$；但是如果在 $x_1^2+2x_1x_2$ 中先令 $x_1=y_1+y_2$，$x_2=y_1-y_2$，转化为 $3y_1^2-y_2^2+2y_1y_2$，再配方，得到 $3(y_1+\frac{1}{3}y_2)^2-\frac{4}{3}y_2^2$，这样得到 $x_1^2+2x_1x_2$ 的另一标准形为 $3z_1^2-\frac{4}{3}z_2^2$. 可以验证涉及到的线性变换都是非退化的，用不同的配方过程得到的二次型的标准形是不一样的. 实际上，二次型的标准形对应的是对角阵，同时对角阵对应的二次型也是标准形. 用其他可逆的对角阵乘以某二次型的标准形对应的对角阵，仍然得到对角阵，但对角线上的元素可能不一样了，这是标准形不唯一的理论原因.

一个二次型的标准形，虽然形式可能不一样，但是标准形中含有的平方项的系数，正数、负数的个数是一样的，因此二次型的规范形是唯一的. 实际上，这是由非退化线性变换不改变二次型的正、负惯性指数确定的.

问题 4　什么是二次型的惯性指数？其作用是什么？

答　二次型的惯性指数包括正惯性指数和负惯性指数. 正(负)惯性指数指的是二次型的规范形中平方项系数为 1(-1)的项的个数. 当然正(负)惯性指数也是二次型的矩阵的特征值中，正(负)数的个数. 正、负惯性指数的和等于二次型矩阵的秩，非退化线性变换不改变二次型的正、负惯性指数. 惯性指数可以用来说明矩阵的正定性. 同时正负惯性指数确定，那么二次型的规范形也确定.

问题 5　如何判别二次型是正定的？

答　我们知道 n 元实二次型 $f=x^{\mathrm{T}}\boldsymbol{A}x$ 为正定的充要条件有多个，比如(1)f 的正惯性指数为 n；(2)$\boldsymbol{A}$ 的特征值都大于 0；(3)$\boldsymbol{A}$ 与单位矩阵合同；(4)$\boldsymbol{A}$ 的各阶顺序主子式都大于 0. 还有二次型正定性的定义，它们都可以用来判定二次型的正定性. 在实际解题时，如果 $\boldsymbol{A}$ 是具体矩阵，验证 $\boldsymbol{A}$ 的各阶顺序主子式是否都大于 0 是优先考虑使用的. 在证明二次型或者某实对称阵是正定的，但 $\boldsymbol{A}$ 没有给出具体表示，是抽象的矩阵，那么就要根据题意，考虑其他的判别方法.

五、典型例题解析

例 1 写出二次型 $f=x_1^2-2x_2^2+2x_1x_2-4x_1x_3+6x_2x_3$ 的矩阵，并求 f 的秩.

解 【根据二次型的未知量个数及各个系数，可以确定二次型矩阵的阶数及各个元素的值. 注意实二次型的矩阵为实对称阵. 二次型的秩指的是二次型矩阵的秩. 矩阵求秩可以通过化为阶梯型矩阵，求行列式值等方法来实现.】

根据二次型的系数与其矩阵的关系，有 $\boldsymbol{A}=\begin{pmatrix}1 & 1 & -2\\ 1 & -2 & 3\\ -2 & 3 & 0\end{pmatrix}$ 为二次型的矩阵. 由于

$|\boldsymbol{A}|=\begin{vmatrix}1 & 1 & -2\\ 1 & -2 & 3\\ -2 & 3 & 0\end{vmatrix}=-13\neq 0$，因此 $\boldsymbol{A}$ 的秩为 3，也就是二次型的秩为 3.

例 2 利用(1)配方法；(2)正交变换法将二次型 $f=2x_1^2+3x_2^2+3x_3^2+4x_2x_3$ 化为标准形，写出所用的非退化线性变换；(3)求出 f 的规范形.

解 【化二次型为标准形的方法通常有配方法和正交变换法. 配方法根据从含有某个变量的项开始，对各变量通过逐步配方，最后将二次型转化为一些含某些变量一次项组合的平方的和，从而确定标准形，还可以确定所用的线性变换. 正交变换法实际上是对二次型的矩阵(实对称阵)通过正交变换化为对角阵的过程，即若 $f=x^{\mathrm{T}}\boldsymbol{A}x$，找到正交矩阵 $\boldsymbol{Q}$，使得 $\boldsymbol{Q}^{\mathrm{T}}\boldsymbol{A}\boldsymbol{Q}=\boldsymbol{\Lambda}$，$\boldsymbol{\Lambda}$ 为对角阵(这在上一章已经给出具体过程). 那么 $y=\boldsymbol{Q}x$ 就是所用的正交变换，标准形就是对角阵 $\boldsymbol{\Lambda}$ 对应的二次型. f 的规范形是在其标准形的基础上，将标准形中的正系数改为 1，负系数改为 -1，就得到其规范形. 注意在本例中，利用配方法和正交变换法得到的标准形是不一样的. 但是最后的规范形是相同的.】

(1) 配方法.

$$\begin{aligned} f&=2x_1^2+3x_2^2+3x_3^2+4x_2x_3\\ &=2x_1^2+3\left(x_2^2+\frac{4}{3}x_2x_3\right)+3x_3^2=2x_1^2+3\left(x_2+\frac{2}{3}x_3\right)^2+\frac{5}{3}x_3^2, \end{aligned}$$

令 $\begin{cases}y_1=x_1\\ y_2=x_2+\dfrac{2}{3}x_3\\ y_3=x_3\end{cases}$，即 $\begin{cases}x_1=y_1\\ x_2=y_2-\dfrac{2}{3}y_3\\ x_3=y_3\end{cases}$，再记 $\boldsymbol{P}=\begin{pmatrix}1 & 0 & 0\\ 0 & 1 & -\dfrac{2}{3}\\ 0 & 0 & 1\end{pmatrix}$，那么在线性变换 $x=\boldsymbol{P}y$ 下，二次型的标准形为 $f=2y_1^2+3y_2^2+\frac{5}{3}y_3^2$.

(2) 正交变换法. 二次型的矩阵为 $\boldsymbol{A}=\begin{pmatrix}2 & 0 & 0\\ 0 & 3 & 2\\ 0 & 2 & 3\end{pmatrix}$，求出 $\boldsymbol{A}$ 的特征值为 1，2，5，对应的特征向量分别为$(0,\ -1,\ 1)^{\mathrm{T}}$，$(1,\ 0,\ 0)^{\mathrm{T}}$，$(0,\ 1,\ 1)^{\mathrm{T}}$，将这些特征向量单位化，排

出矩阵 $\boldsymbol{Q}=\begin{pmatrix}0 & 1 & 0\\ -\frac{1}{\sqrt{2}} & 0 & \frac{1}{\sqrt{2}}\\ \frac{1}{\sqrt{2}} & 0 & \frac{1}{\sqrt{2}}\end{pmatrix}$，令 $\boldsymbol{x}=\boldsymbol{Q}\boldsymbol{y}$，该变换为为正交变换，从而是非退化的，且 $\boldsymbol{Q}^{\mathrm{T}}\boldsymbol{A}\boldsymbol{Q}=\begin{pmatrix}1 & 0 & 0\\ 0 & 2 & 0\\ 0 & 0 & 5\end{pmatrix}$为对角阵. 也就是在正交变换 $x=\boldsymbol{Q}y$ 下，二次型的标准形为 $f=y_1^2+2y_2^2+5y_3^2$.

(3) 由于 f 的标准形中 3 个平方项的系数都是正的，因此 f 的规范形为 $f=z_1^2+z_2^2+z_3^2$.

例 3　用配方法化二次型 $f=x_1x_2+2x_2x_3$ 为标准形，并写出所用的满秩线性变换.

解　【在二次型中没有平方项时，通过将某两个变量乘积项中的变量分别令为 $u+v$，$u-v$ 的形式，得到平方项后再开始配方.】

由于在二次型中没有平方项，首先作变换 $\begin{cases}x_1=y_1+y_2\\ x_2=y_1-y_2\\ x_3=y_3\end{cases}$，将二次型转化为 $f=y_1^2-y_2^2+2y_1y_3-2y_2y_3$，按 y_1 配方，有 $f=(y_1+y_3)^2-y_3^2-y_2^2-2y_2y_3$，再配方得到 $f=(y_1+y_3)^2-(y_2+y_3)^2$，令 $\begin{cases}z_1=y_1+y_3\\ z_2=y_2+y_3\\ z_3=y_3\end{cases}$，得到二次型的标准形为 $f=z_1^2-z_2^2$，所用的坐标变换为

$$\begin{pmatrix}x_1\\ x_2\\ x_3\end{pmatrix}=\begin{pmatrix}1 & 1 & 0\\ 1 & -1 & 0\\ 0 & 0 & 1\end{pmatrix}\begin{pmatrix}y_1\\ y_2\\ y_3\end{pmatrix}=\begin{pmatrix}1 & 1 & 0\\ 1 & -1 & 0\\ 0 & 0 & 1\end{pmatrix}\begin{pmatrix}1 & 0 & 0\\ 0 & 1 & 0\\ 1 & 1 & 1\end{pmatrix}^{-1}\begin{pmatrix}z_1\\ z_2\\ z_3\end{pmatrix}=\begin{pmatrix}1 & 1 & -2\\ 1 & -1 & 0\\ 0 & 0 & 1\end{pmatrix}\begin{pmatrix}z_1\\ z_2\\ z_3\end{pmatrix}.$$

例 4　设二次型 $f=(1-a)x_1^2+(1-a)x_2^2+2x_3^2+2(1+a)x_1x_2$ 的秩为 2.（1）求 a 的值；（2）求正交变换 $x=Py$，将二次型 f 化为标准形；（3）求方程 $f=0$ 的解.

解　【题目所示二次型系数中含有参数 a. 从二次型的秩为 2，知道二次型对应的矩阵秩为 2，从而可以解出 a；解出 a 后，二次型的各个系数已知，写出二次型对应的实对称阵，按照实对称阵对角化的方法就可以找到正交变换 $x=Py$，将二次型化为标准形；从标准形或者配方法出发，求解 $f=0$ 实际上是求解一个齐次方程组.】

(1) 该二次型的矩阵为 $\boldsymbol{A}=\begin{pmatrix}1-a & 1+a & 0\\ 1+a & 1-a & 0\\ 0 & 0 & 2\end{pmatrix}$，由于二次型的秩为 2，所以矩阵 $\boldsymbol{A}$ 的秩为 2，那么 $|\boldsymbol{A}|=\begin{vmatrix}1-a & 1+a & 0\\ 1+a & 1-a & 0\\ 0 & 0 & 2\end{vmatrix}=2\begin{vmatrix}1-a & 1+a\\ 1+a & 1-a\end{vmatrix}=0$，解得 $a=0$.

(2) 当 $a=0$ 时，$\boldsymbol{A}=\begin{pmatrix}1&1&0\\1&1&0\\0&0&2\end{pmatrix}$. 从特征方程 $|\boldsymbol{A}-\lambda\boldsymbol{E}|=-\lambda(\lambda-2)^2=0$ 得到特征值为 0，2(二重).

从 $\boldsymbol{A}-2\boldsymbol{E}=\begin{pmatrix}-1&1&0\\1&-1&0\\0&0&0\end{pmatrix}\to\begin{pmatrix}1&-1&0\\0&0&0\\0&0&0\end{pmatrix}$，求出特征值 2 对应的两个特征向量为 $\alpha_1=(1,\ 1,\ 0)^{\mathrm{T}}$，$\alpha_2=(0,\ 0,\ 1)^{\mathrm{T}}$，这两个特征向量已经是正交的.

再从 $\boldsymbol{A}-0\boldsymbol{E}=\begin{pmatrix}1&1&0\\1&1&0\\0&0&2\end{pmatrix}\to\begin{pmatrix}1&1&0\\0&0&1\\0&0&0\end{pmatrix}$ 得到特征值 0 对应的一个特征向量为 $\alpha_3=(1,\ -1,\ 0)^{\mathrm{T}}$. 将 α_1，α_2，α_3 分别单位化得到 $\eta_1=\frac{1}{\sqrt{2}}(1,\ 1,\ 0)^{\mathrm{T}}$，$\eta_2=(0,\ 0,\ 1)^{\mathrm{T}}$，$\eta_3=\frac{1}{\sqrt{2}}(1,\ -1,\ 0)^{\mathrm{T}}$，再令 $\boldsymbol{Q}=(\eta_1,\ \eta_2,\ \eta_3)$，那么在正交变换 $x=\boldsymbol{Q}y$ 下，由于 $\boldsymbol{Q}^{\mathrm{T}}\boldsymbol{A}\boldsymbol{Q}=\begin{pmatrix}2&&\\&2&\\&&0\end{pmatrix}$，则二次型的标准形为 $f=2y_1^2+2y_2^2$.

(3) 当 $a=0$ 时，从 $f=x_1^2+x_2^2+2x_3^2+2x_1x_2=(x_1+x_2)^2+2x_3^2=0$，得到 $\begin{cases}x_1+x_2=0\\x_3=0\end{cases}$，解此线性方程组得到通解为 $k(1,\ -1,\ 0)^{\mathrm{T}}$.

例 5 设二次型

$$f=x_1^2+x_2^2+x_3^2-4x_1x_2-4x_1x_3+2ax_2x_3$$

经过正交变换化为 $3y_1^2+3y_2^2+by_3^2$，求 a，b 及所用的正交变换.

解 【题目给出了二次型及其标准形，但是在这两个表达式中都有未知的参数需要求解. 注意到二次型和它的通过正交变换得到的标准形对应的矩阵是相似的，那么从这个实对称阵和对角阵的相似就可以解出参数 a，b. 求出 a，b 后按照二次型通过正交变换化为标准形的过程就可以进一步求出正交变换.】

二次型的矩阵为 $\boldsymbol{A}=\begin{pmatrix}1&-2&-2\\-2&1&a\\-2&a&1\end{pmatrix}$，根据题意 $\boldsymbol{A}$ 与对角阵 $\boldsymbol{\Lambda}=\begin{pmatrix}3&&\\&3&\\&&b\end{pmatrix}$ 相似. 从 $1+1+1=3+3+b$ 得到 $b=-3$. 由于 $\boldsymbol{A}$ 有特征值 3，因此

$$|\boldsymbol{A}-3\boldsymbol{E}|=\begin{vmatrix}-2&-2&-2\\-2&-2&a\\-2&a&-2\end{vmatrix}=2(a+2)^2=0,$$

也就是 $a=-2$.

对特征值 3，从 $\boldsymbol{A}-3\boldsymbol{E}=\begin{pmatrix}-2&-2&-2\\-2&-2&-2\\-2&-2&-2\end{pmatrix}\to\begin{pmatrix}1&1&1\\0&0&0\\0&0&0\end{pmatrix}$，得到对应的两个线性无关特征向量为 $\alpha_1=(-1,\ 1,\ 0)^{\mathrm{T}}$，$\alpha_2=(-1,\ 0,\ 1)^{\mathrm{T}}$，将 α_1，α_2 正交化，$\beta_1=\alpha_1$；

$$\beta_2=\alpha_2-\frac{[\beta_1,\alpha_2]}{[\beta_1,\beta_1]}\beta_1=\begin{pmatrix}-1\\0\\1\end{pmatrix}-\frac{1}{2}\begin{pmatrix}-1\\1\\0\end{pmatrix}=\begin{pmatrix}-\frac{1}{2}\\-\frac{1}{2}\\1\end{pmatrix}$$. 再将 β_1，β_2 单位化，$\eta_1=\frac{1}{\sqrt{2}}\begin{pmatrix}-1\\1\\0\end{pmatrix}$，

$\eta_2=\frac{1}{\sqrt{6}}\begin{pmatrix}-1\\-1\\2\end{pmatrix}$. 对特征值 -3，从 $A+3E=\begin{pmatrix}4&-2&-2\\-2&4&-2\\-2&-2&4\end{pmatrix}\to\begin{pmatrix}1&0&-1\\0&1&-1\\0&0&0\end{pmatrix}$ 得到一个特征向量为 $\alpha_3=(1,1,0)^T$，单位化 $\eta_3=\frac{1}{\sqrt{3}}\begin{pmatrix}1\\1\\1\end{pmatrix}$. 令 $Q=\begin{pmatrix}-\frac{1}{\sqrt{2}}&-\frac{1}{\sqrt{6}}&\frac{1}{\sqrt{3}}\\\frac{1}{\sqrt{2}}&-\frac{1}{\sqrt{6}}&\frac{1}{\sqrt{3}}\\0&\frac{2}{\sqrt{6}}&\frac{1}{\sqrt{3}}\end{pmatrix}$，那么 $x=Qy$ 就是所求的正交变换，将二次型化为标准形 $3y_1^2+3y_2^2-3y_3^2$.

例 6　下列矩阵中，正定矩阵为(　　).

(A) $\begin{pmatrix}1&2&-3\\2&7&5\\-3&5&0\end{pmatrix}$　　(B) $\begin{pmatrix}1&2&-3\\2&4&5\\-3&5&7\end{pmatrix}$

(C) $\begin{pmatrix}5&-2&0\\-2&6&-2\\0&-2&4\end{pmatrix}$　　(D) $\begin{pmatrix}5&2&0\\2&6&-3\\0&-3&-1\end{pmatrix}$

解　【题目中出现的矩阵都是具体矩阵，一般从顺序主子式是否都大于 0 去验证. 考虑到矩阵正定时，对角线上的元素都大于 0 这个必要条件，(D)选项的矩阵不能是正定矩阵，因为对角线上出现了负数. 对(A)，(B)，(C)选项进行验证，发现(C)满足各阶顺序主子式都大于 0，因此选(C).】

例 7　设 $\boldsymbol{A}=\begin{pmatrix}1&1&1&1\\1&1&1&1\\1&1&1&1\\1&1&1&1\end{pmatrix}$，$\boldsymbol{B}=\begin{pmatrix}4&0&0&0\\0&0&0&0\\0&0&0&0\\0&0&0&0\end{pmatrix}$，$\boldsymbol{C}=\begin{pmatrix}3&0&0&0\\0&0&0&0\\0&0&0&0\\0&0&0&0\end{pmatrix}$，则(　　).

(A) $\boldsymbol{A}$ 与 $\boldsymbol{B}$，$\boldsymbol{A}$ 与 $\boldsymbol{C}$ 都相似　　(B) $\boldsymbol{A}$ 与 $\boldsymbol{B}$，$\boldsymbol{A}$ 与 $\boldsymbol{C}$ 都合同

(C) $\boldsymbol{A}$ 与 $\boldsymbol{B}$，$\boldsymbol{A}$ 与 $\boldsymbol{C}$ 都不相似　　(D) $\boldsymbol{A}$ 与 $\boldsymbol{B}$，$\boldsymbol{A}$ 与 $\boldsymbol{C}$ 都不合同

解　【两个矩阵相似，那么特征值相同. 两个矩阵合同，为实对称阵时，只要两个矩阵的正、负特征值的个数分别相同就可以. 题目中 $\boldsymbol{A}$，$\boldsymbol{B}$，$\boldsymbol{C}$ 矩阵都是实对称阵. 经计算 $\boldsymbol{A}$ 的特征值为 4 和三重根 0，容易看出 $\boldsymbol{B}$ 的特征值与 $\boldsymbol{A}$ 相同，$\boldsymbol{C}$ 的特征值为 3 和三重根 0. 这样 $\boldsymbol{A}$ 与 $\boldsymbol{B}$ 相似，也合同；$\boldsymbol{A}$ 与 $\boldsymbol{C}$ 合同，故选(B).】

例 8　判定二次型 $f=x_1^2+5x_2^2+x_3^2+4x_1x_2-4x_1x_3$ 的正定性.

解　【只要判定二次型的矩阵是不是正定矩阵即可. 判定时由于是具体的矩阵，可以通过验证各阶顺序主子式是否大于 0.】

该二次型的矩阵为$\boldsymbol{A}=\begin{pmatrix}1&2&-2\\2&5&0\\-2&0&1\end{pmatrix}$，由于$|\boldsymbol{A}|=-19<0$，因此该二次型不是正定的.

例 9 如果二次型$f=(x_1+ax_2)^2+(2x_2+3x_3)^2+(x_1+3x_2+ax_3)^2$是正定二次型，求$a$的值.

解 【该二次型已经写成完全平方的形式，根据正定二次型的定义，只有当x_1，x_2，x_3都等于0时，$f=0$，其他的不全为0的x_1，x_2，x_3都要使得$f>0$. 由于x_1，x_2，x_3都等于0是齐次方程组$\begin{cases}x_1+ax_2=0\\2x_2+3x_3=0\\x_1+3x_2+ax_3=0\end{cases}$的零解，因此只要其他的不全为0的$x_1$，$x_2$，$x_3$都不是这个齐次方程组的解，就有$f>0$. 也就是要求$a$的值使得齐次方程组只有零解即可. 这可以由克拉默法则来解决. 当然本题也可以将二次型平方出来，写出二次型的矩阵，求a的值使得该矩阵正定即可，这样做稍微麻烦些.】

$f=0$意味着齐次线性方程组$\begin{cases}x_1+ax_2=0\\2x_2+3x_3=0\\x_1+3x_2+ax_3=0\end{cases}$. 如果$x_1$，$x_2$，$x_3$不是这个线性方程组的解，都有$f>0$. 由于二次型是正定二次型，只能在$x_1$，$x_2$，$x_3$都等于0时，$f=0$，这样就要求线性方程组只有零解. 也就是线性方程组的系数行列式不为0. 从

$$\begin{vmatrix}1&a&0\\0&2&3\\1&3&a\end{vmatrix}=5a-9\neq0,$$

得到$a\neq\frac{9}{5}$. 即$a\neq\frac{9}{5}$时，二次型为正定的.

六、 应用与提高

例 10 已知二次型$f=5x_1^2+5x_2^2+ax_3^2-2x_1x_2+6x_1x_3-6x_2x_3$的秩为2，(1) 求$a$的值；(2) 说明方程$f=1$表示什么二次曲面.

解 【二次型的秩为2，就是二次型的矩阵秩为2，从矩阵秩为2知道该矩阵行列式为0，从而可以解出a的值. 将二次型转化为标准形之后，从该标准形等于1结合空间解析几何的二次曲面的标准方程就可以判别出是什么二次曲面. 当然不必将标准形求出来，只要知道标准形中平方项的系数的正、负及等于0的个数情况就可以. 这通过二次型的矩阵的特征值的正、负及等于0的个数情况就能说明曲面形状.】

(1) 二次型的矩阵$\boldsymbol{A}=\begin{pmatrix}5&-1&3\\-1&5&-3\\3&-3&a\end{pmatrix}$，从题意知道$\boldsymbol{A}$的秩为2，于是

$$|\boldsymbol{A}|=\begin{vmatrix}5&-1&3\\-1&5&-3\\3&-3&a\end{vmatrix}=24a-72=0,$$

得到 $a=3$.

(2) 从 $|\boldsymbol{A}-\lambda E|=\begin{vmatrix}5-\lambda & -1 & 3\\ -1 & 5-\lambda & -3\\ 3 & -3 & 3-\lambda\end{vmatrix}=\begin{vmatrix}4-\lambda & 4-\lambda & 0\\ -1 & 5-\lambda & -3\\ 3 & -3 & 3-\lambda\end{vmatrix}=(4-\lambda)\lambda(\lambda-9)=$ 0 解出 $\boldsymbol{A}$ 的特征值为 0，4，9. 就有非退化的线性变换将二次型转化为标准形 $f=4y_2^2+9y_3^2$，那么在空间，$f=1$ 表示椭圆柱面.

例 11　设 3 元二次型 f 的正惯性指数为 2，负惯性指数为 1，那么 $f=1$ 在空间表示什么曲面？

解　**【只要知道标准形中平方项的系数的正、负及等于 0 的个数情况就可以说明曲面是什么曲面.】**

按照惯性指数的含义，二次型 f 的标准形的平方项系数有 2 项为正，1 项为负，即是曲面化为标准方程应为$\dfrac{x^2}{a^2}+\dfrac{y^2}{b^2}-\dfrac{z^2}{c^2}=1$，这是单叶双曲面.

例 12　设 $\boldsymbol{A}$ 为 3 阶实对称阵，且 $\boldsymbol{A}^2+2\boldsymbol{A}=\boldsymbol{O}$，$\boldsymbol{A}$ 的秩为 2，(1)求 $\boldsymbol{A}$ 的全部特征值；(2)a 取什么值时，矩阵 $\boldsymbol{A}+aE$ 为正定矩阵.

解　**【第一问利用上一章特征值的性质解决. 既然知道了 A 的所有特征值，第二问从正定矩阵的特征值都大于 0 入手.】**

(1) 由于 $\boldsymbol{A}$ 满足 $\boldsymbol{A}^2+2\boldsymbol{A}=\boldsymbol{O}$，因此 $\boldsymbol{A}$ 的特征值 λ 满足 $\lambda^2+2\lambda=0$，即 $\boldsymbol{A}$ 的特征值只能是 0 或者 -2. 又由于 $\boldsymbol{A}$ 为实对称阵，能够对角化. $\boldsymbol{A}$ 的秩为 2，说明对角阵的秩也是 2，即对角线上有两个 -2，一个 0，也就是 $\boldsymbol{A}$ 的特征值为 0 和 -2(二重).

(2) $\boldsymbol{A}+aE$ 的特征值为 a 和 $a-2$. 要使得 $\boldsymbol{A}+aE$ 为正定的，需要特征值都是正数，即 $a>2$ 时，$\boldsymbol{A}+aE$ 为正定的.

例 13　判定 n 元二次型 $\sum\limits_{i=1}^{n}x_i^2+\sum\limits_{1\leqslant i<j\leqslant n}x_ix_j$ 的正定性.

解　**【这是一个 n 元二次型，可以看出其矩阵是具体矩阵，因此判定该矩阵的顺序主子式是否都大于 0 即可. 注意各阶顺序主子式的计算是求解 n 阶行列式的过程.】**

该二次型的矩阵为 $\boldsymbol{A}=\begin{pmatrix}1 & \frac{1}{2} & \frac{1}{2} & \cdots & \frac{1}{2}\\ \frac{1}{2} & 1 & \frac{1}{2} & \cdots & \frac{1}{2}\\ \frac{1}{2} & \frac{1}{2} & 1 & \cdots & \frac{1}{2}\\ \vdots & \vdots & \vdots & & \vdots\\ \frac{1}{2} & \frac{1}{2} & \frac{1}{2} & \cdots & 1\end{pmatrix}$，其 k 阶顺序主子式为

$$\begin{vmatrix}1 & \frac{1}{2} & \frac{1}{2} & \cdots & \frac{1}{2}\\ \frac{1}{2} & 1 & \frac{1}{2} & \cdots & \frac{1}{2}\\ \frac{1}{2} & \frac{1}{2} & 1 & \cdots & \frac{1}{2}\\ \vdots & \vdots & \vdots & & \vdots\\ \frac{1}{2} & \frac{1}{2} & \frac{1}{2} & \cdots & 1\end{vmatrix}_k=\frac{k+1}{2}\begin{vmatrix}1 & 1 & 1 & \cdots & 1\\ \frac{1}{2} & 1 & \frac{1}{2} & \cdots & \frac{1}{2}\\ \frac{1}{2} & \frac{1}{2} & 1 & \cdots & \frac{1}{2}\\ \vdots & \vdots & \vdots & & \vdots\\ \frac{1}{2} & \frac{1}{2} & \frac{1}{2} & \cdots & 1\end{vmatrix}$$

$$=\frac{k+1}{2}\begin{vmatrix}1&1&1&\cdots&1\\0&\frac{1}{2}&0&\cdots&0\\0&0&\frac{1}{2}&\cdots&0\\\vdots&\vdots&\vdots&&\vdots\\0&0&0&\cdots&\frac{1}{2}\end{vmatrix}=\frac{k+1}{2}\frac{1}{2^{k-1}}=\frac{k+1}{2^k},$$

于是其各阶顺序主子式都大于0，因此该二次型为正定的.

例 14 已知 $\boldsymbol{A}$ 是 n 阶可逆矩阵，证明 $\boldsymbol{A}^{\mathrm{T}}\boldsymbol{A}$ 是对称、正定矩阵.

证明 【按照对称矩阵、正定矩阵的定义去证明.】

由于 $(\boldsymbol{A}^{\mathrm{T}}\boldsymbol{A})^{\mathrm{T}}=\boldsymbol{A}^{\mathrm{T}}(\boldsymbol{A}^{\mathrm{T}})^{\mathrm{T}}=\boldsymbol{A}^{\mathrm{T}}\boldsymbol{A}$，因此 $\boldsymbol{A}$ 为对称矩阵.

对任意给定的 n 维非零向量 $\boldsymbol{x}$，由于 $\boldsymbol{A}$ 是可逆的，于是 $\boldsymbol{A}x$ 也是非零向量. 从

$$x^{\mathrm{T}}(\boldsymbol{A}^{\mathrm{T}}\boldsymbol{A})x=(x^{\mathrm{T}}\boldsymbol{A}^{\mathrm{T}})(\boldsymbol{A}x)=(\boldsymbol{A}x)^{\mathrm{T}}(\boldsymbol{A}x)>0,$$

知道 $\boldsymbol{A}^{\mathrm{T}}\boldsymbol{A}$ 为正定矩阵.

例 15 求二次型 $f=(x_1+x_2)^2+(x_2-x_3)^2+(x_1+x_3)^2$ 的正、负惯性指数.

解 【注意在题目中虽然二次型已经是平方和形式，但是不能说正惯性指数为3. 这是因为，正惯性指数为3是在变换 $\begin{cases}y_1=x_1+x_2\\y_2=x_2-x_3\\y_3=x_1+x_3\end{cases}$ 下得到的，由于 $\begin{vmatrix}1&1&0\\0&1&-1\\1&0&1\end{vmatrix}=0$，可以知道这个变换不是非退化的. 因此需要将二次型的矩阵首先写出来，求出这个矩阵的特征值，根据特征值的正数，负数的个数，就可以求出正，负惯性指数.】

将二次型写为 $f=2x_1^2+2x_2^2+2x_3^2+2x_1x_2+2x_1x_3-2x_2x_3$，其矩阵为

$$\boldsymbol{A}=\begin{pmatrix}2&1&1\\1&2&-1\\1&-1&2\end{pmatrix},$$

再从 $|\boldsymbol{A}-\lambda E|=\begin{vmatrix}2-\lambda&1&1\\1&2-\lambda&-1\\1&-1&2-\lambda\end{vmatrix}=\begin{vmatrix}3-\lambda&3-\lambda&0\\1&2-\lambda&-1\\1&-1&2-\lambda\end{vmatrix}=(3-\lambda)^2(-\lambda)=0$，得到 $\boldsymbol{A}$ 的特征值为0和3(二重). 这样二次型的正惯性指数为2，负惯性指数为0.

七、 本章综合测试

(一) 选择题(本题共4小题，每小题5分，满分20分)

(1) 与矩阵 $\begin{pmatrix}1&0&0\\0&-1&2\\0&2&2\end{pmatrix}$ 合同的矩阵是(　　).

(A) $\begin{pmatrix}1&&\\&-1&\\&&0\end{pmatrix}$　　　　(B) $\begin{pmatrix}1&&\\&1&\\&&-1\end{pmatrix}$

(C) $\begin{pmatrix}1&&\\&-1&\\&&-1\end{pmatrix}$　　(D) $\begin{pmatrix}-1&&\\&-1&\\&&-1\end{pmatrix}$

(2) 设 $\boldsymbol{A}=\begin{pmatrix}1&0\\0&2\end{pmatrix}$，$\boldsymbol{B}=\begin{pmatrix}2&0\\0&3\end{pmatrix}$，则(　　).

(A) $\boldsymbol{A}$ 与 $\boldsymbol{B}$ 相似且合同　　(B) $\boldsymbol{A}$ 与 $\boldsymbol{B}$ 相似但不合同

(C) $\boldsymbol{A}$ 与 $\boldsymbol{B}$ 合同但不相似　　(D) $\boldsymbol{A}$ 与 $\boldsymbol{B}$ 不相似也不合同

(3) 二次型 $f=x^{\mathrm{T}}\boldsymbol{A}x$ 正定的充要条件是(　　).

(A) 负惯性指数为 0　　(B) $\boldsymbol{A}$ 为满秩矩阵

(C) $\boldsymbol{A}$ 的特征值都不小于 0　　(D) 有矩阵 $\boldsymbol{C}$，使得 $\boldsymbol{A}=\boldsymbol{C}^{\mathrm{T}}\boldsymbol{C}$

(4) 设 $\boldsymbol{A}=\begin{pmatrix}1&2\\2&1\end{pmatrix}$，则在实数域内与 $\boldsymbol{A}$ 合同的矩阵是(　　).

(A) $\begin{pmatrix}-2&1\\1&-2\end{pmatrix}$　　(B) $\begin{pmatrix}2&1\\1&2\end{pmatrix}$

(C) $\begin{pmatrix}2&-1\\-1&2\end{pmatrix}$　　(D) $\begin{pmatrix}1&-2\\-2&1\end{pmatrix}$

(二) 填空题(本题共 4 小题，每小题 5 分，满分 20 分)

(1) 二次型 $f=x_1^2+2x_2^2+3x_3^2+2x_1x_2$ 的矩阵为________，其秩为________.

(2) 设二次型 $f=x^{\mathrm{T}}\boldsymbol{A}x$ 的秩为 3，则在非退化线性变换 $x=\boldsymbol{B}y$ 下二次型的矩阵变为________，关于 y 的二次型的秩为________.

(3) 二次型 $f=x_2^2+2x_1x_3$ 的正惯性指数为________.

(4) 若 3 元二次型二次型 $f=x_1^2+x_2^2+5x_3^2+2ax_1x_2-2x_1x_3+4x_2x_3$ 正定，则常数 a 满足________.

(三) 计算题(本题共 3 小题，满分 50 分)

(1) (20 分)给出二次型 $f=2x_1^2+2x_2^2+x_3^2+2x_1x_3-2x_2x_3$，(Ⅰ)求一个正交变换，将该二次型化为标准形；(Ⅱ)求出该二次型的规范形及正、负惯性指数.

(2) (15 分)若二次型 $f=x_1^2+x_2^2+ax_3^2+2bx_1x_2+2x_1x_3$ 经过正交变换得到标准形 $y_1^2+2y_3^2$，求常数 a，b 的值.

(3) (15 分)已知 $\boldsymbol{A}=\begin{pmatrix}1&1&1\\1&1&1\\1&1&1\end{pmatrix}$，矩阵 $\boldsymbol{B}=\boldsymbol{A}+a\boldsymbol{E}$ 是正定矩阵，求 a 的取值范围.

(四) 证明题(本题共 2 小题，每小题 5 分，满分 10 分)

(1) 设 $\boldsymbol{A}$ 为正定矩阵，$\boldsymbol{B}$ 为半正定矩阵，用定义证明 $\boldsymbol{A}+\boldsymbol{B}$ 为正定矩阵.

(2) 证明合同的传递性性质. 即如果 $\boldsymbol{A}$ 与 $\boldsymbol{B}$ 合同，$\boldsymbol{B}$ 与 $\boldsymbol{C}$ 合同，证明 $\boldsymbol{A}$ 与 $\boldsymbol{C}$ 也合同.

八、 测试答案

(一) 选择题

(1) B　(2) C　(3) D　(4) D

（二）填空题

（1）$\begin{pmatrix}1&1&0\\1&2&0\\0&0&3\end{pmatrix}$；3　（2）$\boldsymbol{B}^{\mathrm{T}}\boldsymbol{AB}$；3　（3）2　（4）$-\frac{4}{5}<a<0$

（三）计算题

（1）（Ⅰ）$\boldsymbol{Q}=\begin{pmatrix}-\frac{1}{\sqrt{6}}&\frac{1}{\sqrt{2}}&\frac{1}{\sqrt{3}}\\\frac{1}{\sqrt{6}}&\frac{1}{\sqrt{2}}&-\frac{1}{\sqrt{3}}\\\frac{2}{\sqrt{6}}&0&\frac{1}{\sqrt{3}}\end{pmatrix}$，标准形为 $2y_2^2+3y_3^2$；

（Ⅱ）规范形为 $z_1^2+z_2^2$，正惯性指数为 2，负惯性指数为 0

（2）$a=1$，$b=0$

（3）$a>0$

（四）略

院(系)__________ 班级__________ 学号__________ 姓名__________

第一章　行列式

第一节　二阶与三阶行列式、n 阶行列式的定义

1. 填空题

(1) 在五阶行列式中，项 $a_{23}a_{31}a_{42}a_{15}a_{54}$ 的符号是________.

(2) 一个 n 阶行列式展开后，带正号的项有________.

(3) 排列 314827965 的逆序数为________.

(4) $\begin{vmatrix} 5 & 0 & 0 & 1 \\ 0 & 0 & 2 & 0 \\ 0 & 3 & 0 & 0 \\ 4 & 0 & 0 & 0 \end{vmatrix} =$________.

(5) $\begin{vmatrix} a_{11} & a_{12} & a_{13} \\ a_{21} & a_{22} & a_{23} \\ a_{31} & a_{32} & a_{33} \end{vmatrix} = (\quad) \begin{vmatrix} a_{13} & a_{12} & 2a_{11} \\ a_{23} & a_{22} & 2a_{21} \\ a_{33} & a_{32} & 2a_{31} \end{vmatrix}$.

(6) 行列式 $\begin{vmatrix} -3 & 2 & 1 \\ 203 & 298 & 399 \\ \frac{1}{3} & \frac{1}{2} & \frac{2}{3} \end{vmatrix} =$________.

(7) 设 $\begin{vmatrix} x & y & z \\ 0 & 2 & 3 \\ 1 & 1 & 1 \end{vmatrix} = 1$，则 $\begin{vmatrix} \frac{x}{3}-1 & \frac{y-9}{3} & \frac{z-12}{3} \\ 0 & 2 & 3 \\ 1 & 1 & 1 \end{vmatrix} =$________.

2. 求排列 $13\cdots(2n-1)(2n)(2n-2)\cdots2$ 的逆序数，并确定排列的奇偶性.

院(系)__________ 班级__________ 学号__________ 姓名__________

3. 求 $f(x)=\begin{vmatrix} 2x & x & 1 & 2 \\ 1 & x & 1 & -1 \\ 3 & 2 & x & 1 \\ 1 & 1 & 1 & x \end{vmatrix}$ 中 x^4 与 x^3 的系数.

4. 证明 $\begin{vmatrix} a_1+b_1x & a_1x+b_1 & c_1 \\ a_2+b_2x & a_2x+b_2 & c_2 \\ a_3+b_3x & a_3x+b_3 & c_3 \end{vmatrix}=(1-x^2)\begin{vmatrix} a_1 & b_1 & c_1 \\ a_2 & b_2 & c_2 \\ a_3 & b_3 & c_3 \end{vmatrix}$.

院(系)__________ 班级__________ 学号__________ 姓名__________

5. 计算下列行列式

(1) $\begin{vmatrix} 103 & 100 & 204 \\ 199 & 200 & 395 \\ 301 & 300 & 600 \end{vmatrix}$;

(2) $\begin{vmatrix} a-b-c & 2a & 2a \\ 2b & b-c-a & 2b \\ 2c & 2c & c-a-b \end{vmatrix}$.

院(系)__________ 班级__________ 学号__________ 姓名__________

6. 设 $f(x)=\begin{vmatrix} x & 1 & 2+x \\ 2 & 2 & 4 \\ 3 & x+2 & 4-x \end{vmatrix}$，试证明方程 $f'(x)=0$ 有小于 1 的正根.

院(系)__________ 班级__________ 学号__________ 姓名__________

第二节 行列式的性质、行列式按行（列）展开

1. 填空题

(1) 行列式 $\begin{vmatrix} -3 & 0 & 6 \\ 5 & 4 & 3 \\ 2 & -1 & 1 \end{vmatrix}$ 中元素 -1 的余子式是________，代数余子式是________.

(2) 设四阶行列式 D 中第三列元素依次为 -1，2，1，0，它们的余子式依次分别是 0，3，2，3，则 $D=$________，如果该行列式中第二列的元素依次是 2，1，x，0，则 $x=$________.

(3) 设 D 是 n 阶行列式，A_{ij} 是 D 中元素 a_{ij} 的代数余子式，则 $a_{i1}A_{j1}+a_{i2}A_{j2}+\cdots+a_{in}A_{jn}=$________.

(4) $D=\begin{vmatrix} -1 & 5 & 7 & -8 \\ 1 & 1 & 1 & 1 \\ 2 & 0 & -9 & 6 \\ -3 & 4 & 3 & 7 \end{vmatrix}$，则 $A_{41}+A_{42}+A_{43}+A_{44}=$________.

(5) 设 $f(x)=\begin{vmatrix} x-2 & x-1 & x-2 & x-3 \\ 2x-2 & 2x-1 & 2x-2 & 2x-3 \\ 3x-3 & 3x-2 & 4x-5 & 3x-5 \\ 4x & 4x-3 & 5x-7 & 4x-3 \end{vmatrix}$，则方程 $f(x)=0$ 的根的个数为________.

2. 计算四阶行列式

(1) $\begin{vmatrix} 3 & 1 & 0 & 2 \\ -2 & 0 & 1 & 1 \\ 0 & -1 & 2 & -2 \\ 1 & 2 & 0 & 3 \end{vmatrix}$；

院(系)__________ 班级__________ 学号__________ 姓名__________

(2) $\begin{vmatrix} 0 & x & y & z \\ x & 0 & z & y \\ y & z & 0 & x \\ z & y & x & 0 \end{vmatrix}$.

3. 计算下列 n 阶行列式

(1) $\begin{vmatrix} 1 & 2 & 2 & \cdots & 2 \\ 2 & 2 & 2 & \cdots & 2 \\ 2 & 2 & 3 & \cdots & 2 \\ \cdots & \cdots & \cdots & \cdots & \cdots \\ 2 & 2 & 2 & \cdots & n \end{vmatrix}$;

院(系)__________ 班级__________ 学号__________ 姓名__________

(2) $\begin{vmatrix} x & a & a & \cdots & a \\ a & x & a & \cdots & a \\ a & a & x & \cdots & a \\ \cdots & \cdots & \cdots & \cdots & \cdots \\ a & a & a & \cdots & x \end{vmatrix}$.

4. 证明

(1) $\begin{vmatrix} 1 & 1 & 1 & 1 \\ a & b & c & d \\ a^2 & b^2 & c^2 & d^2 \\ a^4 & b^4 & c^4 & d^4 \end{vmatrix}=(a-b)(a-c)(a-d)(b-c)(b-d)(c-d)(a+b+c+d)$;

院(系)＿＿＿＿＿＿ 班级＿＿＿＿＿＿ 学号＿＿＿＿＿＿ 姓名＿＿＿＿＿＿

(2) $\begin{vmatrix} \cos\alpha & 1 & 0 & \cdots & 0 & 0 \\ 1 & 2\cos\alpha & 1 & \cdots & 0 & 0 \\ 0 & 1 & 2\cos\alpha & \cdots & 0 & 0 \\ \cdots & \cdots & \cdots & \cdots & \cdots & \cdots \\ 0 & 0 & 0 & \cdots & 1 & 2\cos\alpha \end{vmatrix} = \cos n\alpha$（其中 n 为行列式阶数）.

院(系)__________ 班级__________ 学号__________ 姓名__________

第三节 克拉默法则

1. 填空题

(1) 方程组 $\begin{cases} a_{11}x_1+a_{12}x_2+\cdots+a_{1n}x_{1n}=b_1 \\ a_{21}x_1+a_{22}x_2+\cdots+a_{2n}x_n=b_2 \\ \cdots\cdots \\ a_{n1}x_1+a_{n2}x_2+\cdots+a_{nn}x_n=b_n \end{cases}$ 有无穷多组解，则系数行列式一定为__________.

(2) 线性方程组 $\begin{cases} bx_1-ax_2=-2ab \\ -2cx_2+3bx_3=bc \\ cx_1+ax_3=0 \end{cases}$ 均有解，则 a，b，c 的值为__________.

(3) 线性方程组 $\begin{cases} x_1+x_2-x_3=0 \\ 2x_1-x_2+\lambda x_3=0 \\ 3x_1+2x_2-x_3=0 \end{cases}$ 只有零解，则 $\lambda=$__________.

2. 问 λ 取何值时，齐次方程组

$$\begin{cases} (1-\lambda)x_1-2x_2+4x_3=0 \\ 2x_1+(3-\lambda)x_2+x_3=0 \\ x_1+x_2+(1-\lambda)x_3=0 \end{cases}$$

有非零解？

院(系)__________ 班级__________ 学号__________ 姓名__________

3. 求方程组 $\begin{cases} 5x_1+4x_3+2x_4=3 \\ x_1-x_2+2x_3+6x_4=6 \\ 4x_1+x_2+2x_3=1 \\ x_1+x_2+x_3+x_4=0 \end{cases}$ 的解.

院(系)__________ 班级__________ 学号__________ 姓名__________

4. 问 λ 取何值时，方程组

$$\begin{cases}\lambda x_1+\lambda x_2+x_3=\lambda-3\\2x_1+(1+\lambda)x_2+(1+\lambda)x_3=-4\\x_1+x_2+\lambda x_3=-2\end{cases}$$

有唯一解？有两个以上的解？有唯一解时，求其解.

院(系)__________ 班级__________ 学号__________ 姓名__________

5. 设 $\begin{cases} 2ax_1+x_2=1 \\ a^2x_1+2ax_2+x_3=0 \\ \cdots\cdots \\ a^2x_{n-2}+2ax_{n-1}+x_n=0 \\ a^2x_{n-1}+2ax_n=0 \end{cases}$，$a$ 为何值时，方程组有唯一解，求 x_1.

院(系)__________ 班级__________ 学号__________ 姓名__________

第二章 矩 阵

第一节 矩阵的概念及其运算

1. 填空题

(1) 设 $\boldsymbol{A}$ 为三阶方阵，且 $|\boldsymbol{A}|=2$，则 $\left|-\frac{1}{2}\boldsymbol{A}\right|=$__________.

(2) 设 $\boldsymbol{A}$ 为三阶矩阵，$\boldsymbol{A}_j$ 是 $\boldsymbol{A}$ 的第 j 列($j=1,2,3$)，矩阵 $\boldsymbol{B}=(\boldsymbol{A}_3\quad 3\boldsymbol{A}_2-\boldsymbol{A}_3\quad 2\boldsymbol{A}_1+5\boldsymbol{A}_2)$若 $|\boldsymbol{A}|=-2$，则 $|\boldsymbol{B}|=$__________.

(3) 设 $\boldsymbol{A}=\frac{1}{2}(\boldsymbol{B}+\boldsymbol{E})$则当且仅当 $\boldsymbol{B}^2=$__________，有 $\boldsymbol{A}^2=\boldsymbol{A}$.

(4) 设 $\boldsymbol{A}=(1,2,3)$，$\boldsymbol{B}=\left(1,\frac{1}{2},\frac{1}{3}\right)$，则$(\boldsymbol{A}^{\mathrm{T}}\boldsymbol{B})^k=$__________.

(5) 设三阶矩阵 $\boldsymbol{A}$　$\boldsymbol{B}$ 满足 $\boldsymbol{A}^2\boldsymbol{B}-\boldsymbol{A}-\boldsymbol{B}=\boldsymbol{E}$ 其中 $\boldsymbol{E}$ 为三阶单位矩阵，若 $\boldsymbol{A}=\begin{pmatrix}1&0&1\\0&2&0\\-2&0&1\end{pmatrix}$，则 $|\boldsymbol{B}|=$__________.

(6) 设 $\boldsymbol{A}=\begin{pmatrix}1&0&1\\0&2&0\\1&0&1\end{pmatrix}$，$n$ 为正整数，则 $\boldsymbol{A}^n-2\boldsymbol{A}^{n-1}=$__________.

2. 设 $\boldsymbol{A}=\begin{pmatrix}3&1&0\\-2&2&1\\3&4&2\end{pmatrix}$，$\boldsymbol{B}=\begin{pmatrix}1&-1&0\\2&-2&5\\3&4&1\end{pmatrix}$，求(1) $2\boldsymbol{A}-3\boldsymbol{B}$，(2)$\boldsymbol{AB}-\boldsymbol{BA}$，(3) $\boldsymbol{A}^2-\boldsymbol{B}^2$，(4) $\boldsymbol{B}^{\mathrm{T}}\boldsymbol{A}^{\mathrm{T}}$.

院(系)__________ 班级__________ 学号__________ 姓名__________

3. 设

$$\boldsymbol{A}=\begin{pmatrix}2 & 1 & 0\\ -1 & 2 & 1\\ 3 & 4 & 2\end{pmatrix},\ \boldsymbol{B}=\begin{pmatrix}1 & 0 & 2\\ -1 & 1 & 1\\ 2 & 1 & 1\end{pmatrix}$$

且矩阵 $\boldsymbol{X}$ 满足方程 $3\boldsymbol{A}-2\boldsymbol{X}=\boldsymbol{B}$，求 $\boldsymbol{X}$.

4. 计算下列乘积

(1) $\begin{pmatrix}4\\ 2\\ 3\end{pmatrix}(1\quad -2\quad 3)$； (2) $(3\quad 2\quad 1)\begin{pmatrix}1\\ 2\\ 3\end{pmatrix}$.

院(系)__________ 班级__________ 学号__________ 姓名__________

5. (1)设 $\boldsymbol{A}=\begin{pmatrix}1&1&1\\0&1&1\\0&0&1\end{pmatrix}$ 求 $\boldsymbol{A}^n$(n 为正整数);

(2) $\begin{pmatrix}1&4&2\\0&-3&-2\\0&4&3\end{pmatrix}^n$.

院(系)__________ 班级__________ 学号__________ 姓名__________

6. 设 $\boldsymbol{A}=\begin{pmatrix}1 & 1 & 0\\0 & 1 & 1\\0 & 0 & 1\end{pmatrix}$，求所有与 $\boldsymbol{A}$ 可交换的矩阵.

院(系)________ 班级________ 学号________ 姓名________

第二节 矩阵的逆 分块矩阵

1. 填空题

(1) 设 $\boldsymbol{A}$，$\boldsymbol{B}$ 均为 n 阶矩阵，$|\boldsymbol{A}|=2$，$|\boldsymbol{B}|=-3$，则 $|2\boldsymbol{A}^*\boldsymbol{B}^{-1}|$________.

(2) 设 $\boldsymbol{A}$，$\boldsymbol{B}$ 是两个三阶矩阵，且 $|\boldsymbol{A}|=-1$，$|\boldsymbol{B}|=2$，求 $|2(\boldsymbol{A}^{\mathrm{T}}\boldsymbol{B}^{-1})^2|$________.

(3) 设 $\boldsymbol{A}$ 是四阶数量矩阵，$|\boldsymbol{A}|=16$，则 $\boldsymbol{A}^{-1}=$________.

(4) 设 $\boldsymbol{A}$，$\boldsymbol{B}$ 均为 n 阶可逆矩阵，$|\boldsymbol{A}|=5$，则 $|\boldsymbol{B}^{-1}\boldsymbol{A}^k\boldsymbol{B}|=$________.

(5) 设方阵 $\boldsymbol{A}$ 满足 $\boldsymbol{A}^2-\boldsymbol{A}-2\boldsymbol{E}=\boldsymbol{O}$，则 $\boldsymbol{A}^{-1}=$________.

(6) 设 $\boldsymbol{A}^{-1}=\dfrac{1}{2}\begin{pmatrix}2&0&-2\\0&1&1\\0&0&1\end{pmatrix}$，则 $\boldsymbol{A}=$________.

(7) 设 $\boldsymbol{A}$ 为 n 阶可逆矩阵，$\boldsymbol{A}^*$ 是 $\boldsymbol{A}$ 的伴随矩阵，则 $|\boldsymbol{A}^*|=$________.

(8) 设 $\boldsymbol{A}=\begin{pmatrix}0&0&5&2\\0&0&2&1\\1&3&0&0\\1&2&0&0\end{pmatrix}$，则 $\boldsymbol{A}^{-1}=$________.

2. 求下列矩阵的逆矩阵：

(1) $\begin{pmatrix}1&2&-1\\3&4&-2\\5&-4&1\end{pmatrix}$；

(2) $\begin{pmatrix}1&0&0&0\\1&2&0&0\\2&1&3&0\\1&2&1&4\end{pmatrix}$.

院(系)____________ 班级____________ 学号____________ 姓名____________

3. 设$\boldsymbol{A}=\begin{pmatrix}3&0&1\\1&1&0\\0&1&4\end{pmatrix}$满足$\boldsymbol{AB}=\boldsymbol{A}+2\boldsymbol{B}$，求$\boldsymbol{B}$.

4. 求线性方程组$\begin{pmatrix}2&3\\3&4\end{pmatrix}\boldsymbol{X}=\begin{pmatrix}10&1&-2\\-5&-3&7\end{pmatrix}$的解.

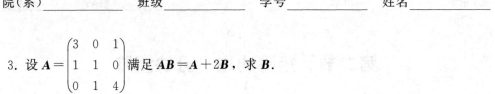

院(系)__________ 班级__________ 学号__________ 姓名__________

5. 利用逆矩阵求线性方程组$\begin{cases}x_1+2x_2+3x_3=1\\2x_1+2x_2+5x_3=2\\3x_1+5x_2+x_3=3\end{cases}$的解.

6. (1) 设$\boldsymbol{A}$是n阶矩阵，是$\boldsymbol{\Lambda}$对角矩阵，且$\boldsymbol{P}^{-1}\boldsymbol{\Lambda}\boldsymbol{P}=\boldsymbol{A}$，证明$\boldsymbol{A}^k=\boldsymbol{P}^{-1}\boldsymbol{\Lambda}^k\boldsymbol{P}$.

(2) 已知$\boldsymbol{PA}=\boldsymbol{BP}$，其中$\boldsymbol{P}=\begin{pmatrix}0&-1&0\\2&0&0\\0&0&3\end{pmatrix}$，$\boldsymbol{B}=\begin{pmatrix}1&0&0\\0&-1&0\\0&0&-1\end{pmatrix}$则，求$\boldsymbol{A}^{2015}$.

院(系)___________ 班级___________ 学号___________ 姓名___________

7. 设矩阵 $\boldsymbol{A}=\begin{pmatrix} a & 1 & 0 \\ 1 & a & -1 \\ 0 & 1 & a \end{pmatrix}\boldsymbol{A}^3=0$(1)求 a 的值，(2) 若矩阵 $\boldsymbol{X}$ 满足 $\boldsymbol{X}-\boldsymbol{X}\boldsymbol{A}^2-\boldsymbol{A}\boldsymbol{X}+\boldsymbol{A}\boldsymbol{X}\boldsymbol{A}^2=\boldsymbol{E}$，其中 $\boldsymbol{E}$ 为三阶单位矩阵，求矩阵 $\boldsymbol{X}$.

院(系)__________ 班级__________ 学号__________ 姓名__________

第三节 矩阵的初等变换与矩阵的秩

1. 填空题

(1) 若 $\boldsymbol{A}$ 为 3×4 的矩阵，且 $\boldsymbol{A}$ 有一个三阶子式不等于 0，则 $R(\boldsymbol{A})=$________.

(2) 已知矩阵 $\boldsymbol{A}=\begin{pmatrix}1&3&2&k\\-1&1&k&1\\1&7&5&3\end{pmatrix}$，且 $R(\boldsymbol{A})=2$，则 $k=$________.

(3) 设 $\boldsymbol{A}$ 为四阶矩阵，且 $R(\boldsymbol{A})=2$，则 $R(\boldsymbol{A}^*)=$________.

(4) 矩阵 $\boldsymbol{A}=\begin{pmatrix}2&3&1&-3&7\\1&2&0&-2&-4\\3&-2&8&3&0\\2&-3&7&4&3\end{pmatrix}$的行最简形矩阵为________.

(5) 设 $\boldsymbol{A}$ 为三阶矩阵，将 $\boldsymbol{A}$ 的第 2 列加到第 1 列得 $\boldsymbol{B}$，再交换 $\boldsymbol{B}$ 的第 2 行与第 3 行得到单位矩阵，记 $\boldsymbol{P}_1=\begin{pmatrix}1&0&0\\1&1&0\\0&0&1\end{pmatrix}$，$\boldsymbol{P}_2=\begin{pmatrix}1&0&0\\0&0&1\\0&1&0\end{pmatrix}$，则 $\boldsymbol{A}=$________.

(6) 设 $\boldsymbol{A}=\begin{pmatrix}a_1b_1&a_1b_2&\cdots&a_1b_n\\a_2b_1&a_2b_2&\cdots&a_2b_n\\\vdots&\vdots&&\vdots\\a_nb_1&a_nb_2&\cdots&a_nb_n\end{pmatrix}$，其中 $a_i\neq0$，$b_i\neq0(i=1,2,\cdots,n)$，则矩阵 $\boldsymbol{A}$ 的秩为 $R(\boldsymbol{A})=$________.

(7) 设 $n(n\geqslant3)$阶矩阵 $\boldsymbol{A}=\begin{pmatrix}1&a&\cdots&a\\a&1&\cdots&a\\\vdots&\vdots&&\vdots\\a&a&\cdots&1\end{pmatrix}$的秩为 $n-1$，则 $a=$__________.

(8) 设 $\boldsymbol{A}=\begin{pmatrix}a_{11}&a_{12}&a_{13}\\a_{21}&a_{22}&a_{23}\\a_{31}&a_{32}&a_{33}\end{pmatrix}$，$\boldsymbol{B}=\begin{pmatrix}a_{21}&a_{22}&a_{23}\\a_{11}&a_{12}&a_{13}\\a_{31}+a_{11}&a_{32}+a_{12}&a_{33}+a_{13}\end{pmatrix}$，$\boldsymbol{P}_1=\begin{pmatrix}0&1&0\\1&0&0\\0&0&1\end{pmatrix}$，$\boldsymbol{P}_2=\begin{pmatrix}1&0&0\\0&1&0\\1&0&1\end{pmatrix}$，则 $\boldsymbol{B}=$________.

院(系)____________ 班级____________ 学号____________ 姓名____________

2. 把矩阵$\begin{pmatrix} 1 & 0 & 2 & 3 & -1 \\ 2 & -1 & 4 & 1 & 3 \\ -1 & 1 & 0 & 3 & 1 \\ 7 & -4 & 8 & -2 & -2 \end{pmatrix}$化为行最简形矩阵并求其秩.

3. 求一个秩为 4 的方阵，它的两个行向量是

$$(1\quad 0\quad 1\quad 0\quad 0),\ (1\quad -1\quad 0\quad 0\quad 0).$$

院(系)__________ 班级__________ 学号__________ 姓名__________

4. 试用矩阵的初等变换，求解下列各题：

(1) $\boldsymbol{A}=\begin{pmatrix}3 & 2 & 1\\ 3 & 1 & 5\\ 3 & 2 & 3\end{pmatrix}$，求 $\boldsymbol{A}^{-1}$；

(2) 设 $\boldsymbol{A}=\begin{pmatrix}4 & 2 & -2\\ 2 & 2 & 1\\ 3 & 1 & -1\end{pmatrix}$，$\boldsymbol{B}=\begin{pmatrix}1 & -3\\ 2 & 2\\ 3 & -1\end{pmatrix}$，求 $\boldsymbol{X}$ 使 $\boldsymbol{AX}=\boldsymbol{B}$.

院(系)__________ 班级__________ 学号__________ 姓名__________

5. 设矩阵 $\boldsymbol{A}=\begin{pmatrix}1 & 1 & -1\\ -1 & 1 & 1\\ 1 & -1 & 1\end{pmatrix}$，且 $\boldsymbol{A}^*\boldsymbol{X}=\boldsymbol{A}^{-1}+2\boldsymbol{X}$，求矩阵 $\boldsymbol{X}$.

6. 证明若 $\boldsymbol{A}$ 是 n 阶方阵($n\geqslant 2$)，则

$$\boldsymbol{R}(\boldsymbol{A}^*)=\begin{cases}n & \text{当 } \boldsymbol{R}(\boldsymbol{A})=n\\ 1 & \text{当 } \boldsymbol{R}(\boldsymbol{A})=n-1\\ 0 & \text{当 } \boldsymbol{R}(\boldsymbol{A})<n-1\end{cases}.$$

院(系)__________ 班级__________ 学号__________ 姓名__________

第四节 线性方程组的解

1. 填空题

(1) 设线性方程组$\begin{cases}x_1+x_2=-a_1\\x_2+x_3=a_2\\x_3+x_4=-a_3\\x_4+x_1=a_4\end{cases}$有解，则常数$a_1$，$a_2$，$a_3$，$a_4$满足__________.

(2) 设非齐次线性方程组$\boldsymbol{Ax}=\boldsymbol{b}$，对增广矩阵$\boldsymbol{B}=(\boldsymbol{A}\ \vdots\ \boldsymbol{b})$施行初等行变换得$\begin{pmatrix}1&0&0&2\\0&1&1&0\\0&0&1&2\end{pmatrix}$，则原方程组的解为__________.

(3) 已知方程组$\begin{pmatrix}1&2&1\\2&3&a+2\\1&a&-2\end{pmatrix}\begin{pmatrix}x_1\\x_2\\x_3\end{pmatrix}=\begin{pmatrix}1\\3\\0\end{pmatrix}$无解，则$a=$__________.

(4) 设$\boldsymbol{A}=\begin{pmatrix}1&1&1&\cdots&1\\a_1&a_2&a_3&\cdots&a_n\\a_1^2&a_2^2&a_3^2&\cdots&a_n^2\\\cdots&\cdots&\cdots&\cdots&\cdots\\a_1^{n-1}&a_2^{n-1}&a_3^{n-1}&\cdots&a_n^{n-1}\end{pmatrix}$，$\boldsymbol{x}=\begin{pmatrix}x_1\\x_2\\x_3\\\vdots\\x_n\end{pmatrix}$，$\boldsymbol{B}=\begin{pmatrix}1\\1\\1\\\vdots\\1\end{pmatrix}$，其中$a_i\neq a_j$($i\neq j$；$i$，$j=1\sim n$)，则线性方程组$\boldsymbol{A}^{\mathrm{T}}\boldsymbol{x}=\boldsymbol{B}$的解是__________.

2. 求齐次线性方程组$\begin{cases}x_1+x_2+2x_3+3x_4+4x_5=0\\2x_1+2x_2+7x_3+11x_4+14x_5=0\\3x_1+3x_2+6x_3+10x_4+15x_5=0\end{cases}$的解.

院(系)__________ 班级__________ 学号__________ 姓名__________

3. 求非齐次线性方程组 $\begin{cases} 2x+y-z+w=1 \\ 3x-2y+z-3w=4 \\ x+4y-3z+5w=-2 \end{cases}$ 的解.

4. 求 p 与 q，使齐次线性方程组 $\begin{cases} px+y+z=0 \\ x+qy+z=0 \\ x+2qy+z=0 \end{cases}$ 有非零解，并求其解.

院(系)__________ 班级__________ 学号__________ 姓名__________

5. 设$\begin{cases}\lambda x_1+x_2+x_3=\lambda-3\\ x_1+\lambda x_2+x_3=-2\\ x_1+x_2+\lambda x_3=-2\end{cases}$，问$\lambda$取何值时，此方程组(1)有唯一解；(2)无解；(3)有无穷多个个解？并在有无穷多解时求其解.

院(系)__________ 班级__________ 学号__________ 姓名__________

6. 设 $\boldsymbol{A}=\begin{pmatrix}\lambda & 1 & 1\\ 0 & \lambda-1 & 0\\ 1 & 1 & \lambda\end{pmatrix}$，$\boldsymbol{b}=\begin{pmatrix}a\\ 1\\ 1\end{pmatrix}$. 已知线性方程组 $\boldsymbol{A}x=\boldsymbol{b}$ 存在 2 个不同的解，(1) 求λ，a；(2) 求方程组 $\boldsymbol{A}x=\boldsymbol{b}$ 的通解.

院(系)________ 班级________ 学号________ 姓名________

第三章 向量的线性相关性

第一节 向量及其运算、向量的线性相关性

1. 填空题

(1) 已知向量 $\boldsymbol{\alpha}=(3,5,7,9)^{\mathrm{T}}$，$\boldsymbol{\beta}=(-1,5,2,0)^{\mathrm{T}}$，如果 $\boldsymbol{\alpha}+2\boldsymbol{\xi}=\boldsymbol{\beta}$，则 $\boldsymbol{\xi}=$________.

(2) 设向量 $\boldsymbol{\alpha}_1=(a,0,c)^{\mathrm{T}}$，$\boldsymbol{\alpha}_2=(b,c,0)^{\mathrm{T}}$，$\boldsymbol{\alpha}_3=(0,a,b)^{\mathrm{T}}$ 线性无关，则 a，b，c 满足关系式________.

(3) 设 $\boldsymbol{\alpha}=\begin{pmatrix}1\\2\\1\end{pmatrix}$，$\boldsymbol{\beta}=\begin{pmatrix}1\\0\\1\end{pmatrix}$ 则 $\boldsymbol{\alpha}^{\mathrm{T}}\boldsymbol{\beta}=$________，$\boldsymbol{\alpha}\boldsymbol{\beta}^{\mathrm{T}}=$________.

(4) 设 $\boldsymbol{\alpha}_1=(1,3,5,0)$，$\boldsymbol{\alpha}_2=(1,1,3,2)$，$\boldsymbol{\alpha}_3=(1,2,6,1)$，$\boldsymbol{\alpha}_4=(1,1,2,k)$线性相关，则 $k=$________.

(5) 设 4×4 阶方阵 $\boldsymbol{A}=(\boldsymbol{\alpha},\boldsymbol{r}_2,\boldsymbol{r}_3,\boldsymbol{r}_4)$，$\boldsymbol{B}=(\boldsymbol{\beta},\boldsymbol{r}_2,\boldsymbol{r}_3,\boldsymbol{r}_4)$ 其中 $\boldsymbol{r}_2$，$\boldsymbol{r}_3$，$\boldsymbol{r}_4$ 均是 4 维列向量，且已知 $|\boldsymbol{A}|=4$，$|\boldsymbol{B}|=1$，则 $|\boldsymbol{A}+\boldsymbol{B}|=$________.

(6) 设三阶矩阵 $\boldsymbol{A}=\begin{pmatrix}1&2&-2\\2&1&2\\3&0&4\end{pmatrix}$，$\boldsymbol{\alpha}=(a,1,1)^{\mathrm{T}}$，已知 $\boldsymbol{A\alpha}$ 与 $\boldsymbol{\alpha}$ 线性相关，则 $a=$________.

(7) 设向量 $\boldsymbol{\alpha}_1=(\lambda,1,1)^{\mathrm{T}}$，$\boldsymbol{\alpha}_2=(1,\lambda,1)^{\mathrm{T}}$，$\boldsymbol{\alpha}_3=(1,1,\lambda)^{\mathrm{T}}$，$\boldsymbol{\beta}=(1,1,1)^{\mathrm{T}}$，如果 $\boldsymbol{\beta}$ 可由向量 $\boldsymbol{\alpha}_1$，$\boldsymbol{\alpha}_2$，$\boldsymbol{\alpha}_3$ 线性表示，并且表示法唯一，则参数 λ 满足________.

2. 若向量组 $\boldsymbol{\alpha}_1$，$\boldsymbol{\alpha}_2$，$\boldsymbol{\alpha}_3$ 线性相关，向量组 $\boldsymbol{\alpha}_2$，$\boldsymbol{\alpha}_3$，$\boldsymbol{\alpha}_4$ 线性无关. 试问 $\boldsymbol{\alpha}_4$ 能否由 $\boldsymbol{\alpha}_1$，$\boldsymbol{\alpha}_2$，$\boldsymbol{\alpha}_3$ 线性表示？并说明理由.

院(系)__________ 班级__________ 学号__________ 姓名__________

3. 判断下列向量组的线性相关性:

(1) $\boldsymbol{\alpha}_1=\begin{pmatrix}1\\-2\\4\\-8\end{pmatrix}$, $\boldsymbol{\alpha}_2=\begin{pmatrix}1\\3\\9\\27\end{pmatrix}$, $\boldsymbol{\alpha}_3=\begin{pmatrix}1\\4\\16\\64\end{pmatrix}$, $\boldsymbol{\alpha}_4=\begin{pmatrix}1\\-1\\1\\-1\end{pmatrix}$;

(2) $\boldsymbol{\alpha}_1=\begin{pmatrix}1\\0\\2\\1\end{pmatrix}$, $\boldsymbol{\alpha}_2=\begin{pmatrix}1\\2\\0\\1\end{pmatrix}$, $\boldsymbol{\alpha}_3=\begin{pmatrix}2\\1\\3\\0\end{pmatrix}$, $\boldsymbol{\alpha}_4=\begin{pmatrix}2\\5\\-1\\4\end{pmatrix}$, $\boldsymbol{\alpha}_5=\begin{pmatrix}1\\-1\\3\\-1\end{pmatrix}$.

院(系)__________ 班级__________ 学号__________ 姓名__________

4. 设向量组 $\boldsymbol{\beta}=\begin{pmatrix}1\\2\\1\\-2\end{pmatrix}$，$\boldsymbol{\alpha}_1=\begin{pmatrix}1\\0\\0\\1\end{pmatrix}$，$\boldsymbol{\alpha}_2=\begin{pmatrix}3\\-1\\1\\2\end{pmatrix}$，$\boldsymbol{\alpha}_3=\begin{pmatrix}1\\x\\0\\y\end{pmatrix}$. 问：(1) x，y 取何值时，向量 $\boldsymbol{\beta}$ 是向量 $\boldsymbol{\alpha}_1$，$\boldsymbol{\alpha}_2$，$\boldsymbol{\alpha}_3$ 的线性组合，并写出 $x=1$，$y=\frac{1}{3}$ 时 $\boldsymbol{\beta}$ 的表达式；(2) x，y 取何值时，向量 $\boldsymbol{\beta}$ 不能由向量 $\boldsymbol{\alpha}_1$，$\boldsymbol{\alpha}_2$，$\boldsymbol{\alpha}_3$ 线性表出.

院(系)____________ 班级____________ 学号____________ 姓名____________

5. 已知$\boldsymbol{\alpha}_1=(1, -1, 1)^T$，$\boldsymbol{\alpha}_2=(1, t, -1)^T$，$\boldsymbol{\alpha}_3=(t, 1, 2)^T$，$\boldsymbol{\beta}=(4, t^2, -4)^T$. 若$\boldsymbol{\beta}$可以由$\boldsymbol{\alpha}_1$，$\boldsymbol{\alpha}_2$，$\boldsymbol{\alpha}_3$线性表出且表示法不唯一，求$t$及$\boldsymbol{\beta}$的表达.

6. 已知向量$\boldsymbol{\alpha}_1$，$\boldsymbol{\alpha}_2$，$\boldsymbol{\alpha}_3$，$\boldsymbol{\alpha}_4$线性无关，讨论向量组$\boldsymbol{\beta}_1=\boldsymbol{\alpha}_1+\boldsymbol{\alpha}_2+\boldsymbol{\alpha}_3$，$\boldsymbol{\beta}_2=\boldsymbol{\alpha}_2+\boldsymbol{\alpha}_3+\boldsymbol{\alpha}_4$，$\boldsymbol{\beta}_3=\boldsymbol{\alpha}_3+\boldsymbol{\alpha}_4+\boldsymbol{\alpha}_1$，$\boldsymbol{\beta}_4=\boldsymbol{\alpha}_4+\boldsymbol{\alpha}_1+\boldsymbol{\alpha}_2$的线性相关性.

院(系)________ 班级________ 学号________ 姓名________

第二节 向量组的秩

1. 填空题

(1) 已知向量组 $\boldsymbol{\alpha}_1=(2,1,2,3)$，$\boldsymbol{\alpha}_2=(-1,1,5,3)$，$\boldsymbol{\alpha}_3=(0,-1,-4,-3)$，$\boldsymbol{\alpha}_4=(1,0,-2,-1)$，$\boldsymbol{\alpha}_5=(1,2,9,8)$，则此向量组的秩为________.

(2) 已知向量组 $\boldsymbol{\alpha}_1=(1,2,-1,1)$，$\boldsymbol{\alpha}_2=(2,0,t,0)$，$\boldsymbol{\alpha}_3=(0,-4,5,-2)$，的秩为 2，则 $t=$________.

(3) 设 n 维向量组 $\boldsymbol{\alpha}_1$，$\boldsymbol{\alpha}_2$，$\boldsymbol{\alpha}_3$，$\boldsymbol{\alpha}_4$ 的秩为 4，则向量组 $\boldsymbol{\beta}_1=\boldsymbol{\alpha}_1+k_1\boldsymbol{\alpha}_2$，$\boldsymbol{\beta}_2=\boldsymbol{\alpha}_2+k_2\boldsymbol{\alpha}_3$，$\boldsymbol{\beta}_3=\boldsymbol{\alpha}_3+k_3\boldsymbol{\alpha}_4$ 的秩为________.

(4) 设 $\boldsymbol{\alpha}_1=(1,2,-3)$，$\boldsymbol{\alpha}_2=(3,6,-9)$，$\boldsymbol{\alpha}_3=(3,0,1,)$和 $\boldsymbol{\beta}_1=(0,1,-1)$，$\boldsymbol{\beta}_2=(a,2,1)$，$\boldsymbol{\beta}_3=(b,1,0)$. 若 $R(\boldsymbol{\alpha}_1,\boldsymbol{\alpha}_2,\boldsymbol{\alpha}_3,\boldsymbol{\beta}_3)=R(\boldsymbol{\alpha}_1,\boldsymbol{\alpha}_2,\boldsymbol{\alpha}_3)=R(\boldsymbol{\beta}_1,\boldsymbol{\beta}_2,\boldsymbol{\beta}_3)$，则 $a=$________；$b=$________.

2. 求向量组 $\boldsymbol{\alpha}_1=\begin{pmatrix}2\\1\\3\\0\end{pmatrix}$，$\boldsymbol{\alpha}_2=\begin{pmatrix}0\\2\\-1\\0\end{pmatrix}$，$\boldsymbol{\alpha}_3=\begin{pmatrix}14\\7\\0\\3\end{pmatrix}$，$\boldsymbol{\alpha}_4=\begin{pmatrix}4\\2\\-1\\1\end{pmatrix}$，$\boldsymbol{\alpha}_5=\begin{pmatrix}6\\5\\1\\2\end{pmatrix}$的秩，并求出一个最大无关组.

院(系)__________ 班级__________ 学号__________ 姓名__________

3. 求向量组 $\boldsymbol{\alpha}_1=\begin{pmatrix}1\\1\\2\\3\end{pmatrix}$，$\boldsymbol{\alpha}_2=\begin{pmatrix}1\\-1\\1\\1\end{pmatrix}$，$\boldsymbol{\alpha}_3=\begin{pmatrix}1\\3\\3\\5\end{pmatrix}$，$\boldsymbol{\alpha}_4=\begin{pmatrix}4\\-2\\5\\6\end{pmatrix}$，$\boldsymbol{\alpha}_5=\begin{pmatrix}-3\\-1\\-5\\-7\end{pmatrix}$的一个最大无关组，并将其余向量表示成最大无关组的线性组合.

4. 设 α，β 为 3 维列向量，矩阵 $\boldsymbol{A}=\alpha\alpha^{\mathrm{T}}+\beta\beta^{\mathrm{T}}$，其中 α^{T}，β^{T} 分别为 α，β 的转置，证明(1)秩 $R(A)\leqslant 2$；(2) 若 α，β 线性相关，则秩 $R(A)<2$.

院(系)__________ 班级__________ 学号__________ 姓名__________

5. 设 $\boldsymbol{\alpha}_1$，$\boldsymbol{\alpha}_2$，…，$\boldsymbol{\alpha}_n$ 是一组 n 维向量，证明它们线性无关的充分必要条件是：任一 n 维向量都可由它们线性表出.

6. 确定向量 $\boldsymbol{\beta}_3=(2, a, b)$，使向量组 $\boldsymbol{\beta}_1=(1, 1, 0)$，$\boldsymbol{\beta}_2=(1, 1, 1)$，$\boldsymbol{\beta}_3$ 与向量组 $\boldsymbol{\alpha}_1=(0, 1, 1)$，$\boldsymbol{\alpha}_2=(1, 2, 1)$，$\boldsymbol{\alpha}_3=(1, 0, -1)$的秩相同，且 $\boldsymbol{\beta}_3$ 能由 $\boldsymbol{\alpha}_1$，$\boldsymbol{\alpha}_2$，$\boldsymbol{\alpha}_3$ 线性表示.

院(系)__________ 班级__________ 学号__________ 姓名__________

7. 设4维向量$\boldsymbol{\alpha}_1=(1+a,1,1,1)^T$，$\boldsymbol{\alpha}_2=(2,2+a,2,2)^T$，$\boldsymbol{\alpha}_3=(3,3,3+a,3)^T$，$\boldsymbol{\alpha}_4=(4,4,4,4+a)^T$问$a$为何值时，线性相关？当线性相关时，求其一个最大线性无关组，并将其余向量用该极大线性无关组线性表出.

院(系)____________ 班级____________ 学号____________ 姓名____________

*第三节 向量空间

1. 填空题

(1) n 维向量组 $\boldsymbol{\alpha}_1$，$\boldsymbol{\alpha}_2$，…，$\boldsymbol{\alpha}_m$ 与 n 维向量组 $\boldsymbol{\beta}_1$，$\boldsymbol{\beta}_2$，…，$\boldsymbol{\beta}_s$ 等价，

$$V=\{\boldsymbol{\alpha}=k_1\boldsymbol{\alpha}_1+k_2\boldsymbol{\alpha}_2+\cdots+k_m\boldsymbol{\alpha}_m \mid k_1, \cdots, k_m\in\mathbf{R}\}$$

$$W=\{\boldsymbol{\alpha}=l_1\boldsymbol{\beta}_1+l_2\boldsymbol{\beta}_2+\cdots+l_s\boldsymbol{\beta}_s \mid l_1, \cdots, l_s\in\mathbf{R}\}$$

则 V 与 W 之间的关系是__________.

(2) 已知三维向量空间的一个基为 $\boldsymbol{\alpha}_1=(1, 1, 0)$，$\boldsymbol{\alpha}_2=(1, 0, 1)$，$\boldsymbol{\alpha}_3=(0, 1, 1)$，则向量 $\boldsymbol{\beta}=(2, 0, 0)$在这组基下的坐标__________.

(3) 若向量组 $\boldsymbol{\alpha}_1=(1, 2, 3, 3)$，$\boldsymbol{\alpha}_2=(0, 1, 2, 2)$，$\boldsymbol{\alpha}_3=(3, 2, 1, k)$生成的向量空间的维数为 2，则 $k=$__________.

(4) 在 $\mathbf{R}^4$ 中，由向量 $\boldsymbol{\alpha}_1=(2, 0, 1, 2)$，$\boldsymbol{\alpha}_2=(-1, 1, 0, 3)$，$\boldsymbol{\alpha}_3=(0, 2, 1, 8)$，$\boldsymbol{\alpha}_4=(5, -1, 2, 1)$生成的线性子空间的维数是__________，基为__________.

2. 设 $V_1=\{x=(x_1, x_2, \cdots, x_n)^{\mathrm{T}} \mid x_i\in\mathbf{R}(i=1, 2, \cdots, n)$，满足 $x_1+\cdots+x_n=0\}$，$V_2=\{x=(x_1, x_2, \cdots, x_n)^{\mathrm{T}} \mid x_i\in\mathbf{R}(i=1, 2, \cdots, n)$满足 $x_1+\cdots+x_n=1\}$，问 V_1，V_2 是不是向量空间？为什么？

3. 试证：由 $\boldsymbol{\alpha}_1=(1, 0, 1)^{\mathrm{T}}$，$\boldsymbol{\alpha}_2=(0, 1, 1)^{\mathrm{T}}$，$\boldsymbol{\alpha}_3=(1, 1, 0)^{\mathrm{T}}$ 所生成的向量空间就是 $\mathbf{R}^3$.

院(系)__________ 班级__________ 学号__________ 姓名__________

4. 由 $\boldsymbol{\alpha}_1=(1,1,0,0)^T$，$\boldsymbol{\alpha}_2=(1,0,1,1)^T$ 所生成的向量空间记作 $\boldsymbol{V}_1$，由 $\boldsymbol{\beta}_1=(2,-1,3,3)^T$，$\boldsymbol{\beta}_2=(0,1,-1,-1)^T$ 所生成的向量空间记作 $\boldsymbol{V}_2$，试证 $\boldsymbol{V}_1=\boldsymbol{V}_2$.

5. 验证 $\boldsymbol{\alpha}_1=(1,-1,0)^T$，$\boldsymbol{\alpha}_2=(2,1,3)^T$，$\boldsymbol{\alpha}_3=(3,1,2)^T$ 为 $\mathbf{R}^3$ 的一个基，并把 $\boldsymbol{\beta}_1=(5,0,7)^T$，$\boldsymbol{\beta}_2=(-9,-8,-13)^T$ 用这个基线性表示.

院(系)__________ 班级__________ 学号__________ 姓名__________

第四节 齐次线性方程组、 非齐次线性方程组

1. 填空题

(1) 齐次线性方程组 $\boldsymbol{A}\boldsymbol{x}=0$ 的基础解系中解向量一定线性________关.

(2) 齐次线性方程，$x_1+x_2+x_3=0$ 的基础解系是________.

(3) 已知齐次线性方程 $\boldsymbol{A}_{5\times4}\boldsymbol{x}_{4\times1}=\boldsymbol{0}$ 有唯一解，则 $R(\boldsymbol{A})=$________.

(4) 设 $\boldsymbol{A}=\begin{pmatrix}1&2&1&2\\0&1&a&a\\1&a&0&1\end{pmatrix}$，且方程组 $\boldsymbol{A}\boldsymbol{x}=\boldsymbol{0}$ 的解空间维数为 2，则 $a=$__________.

(5) 设 n 阶矩阵 $\boldsymbol{A}$ 的各行元素之和均为零，且 $\boldsymbol{A}$ 的秩为 $n-1$，则线性方程组 $\boldsymbol{A}\boldsymbol{x}=\boldsymbol{0}$ 的通解为________.

(6) 设齐次线性方程组 $\boldsymbol{A}\boldsymbol{x}=\boldsymbol{0}$ 的系数矩阵

$$\boldsymbol{A}=\begin{pmatrix}a_1b_1&a_1b_2&\cdots&a_1b_n\\a_2b_1&a_2b_2&\cdots&a_2b_n\\\cdots&\cdots&\cdots&\cdots\\a_mb_1&a_mb_2&\cdots&a_mb_n\end{pmatrix}$$

其中 $a_ib_j\neq0(i=1\sim m，j=1\sim n)$，则方程组 $\boldsymbol{A}\boldsymbol{x}=\boldsymbol{0}$ 的基础解系中所含解向量的个数是____________.

(7) 设 n 阶矩阵 $\boldsymbol{A}$ 的秩为 $n-1$，若 a_{11} 的代数余子式 $\boldsymbol{A}_{11}\neq0$，则齐次线性方程组 $\boldsymbol{A}^*\boldsymbol{x}=0$ 的通解为________.

2. 求齐次方程组 $\begin{cases}x_1+2x_2-2x_3+2x_4-x_5=0\\x_1+2x_2-x_3+3x_4-2x_5=0\\2x_1+4x_2-7x_3+x_4+x_5=0\end{cases}$ 的基础解系.

院(系)____________ 班级____________ 学号____________ 姓名____________

3. 求非齐次线性方程组 $\begin{cases} 3x_1+4x_2+2x_3+2x_4-2x_5=2 \\ 2x_1+3x_2+x_3+x_4-3x_5=0 \\ 3x_1+5x_2+x_3+x_4-7x_5=-2 \\ 4x_1+5x_2+3x_3+3x_4-x_5=4 \end{cases}$ 的通解及相应的齐次线性方程组的基础解系.

4. 设 $\boldsymbol{A}=\begin{pmatrix} 2 & -2 & 1 & 3 \\ 9 & -5 & 2 & 8 \end{pmatrix}$，求一个 4×2 矩阵 $\boldsymbol{B}$，使 $\boldsymbol{AB}=\boldsymbol{O}$，且 $R(\boldsymbol{B})=2$.

院(系)____________ 班级____________ 学号____________ 姓名____________

5. 设四元非齐次线性方程组的系数矩阵的秩为 3，已知 $\boldsymbol{\eta}_1$，$\boldsymbol{\eta}_2$，$\boldsymbol{\eta}_3$ 是它的三个解向量，且

$$\boldsymbol{\eta}_1=\begin{pmatrix}1\\2\\3\\4\end{pmatrix},\ \boldsymbol{\eta}_2+\boldsymbol{\eta}_3=\begin{pmatrix}2\\3\\4\\5\end{pmatrix},$$

求该方程组的通解.

6. 设 $\boldsymbol{A}$，$\boldsymbol{B}$ 都是 n 阶矩阵，且 $\boldsymbol{AB}=\boldsymbol{O}$，证明 $R(\boldsymbol{A})+R(\boldsymbol{B})\leqslant n$.

院(系)__________ 班级__________ 学号__________ 姓名__________

7. 已知线性方程组

$$\begin{cases} x_1 + x_2 - 2x_3 + 3x_4 = 0 \\ 2x_1 + x_2 - 6x_3 + 4x_4 = -1 \\ 3x_1 + 2x_2 + px_3 + 7x_4 = -1 \\ x_1 - x_2 - 6x_3 - x_4 = t \end{cases},$$

讨论参数 p，t 取何值时，方程组有解？无解？当有解时，试用其导出组的基础解系表示通解.

院(系)＿＿＿＿＿＿ 班级＿＿＿＿＿＿ 学号＿＿＿＿＿＿ 姓名＿＿＿＿＿＿

8. 设 $\boldsymbol{A}=\begin{pmatrix}1 & a\\ 1 & 0\end{pmatrix}$，$\boldsymbol{B}=\begin{pmatrix}0 & 1\\ 1 & b\end{pmatrix}$，当 a，b 为何值时存在矩阵 $\boldsymbol{C}$ 使得 $\boldsymbol{AC}-\boldsymbol{CA}=\boldsymbol{B}$，并求矩阵 $\boldsymbol{C}$.

院(系)__________ 班级__________ 学号__________ 姓名__________

9. 设 $\boldsymbol{\eta}^*$ 是非齐次线性方程组 $\boldsymbol{Ax}=\boldsymbol{b}$ 的一个解，$\boldsymbol{\xi}_1$，$\boldsymbol{\xi}_2$，…，$\boldsymbol{\xi}_{n-r}$是对应的齐次线性方程组的一个基础解系. 证明

(1) $\boldsymbol{\eta}^*$，$\boldsymbol{\xi}_1$，$\boldsymbol{\xi}_2$，…，$\boldsymbol{\xi}_{n-r}$线性无关；

(2) $\boldsymbol{\eta}^*$，$\boldsymbol{\eta}^*+\boldsymbol{\xi}_1$，$\boldsymbol{\eta}^*+\boldsymbol{\xi}_2$，…，$\boldsymbol{\eta}^*+\boldsymbol{\xi}_{n-r}$线性无关.

院(系)__________ 班级__________ 学号__________ 姓名__________

第四章 矩阵的对角化

第一节 特征值与特征向量

1. 求矩阵 $\boldsymbol{A}=\begin{pmatrix}0&0&1\\0&1&0\\1&0&0\end{pmatrix}$的特征值与特征向量.

2. 求矩阵 $\boldsymbol{A}=\begin{pmatrix}2&1&2\\6&-3&3\\0&0&2\end{pmatrix}$的特征值与特征向量.

院(系)____________ 班级____________ 学号____________ 姓名____________

3. 已知-2是矩阵$\boldsymbol{A}=\begin{pmatrix}0 & -2 & -2\\ 2 & a & -2\\ -2 & 2 & 6\end{pmatrix}$的特征值，求$a$的值.

4. 设3阶方阵$\boldsymbol{A}$的特征值为1，1，0，求$|\boldsymbol{A}^2+2\boldsymbol{A}-5\boldsymbol{E}|$.

5. 已知矩阵$\boldsymbol{A}=\begin{pmatrix}1 & 2 & 1\\ -2 & -3 & a\\ 0 & 0 & -1\end{pmatrix}$有两个线性无关的特征向量，求$a$的值.

院(系)__________ 班级__________ 学号__________ 姓名__________

6. 证明方阵 $\boldsymbol{A}$ 与其转置 $\boldsymbol{A}^{\mathrm{T}}$ 有相同的特征值.

7. 已知矩阵 $\boldsymbol{A}=\begin{pmatrix} a & 1 & b \\ 2 & 3 & 4 \\ -1 & 1 & -1 \end{pmatrix}$ 的特征值之和为 3，特征值之积为 -24，求 a，b 的值.

院(系)__________ 班级__________ 学号__________ 姓名__________

第二节　相似矩阵与矩阵的对角化

1. 矩阵$\begin{pmatrix}1 & a & 1\\ a & b & a\\ 1 & a & 1\end{pmatrix}$与矩阵$\begin{pmatrix}2 & 0 & 0\\ 0 & b & 0\\ 0 & 0 & 0\end{pmatrix}$相似的充要条件为(　　).

(A) $a=0$，$b=2$　　(B) $a=0$，b 为任意常数

(C) $a=2$，$b=0$　　(D) $a\neq 0$，b 为任意常数

2. 下列矩阵不能相似对角化的是(　　).

(A) $\begin{pmatrix}1 & 2 & 0\\ 2 & 0 & 3\\ 0 & 3 & 0\end{pmatrix}$　　(B) $\begin{pmatrix}0 & 0 & 0\\ 0 & 0 & 0\\ 1 & 2 & 3\end{pmatrix}$

(C) $\begin{pmatrix}0 & 0 & 0\\ 0 & 1 & 0\\ 0 & 2 & 3\end{pmatrix}$　　(D) $\begin{pmatrix}0 & 0 & 0\\ 1 & 0 & 0\\ 0 & 2 & 3\end{pmatrix}$

3. 如果矩阵 $\boldsymbol{A}$ 与 $\boldsymbol{B}$ 相似，那么不正确的是(　　).

(A) $\boldsymbol{A}$ 与 $\boldsymbol{B}$ 有相同的特征值　　(B) $\boldsymbol{A}$ 与 $\boldsymbol{B}$ 有相同的特征向量

(C) $\boldsymbol{A}$ 与 $\boldsymbol{B}$ 有相同的行列式值　　(D) $\boldsymbol{A}$ 与 $\boldsymbol{B}$ 有相同的秩

4. 矩阵 $\boldsymbol{A}=\begin{pmatrix}2 & 0 & 0\\ 1 & 2 & -1\\ 1 & 0 & 1\end{pmatrix}$能否对角化？如果能够对角化，求可逆矩阵 $\boldsymbol{P}$，使得 $\boldsymbol{P}^{-1}\boldsymbol{A}\boldsymbol{P}=\boldsymbol{\Lambda}$ 为对角阵，写出 $\boldsymbol{\Lambda}$.

院(系)__________ 班级__________ 学号__________ 姓名__________

5. 设3阶方阵$\boldsymbol{A}$的特征值为1，1，0，对应的特征向量分别为$\alpha_1=(0, 0, 1)^T$，$\alpha_2=(1, 2, 0)^T$，$\alpha_3=(1, 1, -2)^T$. (1) 写出可逆矩阵$\boldsymbol{P}$，使得$\boldsymbol{P}^{-1}\boldsymbol{A}\boldsymbol{P}=\boldsymbol{\Lambda}$为对角阵；(2) 设$\boldsymbol{\beta}=(1, 3, -1)^T$，将$\boldsymbol{\beta}$用$\alpha_1$，$\alpha_2$，$\alpha_3$线性表示；(3) 求$\boldsymbol{A}^n\boldsymbol{\beta}$，$n$为正整数.

院(系)__________ 班级__________ 学号__________ 姓名__________

6. 已知矩阵 $\boldsymbol{A}=\begin{pmatrix}0 & 0 & 1\\ a & 1 & 0\\ 1 & 0 & 0\end{pmatrix}$ 能够对角化，求 a 的值.

7. 设 3 阶方阵 $\boldsymbol{A}$ 的秩为 2，$\boldsymbol{A}$ 能够对角化，且满足 $\boldsymbol{A}^2+5\boldsymbol{A}=\boldsymbol{O}$，求 $|\boldsymbol{A}^2+3\boldsymbol{E}|$.

院(系)________ 班级________ 学号________ 姓名________

第三节　向量内积与正交化

1. 已知向量 $\boldsymbol{\alpha}=(1, -2, 2)^{T}$，$\boldsymbol{\beta}=(2, 2, -1)^{T}$，求(1) $\boldsymbol{\alpha}$ 与 $\boldsymbol{\beta}$ 的内积；(2) 向量 $\boldsymbol{\alpha}$ 的模；(3) $\boldsymbol{\alpha}$ 与 $\boldsymbol{\beta}$ 的夹角.

2. 已知向量 $\boldsymbol{\alpha}=(1, -2, 1)^{T}$，$\boldsymbol{\beta}=(a, 1, -1)^{T}$ 正交，则 $a=$________.

3. 将向量组

(1) $\boldsymbol{\alpha}_1=(1, -2, 2)^{T}$，$\boldsymbol{\alpha}_2=(1, 0, -1)^{T}$；

(2) $\boldsymbol{\alpha}_1=(1, -2, 2)^{T}$，$\boldsymbol{\alpha}_2=(-1, 0, -1)^{T}$，$\boldsymbol{\alpha}_3=(5, -3, -7)^{T}$

分别规范正交化.

院(系)__________ 班级__________ 学号__________ 姓名__________

4. 证明若 $\boldsymbol{P}$，$\boldsymbol{Q}$ 都是正交矩阵，那么 $\boldsymbol{PQ}$ 也是正交矩阵.

5. 说明矩阵 $\boldsymbol{Q}=\begin{pmatrix} \frac{1}{9} & -\frac{8}{9} & -\frac{4}{9} \\ -\frac{8}{9} & \frac{1}{9} & -\frac{4}{9} \\ -\frac{4}{9} & -\frac{4}{9} & \frac{7}{9} \end{pmatrix}$是不是正交矩阵.

院(系)________ 班级________ 学号________ 姓名________

6.（1）验证矩阵 $\boldsymbol{A}=\begin{pmatrix}\cos\theta & -\sin\theta \\ \sin\theta & \cos\theta\end{pmatrix}$ 为正交矩阵；

（2）给出坐标变换 $\begin{cases}x'=x\cos\theta-y\sin\theta \\ y'=x\sin\theta+y\cos\theta\end{cases}$，该变换是从 xy 平面到 $x'y'$ 平面的旋转变换，用矩阵的形式可记为 $\boldsymbol{\beta}=\boldsymbol{A}\boldsymbol{\alpha}$，这里 $\boldsymbol{\beta}=(x',\ y')^{\mathrm{T}}$，$\boldsymbol{\alpha}=(x,\ y)^{\mathrm{T}}$，$\boldsymbol{A}=\begin{pmatrix}\cos\theta & -\sin\theta \\ \sin\theta & \cos\theta\end{pmatrix}$. 证明在该坐标变换下向量 $\boldsymbol{\beta}$ 的长度与向量 $\boldsymbol{\alpha}$ 的长度相等；

（3）考虑一般情况下的坐标系的正交变换 $\boldsymbol{Y}=\boldsymbol{P}\boldsymbol{X}$，$\boldsymbol{P}$ 为 n 阶正交矩阵，$\boldsymbol{X}$，$\boldsymbol{Y}$ 为 n 维列向量. 证明向量 $\boldsymbol{X}$，$\boldsymbol{Y}$ 的长度相等(即正交变换不改变向量的长度).

院(系)__________ 班级__________ 学号__________ 姓名__________

第四节 实对称阵的对角化

1. 求正交矩阵 $\boldsymbol{Q}$ 使得 $\boldsymbol{Q}^T\boldsymbol{A}\boldsymbol{Q}$ 为对角阵，这里 $\boldsymbol{A}=\begin{pmatrix}1 & 1 & 1\\ 1 & 1 & 1\\ 1 & 1 & 1\end{pmatrix}$.

2. 设三阶实对称阵 $\boldsymbol{A}$ 的特征值为 1，－1，0，对应 1，－1 的特征向量分别为 $\boldsymbol{\alpha}_1=(1,\ 2,\ 2)^T$，$\boldsymbol{\alpha}_2=(2,\ -1,\ 2)^T$，求方阵 $\boldsymbol{A}$.

院(系)__________ 班级__________ 学号__________ 姓名__________

3. 设 $\boldsymbol{A}=\begin{pmatrix}3 & -2\\ -2 & 3\end{pmatrix}$，求 $\boldsymbol{A}^{10}$.

4. 设 $\boldsymbol{A}=\begin{pmatrix}2 & 0 & 0\\ 0 & 3 & a\\ 0 & a & 3\end{pmatrix}$ 有特征值 5，(1) 求 a 的值；(2) 在 $a>0$ 时，求正交阵 $\boldsymbol{Q}$，使得 $\boldsymbol{Q}^{\mathrm{T}}\boldsymbol{A}\boldsymbol{Q}$ 为对角阵.

院(系)__________ 班级__________ 学号__________ 姓名__________

5. 设三阶实对称阵 $\boldsymbol{A}$ 的行列式为 0，有二重特征值 6，且 $\boldsymbol{\alpha}_1=(1, 1, 0)^{\mathrm{T}}$，$\boldsymbol{\alpha}_2=(2, 1, 1)^{\mathrm{T}}$，$\boldsymbol{\alpha}_3=(-1, 2, -3)^{\mathrm{T}}$，都是特征值 6 对应的特征向量. 求(1) $\boldsymbol{A}$ 的其他特征值及对应的特征向量；(2) 矩阵 $\boldsymbol{A}$.

院(系)________ 班级________ 学号________ 姓名________

第五章 二次型

第一节 二次型及其矩阵表示

1. 写出如下二次型的矩阵，并求出二次型的秩：

(1) $f=2x_1^2+2x_2^2+x_3^2+2x_1x_3-2x_2x_3$；

(2) $f=(x_1+x_2)^2+(x_2-x_3)^2+(x_1+x_3)^2$.

2. 给出二次型 $f=x_1^2+2x_2^2+2x_1x_2$，(1) 求出该二次型的矩阵和秩；(2) 若 $\boldsymbol{P}=\begin{pmatrix}1&0&0\\0&1&0\\1&0&1\end{pmatrix}$，验证线性变换 $x=\boldsymbol{P}y$ 为非退化的，并且该二次型在线性变换 $x=\boldsymbol{P}y$ 下秩不变.

院(系)____________ 班级____________ 学号____________ 姓名____________

第二节 化实二次型为标准形

1. 利用配方法将下列二次型化为标准形，写出所用的线性变换：

(1) $f=x_1^2+2x_2^2+5x_3^2+2x_1x_2+2x_1x_3+6x_2x_3$；

(2) $f=2x_1x_2+2x_1x_3$.

2. 求一个正交变换将二次型 $f=x_1^2+x_3^2+2x_1x_2-2x_2x_3$ 化为标准形.

院(系)__________ 班级__________ 学号__________ 姓名__________

3. 求二次型 $f=2x_1^2+2x_2^2+4x_3^2+4x_1x_2-4x_1x_3+8x_2x_3$ 的规范形.

4. 设二次型 $f=5x_1^2+5x_2^2+ax_3^2-2x_1x_2+6x_1x_3-6x_2x_3$ 的秩为 2，求出该二次型的规范形.

院(系)__________ 班级__________ 学号__________ 姓名__________

第三节 惯性定理和正定二次型

1. 求二次型 $f=x_1^2+2x_3^2+2x_1x_3+2x_2x_3$ 的正、负惯性指数.

2. 判定二次型 $f=x_1^2-2x_2^2+3x_3^2-2x_1x_2+3x_1x_3-8x_2x_3$ 是否为正定二次型.

院(系)__________ 班级__________ 学号__________ 姓名__________

3. 如果二次型 $f=a(x_1^2+x_2^2+x_3^2)+2x_1x_2+2x_1x_3-2x_2x_3$ 为正定二次型，求 a 的取值范围.

4. 说明 $\boldsymbol{A}=\begin{pmatrix}1 & 1\\1 & 1\end{pmatrix}$ 与 $\boldsymbol{B}=\begin{pmatrix}2 & 2\\2 & 2\end{pmatrix}$ 是否相似，是否合同.

章节同步练习答案

第一章

第一节

1. (1) 正；(2) $\frac{n!}{2}$；(3) 12；(4) 24；(5) $-\frac{1}{2}$；(6) 0；(7) $\frac{1}{3}$.

2. $n(n-1)$；偶排列.　3. 2；-1.　4. 略

5. (1) 2000；(2) $(a+b+c)^3$.　6. 略.

第二节

1. (1) -39；39；(2) -4；$\frac{3}{2}$；(3) $=\begin{cases} D & i=j \\ 0 & i\neq j \end{cases}$；(4)0；(5)2.

2. (1) -17；(2) $x^4+y^4+z^4-2x^2y^2-2x^2z^2-2y^2z^2$.

3. (1) $-2(n-2)!$；(2) $[x+(n-1)a](x-a)^{n-1}$.

4. 略

第三节

1. (1) 0；(2) 任意实数；(3) $\neq 4$.

2. $\lambda=3$，0 或 2.

3. $x_1=1$，$x_2=-1$，$x_3=-1$，$x_4=1$.

4. $\lambda\neq 1$ 且 $\lambda\neq -1$，有唯一解，其唯一解为 $x_1=1$，$x_2=x_3=\frac{-3}{\lambda+1}$，$\lambda=1$ 时，方程组有无穷多解，解为 $x_1=-x_2-x_3-2$(x_2，x_3 为任意常数).

5. $a\neq 0$，$x_1=\frac{n}{(n+1)a}$.

第二章

第一节

1. (1) $-\frac{1}{4}$；(2)12；(3)E；(4)$3^{k-1}\begin{pmatrix} 1 & \frac{1}{2} & \frac{1}{3} \\ 2 & 1 & \frac{2}{3} \\ 3 & \frac{3}{2} & 1 \end{pmatrix}$；(5)$\frac{1}{2}$；(6) 0.

2. (1) $\begin{pmatrix} 3 & 5 & 10 \\ -10 & 10 & -13 \\ -3 & -4 & 1 \end{pmatrix}$；(2)$\begin{pmatrix} 0 & -4 & 6 \\ -20 & -16 & 3 \\ 13 & -18 & 16 \end{pmatrix}$；(3) $\begin{pmatrix} 8 & 4 & 6 \\ -20 & -16 & 9 \\ -7 & 26 & -13 \end{pmatrix}$；

(4) $\begin{pmatrix} 5 & 5 & 17 \\ -5 & 2 & -3 \\ 5 & 11 & 22 \end{pmatrix}$.

3. $\boldsymbol{X}=\begin{pmatrix} \frac{5}{2} & \frac{3}{2} & -1 \\ -1 & \frac{5}{2} & 1 \\ \frac{7}{2} & \frac{11}{2} & \frac{5}{2} \end{pmatrix}$.

4. (1) $\begin{pmatrix}4 & -8 & 12\\ 2 & -4 & 6\\ 3 & -6 & 9\end{pmatrix}$；(2) 10.

5. (1) $\begin{pmatrix}1 & n & \frac{n(n+1)}{2}\\ 0 & 1 & n\\ 0 & 0 & 1\end{pmatrix}$；(2) $\begin{pmatrix}1 & 2-2(-1)^n & 1-(-1)^n\\ 0 & -1+2(-1)^n & -1+(-1)^n\\ 0 & 2-2(-1)^n & 2-(-1)^n\end{pmatrix}$.

6. $\begin{pmatrix}b_{11} & b_{12} & b_{13}\\ 0 & b_{11} & b_{12}\\ 0 & 0 & b_{11}\end{pmatrix}$($b_{11}$，$b_{12}$，$b_{13}$为任意实数).

第二节

1. (1) $-\frac{2^{2n-1}}{3}$；(2) 2；(3) $\pm\frac{1}{2}\boldsymbol{E}$；(4) 5^k；(5) $\frac{\boldsymbol{A}-\boldsymbol{E}}{2}$；(6) $\begin{pmatrix}1 & 0 & 2\\ 0 & 2 & -2\\ 0 & 0 & 2\end{pmatrix}$；

(7) $|\boldsymbol{A}|^{n-1}$；(8) $\boldsymbol{A}^{-1}=\begin{pmatrix}0 & 0 & -2 & 3\\ 0 & 0 & 1 & 2\\ 1 & -2 & 0 & 0\\ -2 & 5 & 0 & 0\end{pmatrix}$.

2. (1) $\begin{pmatrix}-2 & 1 & 0\\ -\frac{13}{2} & 3 & -\frac{1}{2}\\ -16 & 7 & -1\end{pmatrix}$；(2) $\frac{1}{24}\begin{pmatrix}24 & 0 & 0 & 0\\ -12 & 12 & 0 & 0\\ -12 & -4 & 8 & 0\\ 3 & -5 & -2 & 6\end{pmatrix}$.　3. $\boldsymbol{B}=\begin{pmatrix}5 & -2 & -2\\ 4 & -3 & -2\\ -2 & 2 & 3\end{pmatrix}$.

4. $\begin{pmatrix}55 & -13 & 29\\ 40 & 9 & -20\end{pmatrix}$　5. $x_1=1$，$x_2=0$，$x_3=0$.　6. (1) 略，(2) $\begin{pmatrix}-1 & 0 & 0\\ 0 & 1 & 0\\ 0 & 0 & -1\end{pmatrix}$.

7. (1) $a=0$；(2) $\boldsymbol{X}=\begin{pmatrix}1 & 1 & 0\\ 1 & 1 & 1\\ 0 & 1 & 1\end{pmatrix}$.

第三节

1. (1) 3；(2) 1；(3) 0；(4) $\begin{pmatrix}1 & 0 & 2 & 0 & -2\\ 0 & 1 & -1 & 0 & 3\\ 0 & 0 & 0 & 1 & 4\\ 0 & 0 & 0 & 0 & 0\end{pmatrix}$；(5) $\begin{pmatrix}1 & 0 & 0\\ 0 & 0 & 1\\ -1 & 1 & 0\end{pmatrix}$；(6) 1；

(7) $\frac{1}{1-n}$；(8) $\boldsymbol{B}=\boldsymbol{P}_1\boldsymbol{P}_2\boldsymbol{A}$

2. $\begin{pmatrix}1 & 0 & 0 & 2 & -6\\ 0 & 1 & 0 & 5 & -5\\ 0 & 0 & 1 & \frac{1}{2} & \frac{5}{2}\\ 0 & 0 & 0 & 0 & 0\end{pmatrix}$；　3. $\begin{pmatrix}1 & 0 & 1 & 0 & 0\\ 1 & -1 & 0 & 0 & 0\\ 0 & 0 & 1 & 0 & 0\\ 0 & 0 & 0 & 1 & 0\\ 0 & 0 & 0 & 0 & 0\end{pmatrix}$.

4. (1) $\begin{pmatrix} \frac{7}{6} & \frac{2}{3} & -\frac{3}{2} \\ -1 & -1 & 2 \\ -\frac{1}{2} & 0 & \frac{1}{2} \end{pmatrix}$；(2) $\begin{pmatrix} \frac{5}{2} & \frac{1}{2} \\ -\frac{5}{2} & -\frac{1}{2} \\ 2 & 2 \end{pmatrix}$.

5. $\boldsymbol{X}=\begin{pmatrix} \frac{1}{4} & \frac{1}{4} & 0 \\ 0 & \frac{1}{4} & \frac{1}{4} \\ \frac{1}{4} & 0 & \frac{1}{4} \end{pmatrix}$.　6. 略

第四节

1. (1) $a_1+a_2+a_3+a_4=0$；(2) $x_1=2$，$x_2=-2$，$x_3=2$；(3) $a=-1$；
   (4) $(1, 0, \cdots, 0)^{\mathrm{T}}$.

2. $\boldsymbol{x}=x_2\begin{pmatrix} -1 \\ 1 \\ 0 \\ 0 \\ 0 \end{pmatrix}+x_5\begin{pmatrix} -1 \\ 0 \\ 3 \\ -3 \\ 1 \end{pmatrix}$（$x_2$，$x_5$ 是为自由未知量）.

3. $\begin{pmatrix} x \\ y \\ z \\ w \end{pmatrix}=z\begin{pmatrix} \frac{1}{7} \\ \frac{5}{7} \\ 1 \\ 0 \end{pmatrix}+w\begin{pmatrix} \frac{1}{7} \\ -\frac{9}{7} \\ 0 \\ 1 \end{pmatrix}+\begin{pmatrix} \frac{6}{7} \\ \frac{5}{7} \\ 0 \\ 0 \end{pmatrix}$（$z$，$w$ 为任意常数）.

4. $p=1$ 或 $q=0$ 方程组有非零解；

   当 $q=0$，p 为任意实数时　解为 $\begin{pmatrix} x_1 \\ x_2 \\ x_3 \end{pmatrix}=\begin{pmatrix} -1 \\ p-1 \\ 1 \end{pmatrix}x_3$（$x_3$ 为任意实数），

   当 $p=1$，q 为任意实数时，解为 $\begin{pmatrix} x_1 \\ x_2 \\ x_3 \end{pmatrix}=\begin{pmatrix} -1 \\ 0 \\ 1 \end{pmatrix}x_3$（$x_3$ 为任意实数）.

5. (1) $\lambda\neq 1$ 且 $\lambda\neq -2$，有唯一解，其唯一解为 $x_1=\frac{\lambda-1}{\lambda+2}$，$x_2=x_3=\frac{-3}{\lambda+2}$；
   (2) $\lambda=1$ 时，方程组有无穷多解，解为 $x_1=-x_2-x_3-2$（x_2，x_3 为任意常数）；
   (3) $\lambda=-2$ 时，方程组无解.

6. (1) $\lambda=1$，$a=-2$；

   (2) 通解为 $\boldsymbol{X}=\frac{1}{2}\begin{pmatrix} 3 \\ -1 \\ 0 \end{pmatrix}+k\begin{pmatrix} 1 \\ 0 \\ 1 \end{pmatrix}$（$k$ 为任意实数）.

第三章

第一节

1. (1) $\xi=(-2, 0, -\frac{5}{2}, -\frac{9}{2})^{\mathrm{T}}$；(2) $abc\neq 0$；(3) 2；$\begin{pmatrix} 1 & 0 & 1 \\ 2 & 0 & 2 \\ 1 & 0 & 1 \end{pmatrix}$；

(4) $k=2$；(5) 5；(6) -1；(7) $\lambda\neq1$ 且 $\lambda\neq-2$.

2. 不能.　3. (1) 线性无关；(2) 线性相关.

4. (1) $x=\frac{3}{2}(1-y)$，$x\neq0$，$y\neq1$；$\boldsymbol{\beta}=-5\boldsymbol{\alpha}_1+\boldsymbol{\alpha}_2+3\boldsymbol{\alpha}_3$.

(2) $x=0$，$y=1$，或 $x\neq0$，$y\neq1$，且 $x\neq\frac{3}{2}(1-y)$.

5. $t=0$，$\boldsymbol{\beta}=4\boldsymbol{\alpha}_2$.　6. 线性无关.

第二节

1. (1) 3；(2) 3；(3) 3；(4) $a=15$，$b=5$.

2. 秩为 4，其最大无关组为 $\boldsymbol{\alpha}_1$，$\boldsymbol{\alpha}_2$，$\boldsymbol{\alpha}_3$，$\boldsymbol{\alpha}_5$ 或 $\boldsymbol{\alpha}_1$，$\boldsymbol{\alpha}_2$，$\boldsymbol{\alpha}_4$，$\boldsymbol{\alpha}_5$ 或 $\boldsymbol{\alpha}_2$，$\boldsymbol{\alpha}_3$，$\boldsymbol{\alpha}_4$，$\boldsymbol{\alpha}_5$.

3. 一个最大无关组为 $\boldsymbol{\alpha}_1$，$\boldsymbol{\alpha}_2$，$\boldsymbol{\alpha}_3=2\boldsymbol{\alpha}_1-\boldsymbol{\alpha}_2$，$\boldsymbol{\alpha}_4=\boldsymbol{\alpha}_1+3\boldsymbol{\alpha}_2$，$\boldsymbol{\alpha}_5=-2\boldsymbol{\alpha}_1-\boldsymbol{\alpha}_2$.

6. $\boldsymbol{\beta}_3=(2,2,0)$.　7. $a=0$ 或 $a=-10$，当 $a=0$ 时，$\boldsymbol{\alpha}_1$ 是一个最大无关组 $\boldsymbol{\alpha}_2=2\boldsymbol{\alpha}_1$，$\boldsymbol{\alpha}_3=3\boldsymbol{\alpha}_1$，$\boldsymbol{\alpha}_4=4\boldsymbol{\alpha}_1$，当 $a=-10$ 时，$\boldsymbol{\alpha}_1$，$\boldsymbol{\alpha}_2$，$\boldsymbol{\alpha}_3$ 是一个最大无关组 $\boldsymbol{\alpha}_4=-\boldsymbol{\alpha}_1-\boldsymbol{\alpha}_2-\boldsymbol{\alpha}_3$.

第三节

1. (1) 相等；(2) $(1,1,-1)$；(3) $k=1$；(4) 2；$\boldsymbol{\alpha}_1$，$\boldsymbol{\alpha}_2$.

2. V_1 是向量空间，V_2 不是向量空间.

5. $\boldsymbol{\beta}_1=2\boldsymbol{\alpha}_1+3\boldsymbol{\alpha}_2-\boldsymbol{\alpha}_3$，$\boldsymbol{\beta}_2=3\boldsymbol{\alpha}_1-3\boldsymbol{\alpha}_2-2\boldsymbol{\alpha}_3$.

第四节

1. (1) 无关；(2) $\xi_1=(-1,1,0)$，$\xi_2=(-1,0,1)$；(3)4；(4) $a=1$；

(5) $k(1,1,1,\cdots,1)^{\mathrm{T}}$($k$ 为任意实数)；(6) $n-1$；

(7) 通解为 $\boldsymbol{x}=\lambda_1\xi_1+\lambda_2\xi_2+\cdots+\lambda_{n-1}\xi_{n-1}$ 其中 $\xi_j=(a_{1j},a_{2j},\cdots,a_{nj})^{\mathrm{T}}(j=2\sim n)$，$\lambda_j$ 为任意实数.

2. 基础解系为 $\boldsymbol{\eta}_1=\begin{pmatrix}2\\-1\\0\\0\\0\end{pmatrix}$，$\boldsymbol{\eta}_2=\begin{pmatrix}4\\0\\1\\-1\\0\end{pmatrix}$，$\boldsymbol{\eta}_3=\begin{pmatrix}3\\0\\1\\0\\1\end{pmatrix}$ 通解为 $\boldsymbol{x}=k_1\boldsymbol{\eta}_1+k_2\boldsymbol{\eta}_2+k_3\boldsymbol{\eta}_3$，$k_1$，$k_2$，$k_3$ 为任意常数.

3. $\begin{pmatrix}x_1\\x_2\\x_3\\x_4\\x_5\end{pmatrix}=\begin{pmatrix}6\\-4\\0\\0\\0\end{pmatrix}+k_1\begin{pmatrix}-2\\1\\1\\0\\0\end{pmatrix}+k_2\begin{pmatrix}-2\\1\\0\\1\\0\end{pmatrix}+k_3\begin{pmatrix}-6\\5\\0\\0\\1\end{pmatrix}$($k_1$，$k_2$，$k_3$ 为任意常数).

4. $\begin{pmatrix}1&0\\5&2\\8&1\\0&1\end{pmatrix}$.

5. $k\begin{pmatrix}0\\-1\\-2\\-3\end{pmatrix}+\begin{pmatrix}1\\2\\3\\4\end{pmatrix}$($k$ 为任意常数).

7. (1) 当 $t\neq -2$ 时，方程组无解；(2) 当 $t=-2$，$p=-8$ 时，此时方程组为无穷多解，通解为 $\begin{pmatrix}x_1\\x_2\\x_3\\x_4\end{pmatrix}=k_1\begin{pmatrix}4\\-2\\1\\0\end{pmatrix}+k_2\begin{pmatrix}-1\\-2\\0\\1\end{pmatrix}+\begin{pmatrix}-1\\1\\0\\0\end{pmatrix}(k_1,k_2\in\mathbf{R})$；(3) 当 $t=-2$，$p\neq -8$ 时，此时方程组为无穷多解，通解为 $\begin{pmatrix}x_1\\x_2\\x_3\\x_4\end{pmatrix}=k\begin{pmatrix}-1\\-2\\0\\1\end{pmatrix}+\begin{pmatrix}-1\\1\\0\\0\end{pmatrix}(k\in\mathbf{R})$.

8. (1) 当 $a\neq -1$ 或 $b\neq 0$ 时，方程组无解；

(2) 当 $a=-1$ 且 $b=0$ 时，存在矩阵 $\boldsymbol{C}=\begin{pmatrix}1+k_1+k_2 & -k_1\\ k_1 & k_2\end{pmatrix}(k_1,k_2\in\mathbf{R})$.

第四章

第一节

1. $\lambda_1=-1$，$k_1\begin{pmatrix}-1\\0\\1\end{pmatrix}$，$k_1\neq 0$；$\lambda_2=\lambda_3=1$，$k_2\begin{pmatrix}0\\1\\0\end{pmatrix}+k_3\begin{pmatrix}1\\0\\1\end{pmatrix}$，$k_2$，$k_3$ 不全为 0.

2. $\lambda_1=2$，$k_1\begin{pmatrix}-13\\-12\\1\end{pmatrix}$，$k_1\neq 0$；$\lambda_2=3$，$k_2\begin{pmatrix}1\\1\\0\end{pmatrix}$，$k_2\neq 0$；$\lambda_3=-4$，$k_3\begin{pmatrix}-1\\6\\0\end{pmatrix}$，$k_3\neq 0$.

3. $a=-4$　4. -20　5. $a=-1$　6. 证明 $\boldsymbol{A}$ 与 $\boldsymbol{A}^{\mathrm{T}}$ 有相同的特征多项式.

7. $a=1$，$b=-3$

第二节

1. B　2. D　3. B

4. 能，$\boldsymbol{P}=\begin{pmatrix}0&1&0\\1&0&1\\0&1&1\end{pmatrix}$，$\boldsymbol{\Lambda}=\begin{pmatrix}2&0&0\\0&2&0\\0&0&1\end{pmatrix}$.

5. (1) $\boldsymbol{P}=\begin{pmatrix}0&1&1\\0&2&1\\1&0&-2\end{pmatrix}$，$\boldsymbol{\Lambda}=\begin{pmatrix}1&0&0\\0&1&0\\0&0&0\end{pmatrix}$；(2) $\beta=-3\alpha_1+2\alpha_2-\alpha_3$；(3) $\begin{pmatrix}2\\4\\-3\end{pmatrix}$.

6. $a=0$　7. 2352

第三节

1. (1) -4；(2) 3；(3) $\arccos\left(-\dfrac{4}{9}\right)$.

2. $a=3$.

3. (1) $\boldsymbol{\gamma}_1=\dfrac{1}{3}\begin{pmatrix}1\\-2\\2\end{pmatrix}$，$\boldsymbol{\gamma}_2=\dfrac{1}{\sqrt{153}}\begin{pmatrix}10\\-2\\-7\end{pmatrix}$；(2) $\boldsymbol{\gamma}_1=\dfrac{1}{3}\begin{pmatrix}1\\-2\\2\end{pmatrix}$，$\boldsymbol{\gamma}_2=\dfrac{1}{3}\begin{pmatrix}2\\2\\1\end{pmatrix}$，$\boldsymbol{\gamma}_3=\dfrac{1}{3}\begin{pmatrix}-2\\1\\2\end{pmatrix}$

4. 证明 $(\boldsymbol{PQ})^{\mathrm{T}}(\boldsymbol{PQ})=\boldsymbol{E}$　5. 是

6. (1) 验证 $\boldsymbol{AA}^{\mathrm{T}}=\boldsymbol{E}$；(2) 直接验证 $x'^2+y'^2=x^2+y^2$；(3) 证明 $\|\boldsymbol{Y}\|=\|\boldsymbol{PX}\|=\|\boldsymbol{X}\|$.

第四节

1. $\boldsymbol{Q}=\begin{pmatrix}-\frac{1}{\sqrt{2}} & -\frac{1}{\sqrt{6}} & \frac{1}{\sqrt{3}}\\ \frac{1}{\sqrt{2}} & -\frac{1}{\sqrt{6}} & \frac{1}{\sqrt{3}}\\ 0 & \frac{2}{\sqrt{6}} & \frac{1}{\sqrt{3}}\end{pmatrix}$，$\boldsymbol{Q}^{\mathrm{T}}\boldsymbol{A}\boldsymbol{Q}=\begin{pmatrix}0 & & \\ & 0 & \\ & & 3\end{pmatrix}$

2. (1) $\boldsymbol{\alpha}_3=k\begin{pmatrix}-6\\-2\\5\end{pmatrix}$，$k\neq 0$；(2) $\boldsymbol{A}=\frac{1}{3}\begin{pmatrix}-1 & 0 & 2\\ 0 & 1 & 2\\ 2 & 2 & 0\end{pmatrix}$.　3. $\frac{1}{2}\begin{pmatrix}1+5^{10} & 1-5^{10}\\ 1-5^{10} & 1+5^{10}\end{pmatrix}$.

4. (1) $a=\pm 2$；(2) $\boldsymbol{Q}=\begin{pmatrix}0 & 1 & 0\\ \frac{1}{\sqrt{2}} & 0 & \frac{1}{\sqrt{2}}\\ -\frac{1}{\sqrt{2}} & 0 & \frac{1}{\sqrt{2}}\end{pmatrix}$，$\boldsymbol{Q}^{\mathrm{T}}\boldsymbol{A}\boldsymbol{Q}=\begin{pmatrix}1 & & \\ & 2 & \\ & & 5\end{pmatrix}$.

5. (1) 还有特征值 0，对应特征向量为 $k\begin{pmatrix}-1\\1\\1\end{pmatrix}$；(2) $\begin{pmatrix}4 & 2 & 2\\ 2 & 4 & -2\\ 2 & -2 & 4\end{pmatrix}$.

第五章

第一节

1. (1) $\begin{pmatrix}2 & 0 & 1\\ 0 & 2 & -1\\ 1 & -1 & 1\end{pmatrix}$，秩为 2；(2) $\begin{pmatrix}2 & 1 & 1\\ 1 & 2 & -1\\ 1 & -1 & 2\end{pmatrix}$，秩为 2.

2. (1) $\begin{pmatrix}1 & 1 & 0\\ 1 & 2 & 0\\ 0 & 0 & 0\end{pmatrix}$，秩为 2；(2) 说明 $\boldsymbol{P}$ 可逆；说明 $R(\boldsymbol{P}^{\mathrm{T}}\boldsymbol{A}\boldsymbol{P})=2$.

第二节

1. (1) $f=y_1^2+2y_2^2+3y_3^2$，线性变换为 $\begin{cases}x_1=y_1-y_2\\ x_2=y_2-y_3\\ x_3=y_3\end{cases}$；

(2) $f=y_1^2-y_2^2$，线性变换为 $\begin{cases}x_1=y_1-y_2\\ x_2=y_1+y_2-2y_3\\ x_3=y\end{cases}$.

2. 正交变换 $x=\begin{pmatrix}-\frac{1}{\sqrt{6}} & \frac{1}{\sqrt{2}} & -\frac{1}{\sqrt{3}}\\ \frac{2}{\sqrt{6}} & 0 & -\frac{1}{\sqrt{3}}\\ \frac{1}{\sqrt{6}} & \frac{1}{\sqrt{2}} & \frac{1}{\sqrt{3}}\end{pmatrix}y$，标准形 $f=-y_1^2+y_2^2+2y_3^2$.

3. 规范形为 $f=z_1^2+z_2^2-z_3^2$.

4. 先求出 $a=3$，规范形为 $f=z_1^2+z_2^2$.

第三节

1. 正惯性指数为 2，负惯性指数为 1（用配方法方便）.

2. 不是.　3. $a>2$.　4. 合同但不相似.

参考文献

1. 赵志新等. 线性代数. 北京：高等教育出版社，2012.
2. Bernard Kolman. 王殿军改编. 线性代数及其应用. 北京：高等教育出版社，2005.
3. David C. Lay. 线性代数及其应用. 沈复兴等译. 北京：北京邮电大学出版社，2007.
4. 同济大学数学教研室. 线性代数. 北京：高等教育出版社，1982.
5. 程云鹏. 矩阵论. 西安：西北工业出版社，第二版，2003.
6. 巴尼特. 科技人员用的矩阵方法. 刘则刚译. 西安：陕西科学技术出版社，1985.
7. 谢邦杰. 抽象代数. 上海：上海科学技术出版社，1992.
8. 陈怀琛. 线性代数实践及 MATLAB 入门. 北京：电子工业出版社，2005.
9. 吴文俊. 数学机械化. 北京：科学出版社，2003.